Frank Höppner
Frank Klawonn
Rudolf Kruse

Fuzzy-Clusteranalyse

Computational Intelligence

herausgegeben von
Wolfgang Bibel, Walther von Hahn und Rudolf Kruse

Die Bücher dieser Reihe behandeln Themen, die sich dem weitgesteckten Ziel des Verständnisses und der technischen Realisierung intelligenten Verhaltens in einer Umwelt zuordnen lassen. Sie sollen damit Wissen aus der Künstlichen Intelligenz und der Kognitionswissenschaft (beide zusammen auch Intellektik genannt) sowie aus interdisziplinär mit diesen verbundenen Disziplinen vermitteln. Computational Intelligence umfaßt die Grundlagen ebenso wie die Anwendungen.

Die ersten Titel der Reihe sind:

Grundlagen zur Neuroinformatik und Neurobiologie
The Computational Brain in deutscher Sprache
von Patricia S. Churchland und Terrence J. Sejnowski

Neuronale Netze und Fuzzy-Systeme
Grundlagen des Konnektionismus, Neuronaler Fuzzy-Systeme
und der Kombination mit wissensbasierten Methoden
von Detlef Nauck, Frank Klawonn und Rudolf Kruse

Fuzzy-Clusteranalyse
Verfahren für die Bilderkennung, Klassifikation und Datenanalyse
von Frank Höppner, Frank Klawonn und Rudolf Kruse

Titel aus dem weiteren Umfeld,
erschienen in der Reihe Künstliche Intelligenz des Verlages Vieweg:

Automatische Spracherkennung
von Ernst Günter Schukat-Talamazzini

Deduktive Datenbanken
von Armin B. Cremers, Ulrike Griefahn und Ralf Hinze

Wissensrepräsentation und Inferenz
von Wolfgang Bibel, Steffen Hölldobler und Torsten Schaub

Frank Höppner
Frank Klawonn
Rudolf Kruse

Fuzzy-Clusteranalyse

Verfahren für die Bilderkennung, Klassifikation und Datenanalyse

Die Deutsche Bibliothek - CIP-Einheitsaufnahme

Höppner, Frank:
Fuzzy-Clusteranalyse: Verfahren für die Bilderkennung, Klassifikation und Datenanalyse /
Frank Höppner; Frank Klawonn; Rudolf Kruse. -
Braunschweig; Wiesbaden: Vieweg 1997
(Computational intelligence)
ISBN-13: 978-3-528-05543-1 e-ISBN-13: 978-3-322-86836-7
DOI: 10.1007/978-3-322-86836-7
NE: Klawonn, Frank:; Kruse, Rudolf:

Der Verlag Vieweg ist ein Unternehmen der Bertelsmann Fachinformation GmbH.

Gedruckt auf säurefreiem Papier

Vorwort

Als Lotfi Zadeh 1965 den Begriff der Fuzzy-Menge prägte, bestand sein vornehmliches Ziel in dem Aufbau eines formalen Rahmens zur Repräsentation und Handhabung vagen und unsicheren Wissens. Auch wenn es mehr als zwanzig Jahre dauerte, bis sich Fuzzy-Systeme in größerem Umfang in industriellen Anwendungen etabliert haben, so ist ihr Einsatz heute insbesondere im Bereich der Regelungstechnik nichts außergewöhnliches. Aufgrund ihres Erfolges bei der Umsetzung wissensbasierter Ansätze in ein formales, einfach zu implementierendes Modell wurden in den letzten Jahren verstärkt Methoden entwickelt, Fuzzy-Techniken im Bereich der Datenanalyse zu nutzen. Neben der Möglichkeit, Unsicherheiten in den Daten geeignet zu berücksichtigen, läßt die Fuzzy-Datenanalyse das Erlernen einer transparenten, wissensbasierten Darstellung der in den Daten inhärenten Informationen zu. Die Anwendungsfelder der Fuzzy-Clusteranalyse als eines der zentralen Teilgebiete der Fuzzy-Datenanalyse reichen von der explorativen Datenanalyse zur Vorstrukturierung von Daten über Klassifikations- und Approximationsprobleme bis hin zur Erkennung geometrischer Konturen in der Bildverarbeitung.

Dieses Buch wurde mit dem Ziel geschrieben, zum einen eine geschlossene und methodische Einführung in die Fuzzy-Clusteranalyse mit ihren Anwendungsfeldern zu geben und zum anderen als systematische Sammlung unterschiedlicher Fuzzy-Clustering-Techniken, unter denen der Anwender die für sein Problem adäquaten Methoden auswählen kann. Das Buch richtet sich neben Studierenden auch an Informatiker, Ingenieure und Mathematiker in Industrie, Forschung und Lehre, die sich mit Datenanalyse, Mustererkennung oder Bilverarbeitung beschäftigen oder einen Einsatz von Fuzzy-Clustering-Methoden in ihrem Anwendungsfeld in Erwägung ziehen. Zum Verständnis der Verfahren und insbesondere deren Herleitung werden Grundkenntnisse in linearer Algebra vorausgesetzt. Vertrautheit mit Fuzzy-Systemen wird nicht erwartet, da lediglich im Kapitel über Regelerzeugung mit Fuzzy-Clustering mehr als nur der Begriff der Fuzzy-Menge benötigt wird und zudem die erforderlichen Grundlagen in diesem Kapitel bereitgestellt werden.

Der Stoff des Buches basiert teilweise auf Vorlesungen über Fuzzy-Systeme, Fuzzy-Datenanalyse und Fuzzy Control, die wir an der TU Braunschweig, der Otto-von-Guericke-Universität Magdeburg und der Johannes Kepler Universität Linz gehalten haben. Ebenso sind Forschungsresultate eingeflossen, die vor allem innerhalb einer Studie im Rahmen eines Forschungsvertrags mit der Fraunhofer-Gesellschaft erzielt wurden. Für die fachliche Unterstützung in diesem Projekt danken wir besonders Dr. Wilfried Euing und Hartmut Wolff.

Bei dem Vieweg-Verlag, speziell bei Dr. Reinald Klockenbusch, bedanken wir uns für die gute Zusammenarbeit.

Braunschweig, im September 1996

Frank Höppner
Frank Klawonn
Rudolf Kruse

Inhaltsverzeichnis

Einleitung

Für einen Sekundenbruchteil werden den Rezeptoren eine halbe Million Daten zugeführt. Ohne meßbare Zeitverzögerung gelangen diese Daten zur Auswertung, werden analysiert und ihr wesentlicher Inhalt erkannt.

Ein Blick auf ein Fernseh- oder Zeitungsbild. Der Mensch ist zu dieser technischen Meisterleistung in der Lage, die bis heute noch kein Computer in vergleichbarer Perfektion erreicht. Dabei liegt der Engpaß heute nicht mehr in der optischen Erfassung oder der Datenübertragung, sondern in der Analyse und Extraktion der wesentlichen Informationen. Dem Menschen genügt ein einziger Blick, um in den Punkthäufungen Kreise und Geraden zu identifizieren und eine Zuordnung zwischen Bildobjekten und Bildpunkten herzustellen. Die Bildpunkte lassen sich nicht immer eindeutig einem Bildobjekt zuordnen, was jedoch die menschliche Erkennungsleistung kaum zu trüben vermag. Diese Entscheidung durch einen Algorithmus nachzubilden, bedeutet hingegen ein großes Problem. Dabei ist der Bedarf für eine automatische Analyse groß. Sei es für die Entwicklung eines Autopiloten zur Fahrzeugsteuerung, die visuelle Qualitätskontrolle oder den Vergleich großer Bilddatenmengen. Das Problem bei der Entwicklung eines solchen Verfahrens ist, daß der Mensch das eigene Vorgehen bei der Bilderkennung nicht wiedergeben kann, da es sich außerhalb der eigenen Wahrnehmung abspielt. Umgekehrt bereitet die Erkennung von Zusammenhängen in mehrdimensionalen Datensätzen, die sich nicht graphisch veranschaulichen lassen, dem Menschen enorme Schwierigkeiten. Hier ist er auf computergestützte Datenanalysetechniken angewiesen, für die es keine besondere Rolle spielt, ob die Daten aus zwei- oder zwölfdimensionalen Vektoren bestehen.

Mit der Einführung der Fuzzy-Menge 1965 durch L.A. Zadeh [66] ist ein Objekt definiert, das die mathematische Modellierung unscharfer Aussagen zuläßt. Seitdem wird dieses Mittel in vielen Bereichen eingesetzt, um dort Schlußfolgerungen zu simulieren, wie sie von Menschen getroffen werden, oder um mit Unsicherheit behaftete Informationen zu handhaben. Es liegt nahe, diese Methodik auch in der Daten- und Bildanalyse zu nutzen.

Die Clusteranalyse beschäftigt sich mit dem Auffinden von Strukturen oder Gruppierungen in Daten. Da sich Störeffekte und Rauschen fast nie vollständig unterdrücken lassen, ist eine den Daten inhärente Unsicherheit unvermeidbar. Die Fuzzy-Clusteranalyse verzichtet daher auf eine eindeutige Zuordnung der Daten zu Klassen oder Clustern und berechnet statt dessen Zugehörigkeitsgrade, die angeben, inwieweit ein Datum einem Cluster angehört.

Das einführende Kapitel 1 ordnet die Fuzzy-Clusteranalyse in die allgemeineren Bereiche der Cluster- und Datenanalyse ein und erläutert die grundlegenden Begriffe. Im Vordergrund stehen die Objective-Function-Methoden, deren Ziel es ist, die zu untersuchenden Daten den Clustern so zuzuordnen, daß eine vorgegebene Bewertungs- oder Zielfunktion, die jeder Clustereinteilung einen Güte- oder Fehlerwert zuordnet, optimiert wird. Die Zielfunktion basiert i.a. auf dem Abstand zwischen den Daten und den typische Repräsentanten der Cluster.

Kapitel 2 ist den Fuzzy-Clusteranalyse-Algorithmen zur Erkennung von haufenförmigen Clustern verschiedener Größe und Form gewidmet, die in der Datenanalyse eine zentrale Rolle spielen. Speziell lassen sich diese Verfahren, wie im Kapitel 3 erläutert wird, für die Erzeugung von Fuzzy-Regeln für die Lösung von Klassifikationsaufgaben und Approximationsproblemen verwenden.

Die Linear-Clustering-Verfahren des Kapitels 4 eignen sich durch eine geschickte Modifikation der in den Zielfunktionen auftretenden Distanzfunktion für die Detektion von Clustern in Form von Geraden, Ebenen oder Hyperebenen. Diese Techniken eignen sich sowohl für die Bildverarbeitung als auch für die Erstellung von lokal linearen Modellen von Daten, zwischen denen ein funktionaler Zusammenhang vermutet wird.

Die im Kapitel 5 vorgestellten Shell-Clustering-Verfahren sind durch weitere Modifikationen der Distanzfunktion auf die Erkennung von geometrischen Konturen wie Kreis- oder Ellipsenränder zugeschnitten. Eine Erweiterung dieser Methoden auf nicht glatte Strukturen wie Rechtecke oder andere Polygonzüge wird in Kapitel 7 vorgenommen.

Neben der Zuordnung der Daten zu Klassen stellt die Bestimmung der Anzahl der Cluster ein zentrales Problem der Datenanalyse dar, das mit Cluster-Validity bezeichnet wird. Kapitel 6 gibt einen Überblick über die auf die verschiedenen Clusteranalyse-Verfahren abgestimmten Methoden zur Bestimmung der Anzahl der Cluster.

Kapitel 1

Begriffsbildung

Im Alltag sind Aussagen wie die folgende keine Seltenheit:

> Nach genauer Analyse des vorliegenden Datenmaterials sind wir zu der Auffassung gelangt, daß sich die Verkaufszahlen unseres Produkts steigern lassen, indem wir das Adjektiv *fuzzy* in den Produkttitel aufnehmen.

Datenanalyse ist offenbar ein Begriff, der im alltäglichen Sprachgebrauch gern benutzt wird. Jeder kann sich etwas darunter vorstellen – jedoch variieren die Interpretationen abhängig vom Kontext mehr oder weniger stark. Zunächst sind daher intuitive Begriffe wie Daten, Datenanalyse und Clustereinteilung zu definieren.

1.1 Analyse von Daten

Ein Begriff, der sich schwer formalisieren läßt, ist der des Datums. Er kommt aus dem Lateinischen und bedeutet *gegeben sein*. Ein Datum ist eine beliebige Information, die eine Aussage über den Zustand eines Systems macht, wie zum Beispiel Meßwerte, Kontostände, Beliebtheitsgrade oder Ein/Aus-Zustände. Die Gesamtheit aller möglichen Zustände, die das System annehmen kann, fassen wir unter dem Begriff *Datenraum* zusammen. Jedes Element des Datenraums beschreibt einen Teil des Systemzustands.

Die zu analysierenden Daten können aus dem Bereich der medizinischen Diagnose in Form einer Patientendatenbank stammen, Zustände einer industriellen Produktionsanlage beschreiben, als Zeitreihen vorliegen, die z.B. den Verlauf von Aktienkursen angeben, aus statistischen Erhebungen gewonnen worden sein, Expertenmeinungen wiedergeben oder auch als Bilder vorliegen.

Eine Analyse der Daten geschieht immer unter einer bestimmten Fragestellung. Diese Fragestellung gibt die Form der Antwort implizit vor, sie ist zwar vom jeweiligen Systemzustand abhängig, aber immer von einem bestimmten *Typ*. Ähnlich wie die Daten wollen wir daher auch die möglichen Antworten auf die Fragestellung zu einer Menge zusammenfassen, die wir *Ergebnisraum* nennen. Um mit der Analyse wirklich Information gewinnen zu können, fordern wir von der Beschaffenheit des Ergebnisraums, daß er wenigstens zwei unterschiedliche Ergebnisse zuläßt. Andernfalls wäre die Antwort auch ohne Analyse schon eindeutig bestimmt.

In [3] wird die die Datenanalyse in vier Stufen wachsender Komplexität eingeteilt. Die erste Stufe besteht in einer einfachen Häufigkeitsanalyse, einer Zuverlässigkeits- oder Glaubwürdigkeitseinschätzung, nach der gegebenenfalls als Ausreißer identifizierte Daten markiert oder eliminiert werden. In der zweiten Stufe findet eine Mustererkennung statt, indem die Daten gruppiert, die Gruppierungen weiter strukturiert werden usw. Diese beiden Stufen ordnet man dem Bereich der explorativen Datenanalyse zu, bei der es um eine Untersuchung der Daten geht, ohne ein vorgewähltes mathematisches Modell anzunehmen, das das Auftreten der Daten und deren Strukturen zu erklären hätte. Abbildung 1.1 zeigt einen Datensatz, bei dem eine explorative Datenanalyse die beiden Gruppen oder Cluster erkennen und die Daten zur jeweiligen Gruppe zuordnen sollte.

In der dritten Stufe der Datenanalyse werden die Daten hinsichtlich eines oder mehrerer mathematischer Modelle untersucht – in der Abbildung 1.1 beispielsweise, ob die Annahme sinnvoll ist, daß die Daten Realisierungen zweier zweidimensionaler normalverteilter Zufallsvariablen sind, und wenn ja, welche Parameter den Normalverteilungen zugrundeliegen. In der dritten Stufe wird gewöhnlich eine quantitative Datenanalyse durchgeführt, d.h., (funktionale) Beziehungen zwischen den Daten sollten erkannt und gegebenenfalls spezifiziert werden, etwa durch Approximation der Daten mittels Regression. Dagegen findet in der zweiten Stufe eine rein qualitative Untersuchung statt mit dem Ziel einer Gruppierung der Daten aufgrund eines Ähnlichkeitsbegriffs.

Das Ziehen von Schlußfolgerungen und die Bewertung der Schlußfolgerungen wird in der vierten Stufe vollzogen. Schlußfolgerungen können

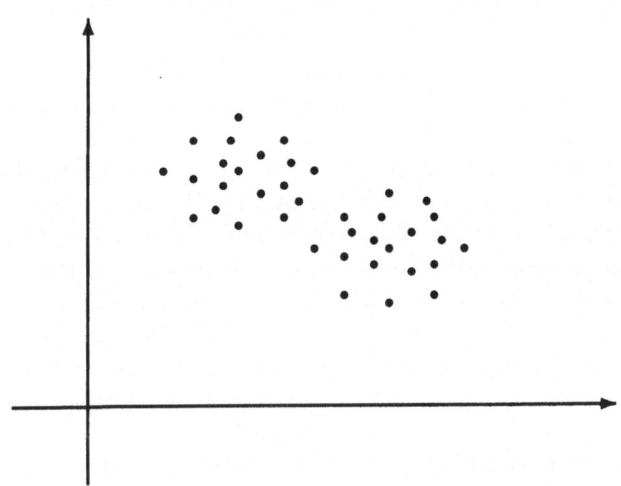

Abbildung 1.1: Erkennung zweier Datengruppen bei der explorativen Datenanalyse

dabei die Vorhersage zukünftiger oder fehlender Daten oder die Zuordnung zu bestimmten Strukturen sein, z.B. welche Punkte eines Bildes gehören zu den Beinen eines Stuhls. Die Bewertung der Schlußfolgerungen beinhaltet die Beurteilung, wie zuverlässig Zuordnungen vorgenommen werden können, ob die Modellannahmen überhaupt realistisch sind, etc. Gegebenenfalls muß ein in der dritten Stufe aufgestelltes Modell revidiert werden.

Die im Kapitel 2 vorgestellten Methoden der Fuzzy-Clusteranalyse sind im wesentlichen der zweiten Stufe der Datenanalyse zuzuordnen, während die Erzeugung von Fuzzy-Regeln im Kapitel 3 zur dritten Stufe zählt, da die Regeln zur Beschreibung funktionaler Zusammenhänge dienen. Auch die Shell-Clustering-Verfahren sind in die dritte Stufe einzugliedern, da sie nicht nur eine Zuordnung der Daten zu geometrischen Konturen wie Kreisen zum Ziel haben, sondern gleichzeitig zur Bestimmung der Parameter der geometrischen Konturen – z.B. Kreismittelpunkt und Radius – verwendet werden.

Fuzzy-Clustering ist ein Teilgebiet der Fuzzy-Datenanalyse, die zwei ganz unterschiedliche Bereiche zusammenfaßt: die Analyse von Fuzzy-Daten und die Analyse gewöhnlicher (scharfer) Daten mit Fuzzy-Techniken. Wir beschränken uns hier im wesentlichen auf die Analyse scharfer Daten in Form reellwertiger Vektoren mit Fuzzy-Clustering-Methoden. Die Vorteile, die eine unscharfe Zuordnung von Daten zu Gruppen gegenüber einer scharfen bietet, werden noch an verschiedenen Stellen deutlich werden.

Auch wenn Messungen üblicherweise mit Unsicherheit behaftet sind, liefern sie in den meisten Fällen konkrete Werte, so daß man selten Fuzzy-Daten direkt erhält. Eine Ausnahme bilden hierbei Meinungsumfragen, die Bewertungen wie „sehr gut" oder „eher schlecht" oder beispielsweise Zeitangaben wie „ziemlich lang" oder „recht kurz" zulassen. Solche Angaben entsprechen eher Fuzzy-Mengen als scharfen Werten oder Intervallen, so daß eine Modellierung der Daten mit Fuzzy-Mengen naheliegt. Methoden zur Analyse derartiger Fuzzy-Daten werden z.B. in [4, 49, 52] beschrieben. Ein anderer Bereich, in dem Fuzzy-Daten entstehen, ist die Bildverarbeitung. Die Graustufen in Grauwertbildern lassen sich als Zugehörigkeitsgrade zur Farbe Schwarz interpretieren, so daß ein Grauwertbild eine Fuzzy-Menge über den Pixeln repräsentiert. Auch wenn wir die im Buch vorgestellten Fuzzy-Clustering-Techniken für die Bildverarbeitung nur auf Schwarz-Weiß-Bilder anwenden, können diese Verfahren ebenso auf Grauwertbilder erweitert werden, indem man jeden Bildpunkt mit seinem (in das Einheitsintervall transformierten) Grauwert gewichtet. In diesem Sinne dürfen die Fuzzy-Clustering-Verfahren speziell für die Bildverarbeitung auch zu Methoden zur Analyse von Fuzzy-Daten gerechnet werden.

1.2 Clusteranalyse

Da in diesem Buch die Fuzzy-Clusteranalyse-Methoden im Vordergrund stehen, können wir an dieser Stelle lediglich einen kurzen Überblick über die allgemeine Problematik der Clusteranalyse geben. Ausführlichere Darstellungen finden sich in Monographien wie [2, 12, 60].

Das Ziel einer Clusteranalyse besteht darin, eine gegebene Menge von Daten oder Objekten in Cluster (Teilmengen, Gruppen, Klassen) einzuteilen. Diese Einteilung sollte die folgenden Eigenschaften besitzen:

- Homogenität innerhalb der Cluster, d.h., Daten, die demselben Cluster angehören, sollten möglichst ähnlich sein.

- Heterogenität zwischen den Clustern, d.h., Daten, die unterschiedlichen Clustern zugeordnet sind, sollten möglichst verschieden sein.

Der Begriff der Ähnlichkeit muß dabei in Abhängigkeit der Daten präzisiert werden. Da die Daten in den meisten Fällen reellwertige Vektoren sind, kann der euklidische Abstand zwischen den Daten als Maß für die Unähnlichkeit verwendet werden. Man sollte dabei berücksichtigen, daß die einzelnen Variablen (Komponenten des Vektors) unterschiedlich wichtig sein können. Insbesondere sollten die Wertebereiche der Variablen geeignet skaliert werden, um eine Vergleichbarkeit der Werte zu garantieren. Die Abbildungen 1.2 und 1.3 veranschaulichen diese Problematik an einem sehr einfachen Beispiel. Abbildung 1.2 zeigt vier Datenpunkte, die augenscheinlich in die beiden Cluster $\{x_1, x_2\}$ und $\{x_3, x_4\}$ eingeteilt werden können. In Abbildung 1.3 sind dieselben Datenpunkte unter einer anderen Skalierung aufgetragen, bei der die Einheiten auf der x-Achse enger beieinander, auf der y-Achse weiter auseinander liegen. Der Effekt wäre noch stärker, wenn man beispielsweise die Daten auf der x-Achse in Kilo- und auf der y-Achse in Millieinheiten angeben würde. Auch in Abbildung 1.3 sind zwei Cluster zu erkennen, die jedoch die Datenpunkte x_1 und x_4 bzw. x_2 und x_3 zusammenfassen.

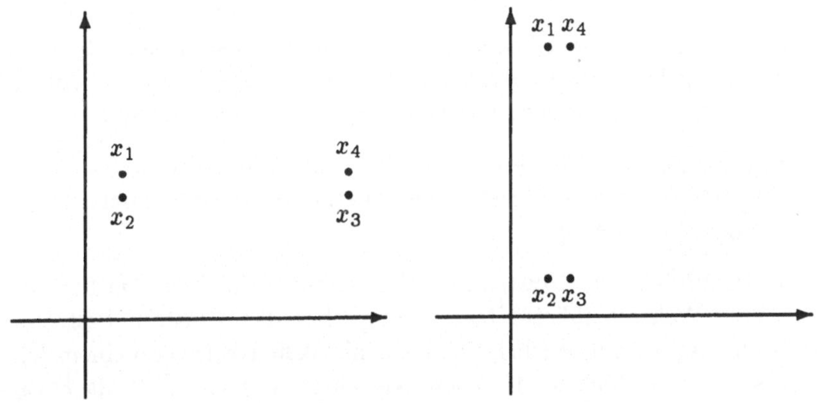

Abbildung 1.2: Vier Datenpunkte

Abbildung 1.3: Änderung der Skalierung

Weitere Schwierigkeiten ergeben sich, wenn nicht nur reellwertige Variable auftreten, sondern auch ganzzahlige Werte oder gar abstrakte Klassen (z.B. Autotypen: Limousine, Cabrio, Kombi etc.). Für ganzzahlige Werte läßt sich zwar der euklidische Abstand berechnen. Die ganzzahligen Werte in einer Variablen können aber dazu führen, daß eine Clustereinteilung einfach dadurch vorgenommen wird, daß jeder auftretenden ganzen Zahl ein Cluster zugeordnet wird, was je nach Daten und Fragestellung sinnvoll oder völlig unerwünscht sein kann. Abstrakte Klassen können zwar numeriert und so wiederum dem euklidischen Abstand zugänglich gemacht werden; allerdings steckt man auf diese Weise zusätzliche Annahmen in die Daten hinein, etwa daß die abstrakte Klasse, der die Nummer eins zugeordnet wird, ähnlicher zur zweiten als zur dritten Klasse ist.

Es würde den Rahmen dieses Buches sprengen, die zahlreichen klassischen Clustering-Verfahren im einzelnen vorzustellen. Wir begnügen uns daher mit einer Einteilung der unterschiedlichen Techniken.

- *unvollständige Clusteranalyseverfahren:* Hierbei handelt es sich um geometrische Methoden, Repräsentations- oder Projektionstechniken. Die mehrdimensionalen Daten werden einer Dimensionsreduktion unterzogen, z.B. durch eine Hauptkomponentenanalyse, um sie zwei- oder dreidimensional graphisch darzustellen. Die Clusterbildung erfolgt dann beispielsweise manuell durch augenscheinliche Betrachtung der Daten.

- *deterministische Clusteranalyseverfahren:* Bei diesen Verfahren wird jedes Datum genau einem Cluster zugeordnet, so daß die Clustereinteilung eine Partition der Datenmenge definiert.

- *überlappende Clusteranalyseverfahren:* Hier wird jedes Datum mindestens einem Cluster zugeordnet, es darf mehreren gleichzeitig zugeordnet werden.

- *probabilistische Clusteranalyseverfahren:* Für jedes Datum wird eine Wahrscheinlichkeitsverteilung über den Clustern bestimmt, die angibt, mit welcher Wahrscheinlichkeit ein Datum einem Cluster zugeordnet wird. Diese Verfahren werden auch als Fuzzy-Clustering-Algorithmen bezeichnet, wenn die Wahrscheinlichkeiten als Zugehörigkeitsgrade aufgefaßt werden.

- *possibilistische Clusteranalyseverfahren:* Diese Verfahren sind reine Fuzzy-Clustering-Algorithmen. Jedem Datum wird ein Zugehörigkeits- oder Möglichkeitsgrad zugeordnet, inwieweit das Datum zum betreffenden Cluster gehört. Die Nebenbedingung der probabilistischen Clusteranalyseverfahren, daß die Summe der Zugehörigkeitsgrade (Wahrscheinlichkeiten) eines Datums zu den Cluster eins ergeben muß, wird bei der possibilistischen Clusteranalyse fallengelassen.

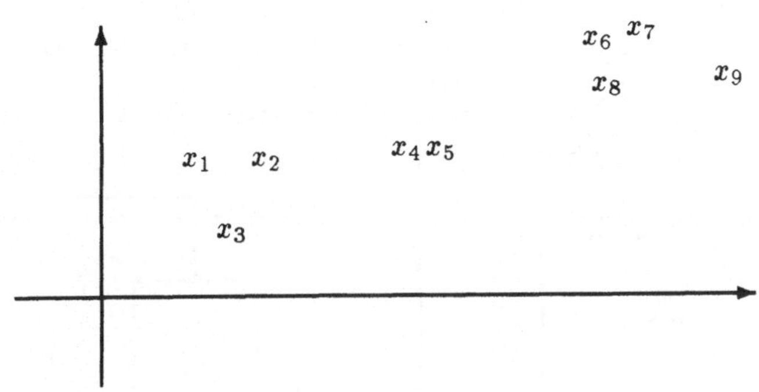

Abbildung 1.4: Ein zu clusternder Datensatz

- *hierarchische Clusteranalyseverfahren:* Diese Verfahren unterteilen die Daten in mehreren Schritten in immer feinere Klassen oder fassen umgekehrt kleine Klassen stufenweise zu gröberen zusammen. Abbildung 1.5 zeigt ein mögliches Ergebnis einer hierarchischen Clusteranalyse des Datensatzes aus Abbildung 1.4. Die kleinen Cluster auf den unteren Stufen werden schrittweise zu größeren auf den höheren Stufen zusammengefaßt. Der durch die gestrichelte Linie angedeuteten Stufe in Abbildung 1.5 ist die im Bild angegebene Clustereinteilung zugeordnet.

- *Objective-Function Clusteranalyseverfahren:* Während hierarchische Clusteranalyseverfahren im allgemeinen prozedural definiert werden, d.h., durch Vorschriften, wann Cluster zusammengefaßt bzw. aufgespalten werden sollten, liegt den Objective-Function-Methoden eine zu optimierende Ziel- oder Bewertungsfunktion zugrunde, die jeder möglichen Clustereinteilung einen Güte- oder Fehlerwert zuordnet. Gesucht ist die Clustereinteilung, die die beste Bewertung erhält. In diesem Sinne muß bei Objective-Function-Methoden für die Clusteranalyse ein Optimierungsproblem gelöst werden.

Mit wenigen Ausnahmen zählen fast alle Fuzzy-Clustering-Verfahren zu den Objective-Function Methoden. Wir widmen daher den Rest dieses Kapitels einem allgemeinen formalen Rahmen für die Fuzzy-Clusteranalyse auf der Grundlage von Bewertungsfunktionen (Objective Functions).

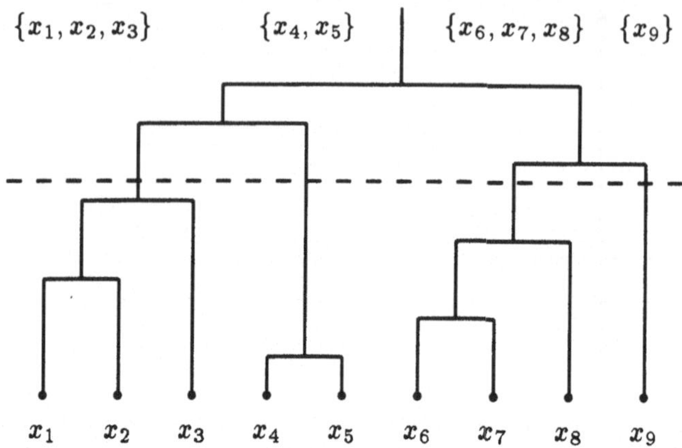

Abbildung 1.5: Hierarchische Clusteranalyse

1.3 Clusteranalyse mit Bewertungsfunktionen

Bevor wir im einzelnen auf die Fuzzy-Cluster-Analyse eingehen, klären wir zunächst einige Begriffe wie Datenraum, Ergebnis einer Datenanalyse etc., die im Zusammenhang mit der Daten- bzw. Clusteranalyse wichtig sind.

In dem einleitenden Beispiel zu Beginn dieses Kapitels käme als Datenraum D die Gesamtheit aller möglichen Werbestrategien zusammen mit den prognostizierten Verkaufszahlen und Produktionskosten je Stück in Frage. Etwa $D := W \times \mathbb{R} \times \mathbb{R}$, wenn W die Menge aller möglichen Werbestrategien ist. Ein Tripel $(w, v_w, k_w) \in D$ ordnet dann dem Einsatz der Werbestrategie w die Produktionskosten von k_w DM je Stück und einen geschätzten Verkauf von v_w Stück zu. Wir interessieren uns für die anzuwendende Werbestrategie und definieren als Ergebnisraum $E := \{\{w\} \mid w \in W\}$. Das Ergebnis einer Datenanalyse ist eine Zuordnung von gegebenen Verkaufszahlen/Produktionskosten $X \subseteq D$ zu der optimalen Werbestrategie $w \in W$. Die Zuordnung läßt sich als eine Abbildung $f : X \to \{w\}$ schreiben. (In diesem Beispiel wäre auch das Paar (X, w) eine geeignete Repräsentation der Analyse. In späteren Beispielen werden wir jedoch den Vorteil der funktionalen Definition sehen.)

Allgemein entspricht die Beantwortung einer Fragestellung also einer Zuordnung von konkret gegebenen Daten $X \subseteq D$ zu einer (vorher nicht bekannten) Antwort $K \in E$ oder auch einer Abbildung $X \rightarrow K$. Oft ist der Ergebnisraum unendlich groß, so daß selbst bei fester Datenmenge $X \subseteq D$ die Zahl der möglichen Zuordnungen unendlich ist. Jedes Element des Analyseraums ist potentiell eine Lösung auf eine bestimmte Fragestellung. Dies führt uns zu der

Definition 1.1 (Analyseraum) *Sei $D \neq \emptyset$ eine Menge und E eine Menge von Mengen mit $(|E| \geq 2) \vee (\exists e \in E : |e| \geq 2)$. Wir nennen D Datenraum und E Ergebnisraum. Dann heißt $A(D,E) := \{f \mid f : X \rightarrow K, X \subseteq D, X \neq \emptyset, K \in E\}$ Analyseraum. Eine Abbildung $f : X \rightarrow K \in A(D,E)$ repräsentiert das Ergebnis einer Datenanalyse durch die Abbildung einer speziellen, vorliegenden Datenmenge $X \subseteq D$ auf ein mögliches Ergebnis $K \in E$.*

Um die vielen möglichen Lösungen von der oder den richtigen Lösungen zu unterscheiden, benötigen wir ein Bewertungskriterium. Mit diesem wollen wir nicht die unterschiedlichen Elemente des Analyseraums direkt vergleichen, sondern eine Maßzahl für jedes Element einführen. Diese Maßzahl ermöglicht dann indirekt auch einen Vergleich der Lösungen. Das Bewertungskriterium führen wir in Form einer Bewertungsfunktion ein:

Definition 1.2 (Bewertungsfunktion) *Sei $A(D,E)$ ein Analyseraum, sei $(M, \leq)$ eine totale Ordnung. Dann heißt eine Abbildung $b : A(D,E) \rightarrow M$ eine Bewertungsfunktion des Analyseraums.*

Im folgenden werden wir als totale Ordnung $(M, \leq)$ die reellen Zahlen mit ihrer natürlichen Ordnung annehmen. Im allgemeinen werden wir die Bewertungsfunktion heranziehen, um unterschiedliche Lösungen desselben Problems, d.h. bei gleicher Datenmenge, zu vergleichen. Die Bewertungsfunktion ermöglicht natürlich auch den indirekten Vergleich zweier Lösungen zu unterschiedlichen Datenmengen, allerdings ist die Semantik dieses Vergleichs dann ausdrücklich zu klären. Wir werden diesen Fall hier nicht verfolgen.

In unserem einführenden Beispiel interessieren wir uns für eine Gewinnsteigerung. Bei einem gegebenem Lösungsvorschlag unseres Problems können wir diesen bewerten, indem wir den zu erwartenden Gewinn ermitteln. Setzen wir bei allen Werbestrategien einen gleichen Verkaufspreis von m DM voraus, so bietet sich als Bewertungsfunktion an:

$$b : A(D,E) \rightarrow \mathbb{R}, \quad g \mapsto v_w \cdot (m - k_w) \quad \text{wobei} \quad g : X \rightarrow \{w\}.$$

Durch die Angabe einer Bewertungsfunktion läßt sich die Antwort auf die gegebene Fragestellung als (globales) Maximum oder Minimum, Nullstelle o.ä. der Bewertungsfunktion definieren. Die Fragestellung ist somit durch eine Bewertungsfunktion und ein Kriterium κ formalisiert. Ihre Lösung definiert sich durch ein Element des Analyseraums, das eben jenes Kriterium erfüllt.

Definition 1.3 (Analysefunktion) *Sei $A(D,E)$ ein Analyseraum, $\kappa : A(D,E) \rightarrow \mathbb{B}$, wobei $\mathbb{B}$ die Menge der booleschen Wahrheitswerte bezeichnet. also $\mathbb{B} = \{\text{wahr}, \text{falsch}\}$. Eine Abbildung $\mathcal{A} : \mathcal{P}(D) \rightarrow A(D,E)$ heißt eine Analysefunktion zu κ, falls für alle $X \subseteq D$ gilt:*

$$\text{(i) } \mathcal{A}(X) : X \rightarrow K,\ K \in E \quad \text{und} \quad \text{(ii) } \kappa(\mathcal{A}(X)) = \text{wahr}.$$

Für ein gegebenes $X \subseteq D$ heißt $\mathcal{A}(X)$ ein Analyseergebnis.

In unserem Werbe-Beispiel wäre κ für ein $f : X \rightarrow K$ durch

$$\kappa(f) = \begin{cases} wahr & : \ b(f) = \max\{b(g) | g : X \rightarrow F \in A(D,E)\} \\ falsch & : \ sonst \end{cases}$$

definiert. Gilt somit $\kappa(f)$ für ein $f \in A(D,E)$, so wird f genauso von b bewertet wie die beste Lösung des Analyseraums. Es handelt sich dann folglich um die gesuchte Lösung.

Nach wie vor offen ist die Frage, wie denn das Analyseergebnis gewonnen werden kann. Der Mensch analysiert beispielsweise oft durch bloßes *Anschauen* der Daten. In vielen Fällen genügt diese Methode, um einfache Fragen zu beantworten. Die Analyse durch einen Computer geschieht durch einen Algorithmus, der meistens ein Modell oder eine Struktur in den Daten voraussetzt, nach der das Programm dann sucht. Dabei sind Ergebnisraum, Datenraum und das verwendete Modell stets daraufhin zu untersuchen, ob sie aufeinander abgestimmt sind. Der Ergebnisraum kann für das verwendete Modell zu grob oder zu fein sein, oder der Datenraum enthält zu wenig Information, um Schlüsse in den Ergebnisraum zuzulassen. Modellentwurf, Abstimmung und Programmentwicklung bilden eine Art Strukturanalyse, ohne die eine Analyse konkreter Daten mit Hilfe des Programmablaufes nicht möglich wäre. Ist diese Strukturanalyse erfolgt, d.h. die eigentliche Fragestellung durch Festlegung der Räume, der Bewertungsfunktion und des Kriteriums formalisiert, kann für konkrete Datenmengen eine Lösung gesucht werden. Diesen Vorgang wollen wir Datenanalyse nennen.

Definition 1.4 (Datenanalyse) *Sei $A(D,E)$ ein Analyseraum, $\kappa : A(D,E) \to \mathbb{B}$. Dann heißt der Vorgang der (eventuell partiellen) Bestimmung der Analysefunktion $\mathcal{A}$ bezüglich κ Datenanalyse.*

In unserem Beispiel besteht die Datenanalyse in der Ermittlung desjenigen Elements aus X, das bei der Bewertungsfunktion den größten Wert liefert. Hier ist der Vorgang der Datenanalyse also klar umrissen und einfach durchzuführen. Untersuchen wir nun einige weitere Beispiele aus der Bildverarbeitung.

Beispiel 1 Betrachten wir Schwarz/Weiß-Bilder aus 20 mal 20 Punkten, also $D := \mathbb{N}_{\leq 20} \times \mathbb{N}_{\leq 20}$, wobei $\mathbb{N}_{\leq t}$ die Menge der natürlichen Zahlen ohne die Null kleiner oder gleich t bezeichnet. Ein Bild repräsentieren wir durch die Menge $X \subseteq D$ der weißen Bildpunkte. Uns interessiert die Helligkeit des Bildes, gemessen auf einer Skala von 0 bis 1, also $E := \{ \{h\} \mid h \in [0,1]\}$. Eine sinnvolle Bewertungsfunktion wäre zum Beispiel:

$$b : A(D,E) \to \mathbb{R}, \quad f \mapsto \frac{|X|}{400} - h \quad \text{mit} \quad f : X \to \{h\}.$$

Die Analyse einer Datenmenge $X \subseteq D$ besteht nun darin, diejenige Helligkeit h, $\{h\} \in E$, zu finden, so daß $b(f) = 0$ mit $f \equiv h$ gilt. In diesem Fall ist die Lösung durch die Angabe von b offensichtlich, unsere Analysefunktion lautet

$$\mathcal{A} : \mathcal{P}(D) \to A(D,E), \quad X \mapsto f, \quad \text{mit} \quad f : X \to \left\{ \frac{|X|}{400} \right\}.$$

Beispiel 2 Sei D wie im vorangegangenen Beispiel. Uns interessiert nun die Lage eines Punktes p, der zu allen anderen weißen Punkten des Bildes den geringsten Abstand besitzt, also $E := \{ \{p\} \mid p \in \mathbb{N}_{\leq 20} \times \mathbb{N}_{\leq 20} \}$.
Für die Forderung nach dem geringsten Abstand definieren wir

$$b : A(D,E) \to \mathbb{R}, \quad f \mapsto \sum_{x \in X} ||x - p|| \quad \text{mit} \quad f : X \to \{p\}.$$

Der Punkt p, $\{p\} \in E$, hat zu allen anderen Punkten $x \in X$ den geringsten Abstand genau dann, wenn die Bewertungsfunktion b für $f \equiv p$ ein (globales) Minimum annimmt. Dies läßt sich direkt in die Analysefunktion umsetzen:

$$\mathcal{A} : \mathcal{P}(D) \to A(D,E), \quad X \mapsto f$$

$$\text{mit} \quad b(f) = \min\{b(g) \mid g : X \to K \in A(D,E)\}.$$

Mit einem Programm, das alle 400 möglichen Positionen für p ausprobiert, ließe sich $\mathcal{A}$ naiv implementieren.

Beispiel 3 Sei D wie im vorangegangenen Beispiel. Jeder Bildpunkt repräsentiert einen Gegenstand. Diese Gegenstände sollen in zwei Kisten, deren Position p_1 bzw. p_2 bekannt ist, transportiert werden. Die Fragestellung bei der Analyse ist, welcher Gegenstand in welche Kiste transportiert werden soll, wobei die Gegenstände möglichst kurze Wege zurücklegen sollen.
Als Ergebnisraum wähle $E := \{\{1,2\}\}$. Dann ist ein Element des Analyseraums eine Abbildung $f : X \to \{1,2\}$. Die Gegenstände, die durch f auf 1 abgebildet werden, sollen in die erste Kiste, die anderen in die zweite Kiste. Als Bewertungsfunktion bietet sich die Summe aller zurückzulegenden Wege an:

$$b : A(D,E) \to \mathbb{R}, \quad f \mapsto \sum_{x \in X} \|x - p_{f(x)}\| \quad \text{mit} \quad f : X \to \{1,2\}.$$

Wieder ist ein Minimum der Bewertungsfunktion zu finden. Die Wegsumme wird minimiert, indem jeder einzelne Weg minimiert wird. Ist für den Gegenstand $x \in X$ also $k_x \in \{1,2\}$ die dichtere Kiste, so ergibt sich die Analysefunktion zu:

$$\mathcal{A}(X) = f \quad \text{mit} \quad f : X \to \{1,2\}, \quad x \mapsto k_x.$$

Das letzte Beispiel verdient besondere Beachtung. Erstmals war die gewonnene Information der Analyse nicht auf die Datenmenge insgesamt bezogen, sondern es wurde für jedes Element der Datenmenge einzeln eine Information gewonnen. Dies war möglich, weil die Elemente des Ergebnisraums selbst mehrelementig waren. Das Ergebnis der Analyse ist dann eine Aufteilung der Daten, eine Klassen- oder Clustereinteilung. Hier zeigt sich der Vorteil der funktionalen Definition des Analyseergebnisses aus, wie auf Seite 11 bereits angekündigt.

Definition 1.5 (Clustereinteilung) *Sei $A(D,E)$ ein Analyseraum, $X \subseteq D$, $f: X \to K \in A(D,E)$, $A_k := f^{-1}(k)$ für $k \in K$. Dann heißt f Clustereinteilung genau dann, wenn $\{A_k \mid k \in K\}$ eine Klasseneinteilung von X ist, d.h.*

$$\bigcup_{i \in K} A_i = X \tag{1.1}$$

$$\forall i,j \in K: \quad i \neq j \Rightarrow A_i \cap A_j = \emptyset \tag{1.2}$$

$$\forall i \in K: \quad \emptyset \neq A_i \neq X \quad . \tag{1.3}$$

Bemerkung 1.6 (Clustereinteilung) *Mit den Bezeichnungen aus der vorangegangenen Definition ist $f: X \to K$ eine Clustereinteilung genau dann, falls f surjektiv und $|X|, |K| \geq 2$ ist.*

Beweis: $\Leftarrow$: Sei f surjektiv, $|X|, |K| \geq 2$. Es ist (1.1) bis (1.3) zu zeigen. Zu (1.1) : Sei $x \in X$. Dann ist $x \in f^{-1}(f(x)) = A_{f(x)} \subseteq \bigcup_{k \in K} A_k$. $A_i \subseteq X$, $i \in K$, gilt offensichtlich. Zu (1.2) : Seien $i, j \in K$ mit $i \neq j$. Sei $x \in A_i$, d.h. $f(x) = i$. Da f als Abbildung eindeutig ist, folgt $f(x) \neq j$, also $x \notin A_j$. Zu (1.3) : Sei $i \in K$. Da f surjektiv ist, findet man ein $x \in X$ mit $f(x) = i$. Also $x \in A_i$ und damit $A_i \neq \emptyset$. Wegen $|K| \geq 2$ existiert $j \in K$ mit $i \neq j$. Und ebenso folgt die Existenz eines $y \in X$ mit $y \in A_j$. Aus (1.2) folgt $y \notin A_i$, d.h. $A_i \neq X$.
$\Rightarrow$: Sei $f: X \to K$ eine Clustereinteilung. Es gilt (1.1) bis (1.3). Da f Analyseergebnis ist, folgt $X \neq \emptyset$ nach Definition. Aus (1.1) folgt dann auch $K \neq \emptyset$. Wäre X einelementig, so gäbe es wegen (1.1) ein $i \in K$ mit $A_i = X$, was im Widerspruch zu (1.3) steht. Also $|X| \geq 2$. Aus (1.3) folgt dann auch $|K| \geq 2$. Sei $i \in K$. Wegen $A_i \neq \emptyset$ aus (1.3) findet man ein $x \in A_i \subseteq X$, also $f(x) = i$, d.h., f ist surjektiv. ■

Die Ausdrucksmöglichkeiten der Datenanalyse sind mit so einfachen Ergebnisräumen wie $E = \{\{1,2\}\}$ aus dem letzten Beispiel natürlich nicht erschöpft.

Beispiel 4 Der Datenraum D sei wie im Beispiel zuvor. Im Bild sollen Kreise gesucht werden, die Daten sollen den Kreisen zugeordnet werden. Wissen wir, daß das Bild c Kreise enthält, so können wir als Ergebnisraum $\{\{1,2,...,c\}\}$ benutzen. Damit erhalten wir eine Clustereinteilung der Daten zu den Zahlen 1 bis c, die jeweils einen Kreis repräsentieren. Sind wir an der genauen Form der Kreise interessiert, so können wir diese durch ein Tripel $(x, y, r) \in \mathbb{R}^3$ charakterisieren, bei dem x, y für die Koordinaten des Mittelpunktes und $|r|$ für den Radius steht. Setzen wir $E := \mathcal{P}_c(\mathbb{R}^3)$, so ist das Analyseergebnis $f : X \to K$, $K \in E$, eine Clustereinteilung der Daten auf c Kreise. Für ein $z \in X$ ist $f(z) = (x, y, r)$ der zugeordnete Kreis. Ist die Anzahl der Kreise nicht bekannt, so kann im ersten Fall $E := \{\{1\}, \{1,2\}, \{1,2,3\}, ...\} = \{\mathbb{N}_{\leq k} \mid k \in \mathbb{N}\}$ und im zweiten Fall $E := \{K \mid K \subseteq \mathbb{R}^3,\ K \text{ endlich}\}$ gewählt werden. Das Analyseergebnis $f : X \to K$ kann wie vorher interpretiert werden, nur gibt nun $|K|$ zusätzlich die Anzahl der erkannten Kreise an.

Auch eine Modifikation von Beispiel 3 ist denkbar: Wir könnten an einer geschickten Positionierung der beiden Kreise interessiert sein, so daß die zurückzulegenden Wege minimal werden. (Diese Analyse leistet beispielsweise der Algorithmus aus Abschnitt 2.1).

1.4 Fuzzy-Analyse von Daten

Eine deterministische Clustereinteilung als Ergebnis einer Datenanalyse ist zu einer Klasseneinteilung der Datenmenge äquivalent. Diese Formalisierung entspricht zwar dem, was wir uns in den letzten Beispielen vorgestellt haben, stellt sich bei einer genaueren Betrachtung aber als unzweckmäßig heraus. Stellen wir uns vor, daß wir zwei sich überlappende Kreise im Bild suchen. Gehen wir weiter davon aus, daß genau auf den Schnittpunkten der beiden Kreise Bildpunkte liegen. Dann teilt die Clustereinteilung diese Bildpunkte genau einem Kreis zu, gezwungen durch die Eigenschaften einer Clustereinteilung. Ebenso verhält es sich mit allen Daten, die von beiden Kreiskonturen den gleichen Abstand haben (Abbildung 1.6). Es ist nicht einzusehen, warum diese Bildpunkte dem einen oder dem anderen Kreis zugeordnet werden sollten. Beide gehören *gleichermaßen* zu beiden Kreisen. Wir haben hier also einen der schon angedeuteten Fälle, bei dem die Abstimmung von Ergebnisraum und Fragestellung unzureichend ist. Der Ergebnisraum ist zu *grob*, als daß er die Zuordnung dieser Daten befriedigend durchführen könnte.

Eine Lösung dieses Problems liefert die Einführung einer graduellen Zugehörigkeit durch die Fuzzy-Menge [66]:

Definition 1.7 (Fuzzy-Menge) *Eine Fuzzy-Menge einer Menge X ist eine Abbildung $\mu : X \to [0,1]$. Die Menge aller Fuzzy-Mengen von X werde mit $F(X) := \{\mu | \mu : X \to [0,1]\}$ bezeichnet.*

Bei einer Fuzzy-Menge μ_M gibt es neben den *harten* Fällen $x \in M$ und $x \notin M$ einen fließenden Übergang der Zugehörigkeit von x zu M. Ein Wert nahe 1 für $\mu_M(x)$ bedeutet eine hohe Zugehörigkeit, ein Wert nahe 0 bedeutet geringe Zugehörigkeit. Jede herkömmliche Menge M kann in eine Fuzzy-Menge μ_M überführt werden, indem $\mu_M(x) = 1 \Leftrightarrow x \in M$ und $\mu_M(x) = 0 \Leftrightarrow x \notin M$ definiert wird.

Da wir in unserem Beispiel die Zugehörigkeit der Daten zu den Clustern *fuzzifizieren* wollen, bietet es sich an, statt des Analyseergebnisses $f : X \to K$ nun $g : X \to F(K)$ zu betrachten. Dabei wäre eine mögliche Semantik dieses neuen Analyseergebnisses derart, daß $g(x)(k) = 1$, falls x eindeutig dem Cluster k zuzuordnen ist, und $g(x)(k) = 0$, falls x eindeutig nicht dem Cluster k zuzuordnen ist. Eine graduelle Zugehörigkeit wie zum Beispiel $g(x)(k) = \frac{1}{3}$ bedeutet, daß das Datum x zu einem Drittel dem Cluster k zugeordnet ist. Über die Zugehörigkeit zu den anderen Clustern sagen dann die Werte $g(x)(j)$, $k \neq j$, etwas aus. Damit ist es möglich, das Datum x zu gleichen Teilen den Clustern i und j zuzuordnen, indem $g(x)(i) = \frac{1}{2} = g(x)(j)$ und $g(x)(k) = 0$ für alle $k \in K \backslash \{i, j\}$ gesetzt wird. Dies führt uns zu den folgenden auf Fuzzy-Mengen verallgemeinerten Definitionen von Analyseraum und Clustereinteilung:

Definition 1.8 (Fuzzy-Analyseraum) *Sei $A(D, E)$ ein Analyseraum. Dann wird durch $A_{\text{fuzzy}}(D, E) := A(D, \{F(K) | K \in E\})$ ein weiterer Analyseraum definiert, der Fuzzy-Analyseraum zu $A(D, E)$. Analyseergebnisse sind dann von der Form $f : X \to F(K)$ für $X \subseteq D$ und $K \in E$.*

Definition 1.9 (probabilistische Clustereinteilung)
Sei $A_{\text{fuzzy}}(D, E)$ ein Analyseraum. Dann heißt eine Abbildung $f : X \to F(K) \in A_{\text{fuzzy}}(D, E)$ probabilistische Clustereinteilung, wenn

$$\forall x \in X : \quad \sum_{k \in K} f(x)(k) = 1 \quad \text{und} \tag{1.4}$$

$$\forall k \in K : \quad \sum_{x \in X} f(x)(k) > 0 \tag{1.5}$$

gilt. Wir interpretieren $f(x)(k)$ als den Grad der Zugehörigkeit des Datums $x \in X$ zum Cluster $k \in K$ im Verhältnis zu allen anderen Clustern.

Obwohl sich diese Definition von der Definition der Clustereinteilung auf den ersten Blick stark unterscheidet, sind die Unterschiede eher geringfügig, sie stellen nur eine *Aufweichung* der Bedingungen (1.1) bis (1.3) dar. Die Forderung (1.2) nach disjunkten Clustern kann keinen

Bestand haben, weil graduelle Zugehörigkeiten erlaubt sind. Die Bedingung (1.4) bedeutet, daß jedes Datum in der Summe seiner Zugehörigkeiten 1 ergibt, was einer Normierung der Zugehörigkeiten je Datum entspricht. Gleichzeitig bedeutet dies aber auch, daß im Vergleich mit allen Daten jedes einzelne Datum gleiches Gewicht bekommt. Dies hat entfernte Ähnlichkeit mit Bedingung (1.1), denn beide Aussagen drücken aus, daß alle Daten in die Clustereinteilung (gleichermaßen) einbezogen werden. Die Bedingung (1.5) sagt aus, daß kein Cluster k leer ausgeht, d.h. die Zugehörigkeit $f(x)(k)$ nicht für alle x gleich Null sein darf. Das entspricht der Ungleichung $A_i \neq \emptyset$ aus (1.3). Analog zum Schluß in Bemerkung 6 folgt daraus auch, daß kein Cluster alle Zugehörigkeiten auf sich vereinigen kann ($A_i \neq X$ in (1.3)).

Der Name *probabilistische* Clustereinteilung deutet auf eine Semantik im Sinne von *Wahrscheinlichkeiten* hin. Er legt eine Interpretation der Art *„$f(x)(k)$ ist die Wahrscheinlichkeit für die Zugehörigkeit von x zum Cluster k“* nahe. Diese Formulierung ist jedoch irreführend. Man verwechselt dabei leicht die Repräsentativität eines Datums x für ein Cluster k mit der Wahrscheinlichkeit der Zuordnung eines Datums x zum Cluster k.

Abbildung 1.6: Daten, die bei einer harten Einteilung nichtdeterministisch einem der Kreise eindeutig zugeordnet werden müssen.

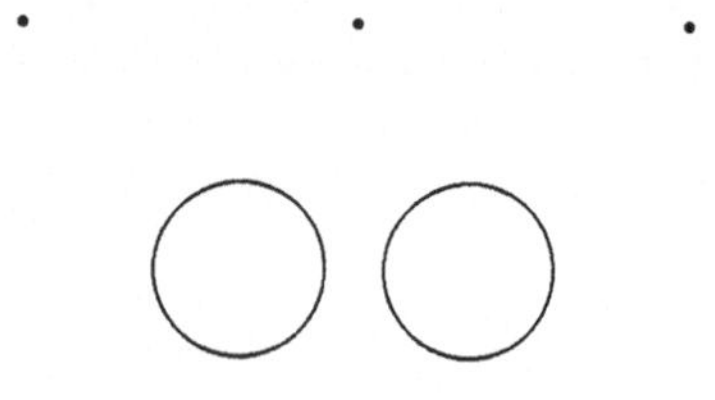

Abbildung 1.7: Wachsende Zugehörigkeiten zu einem Cluster bedeuten nicht, daß es sich notwendig um bessere Repräsentanten des Clusters handelt.

Abbildung 1.6 zeigt zwei Kreise mit einigen Bildpunkten, die von beiden Kreisen gleich weit entfernt sind. Die zwei Daten nahe der Kreisschnittpunkte können als typische Vertreter der Kreislinien anerkannt werden, was man von den restlichen Daten mit zunehmender Entfernung zu den Kreisen nicht mehr behaupten kann. Anschaulich ist die Wahrscheinlichkeit für die Zugehörigkeit der weit entfernten Punkte zu einem der Kreise sehr gering. Durch die Normierung muß die Summe der Zugehörigkeiten jedoch 1 ergeben, so daß die einzelnen Zugehörigkeiten etwa $\frac{1}{2}$ ergeben werden. Macht man sich diese Normierung in der Anschauung nicht bewußt, so könnten die recht hohen Werte für die Zugehörigkeit (ohne die für Klarheit sorgende Abbildung) den Eindruck erwecken, daß die Daten eben doch recht typisch für die Kreise sind. Einen ähnlichen Fall zeigt Abbildung 1.7. Dieses Mal sind alle Daten sehr weit von den beiden Kreisen entfernt, aber die Entfernungen der Daten links und rechts von den beiden Kreisen sind unterschiedlich. Das mittlere Datum wird wieder Zugehörigkeiten um $\frac{1}{2}$ bekommen, während die Randdaten durch Zugehörigkeiten deutlich über $\frac{1}{2}$ eindeutig dem jeweils dichteren Kreis zugeordnet werden. Alle Daten sind (fast) gleichermaßen untypisch für die Kreise, aber die Zugehörigkeiten verhalten sich sehr unterschiedlich. Um Fehlinterpretationen zu vermeiden, wäre „*Wenn x einem Cluster zugeordnet werden muß, dann mit der Wahrscheinlichkeit $f(x)(k)$ dem Cluster k*“ eine bessere Sicht auf die Zugehörigkeiten.

Diese Semantik ist allein aus der Definition entstanden, sie ist also keinesfalls zwingend. Ebensogut ließe sich (per Definition) eine Semantik erzwingen, bei der hohe Zugehörigkeiten eines Datums x zu einem Cluster k tatsächlich folgern lassen, daß x ein typischer Vertreter von k ist. Dies geschieht einfach, indem die Bedingung (1.4) zur Normierung der Zugehörigkeiten wegfällt. Dann bekommen die weit entfernten Daten der Abbildungen 1.6 und 1.7 geringere Zugehörigkeiten.

Definition 1.10 (possibilistische Clustereinteilung)
Sei $A_{\text{fuzzy}}(D, E)$ ein Analyseraum. Dann heißt ein Analyseergebnis $f : X \rightarrow F(K)$ possibilistische Clustereinteilung, wenn

$$\forall k \in K : \quad \sum_{x \in X} f(x)(k) > 0 \tag{1.6}$$

gilt. Wir interpretieren $f(x)(k)$ als den Grad der Repräsentativität des Datums $x \in X$ für das Cluster $k \in K$.

Possibilistische Clustereinteilungen sind insbesondere bei der Bildanalyse nützlich, da hier oft Störpunkte auftreten, die tatsächlich keinem der Cluster zuzuordnen sind. Meistens sind diese Störpunkte bei einer probabilistischen Clusteranalyse für unbefriedigende Analyseergebnisse verantwortlich; wir werden später Beispiele dazu sehen.

Soweit es den formalen Teil der Definition betrifft, ist jede probabilistische Clustereinteilung auch eine possibilistische Einteilung. Da aber eine probabilistische Einteilung in der possibilistischen Interpretation eine völlig andere Bedeutung bekommt, haben wir die Semantik der Einteilung mit in die Definition aufgenommen.

An dieser Stelle soll kurz bemerkt werden, daß die Art der Fuzzifizierung, wie wir sie hier durchgeführt haben, keineswegs die einzige Möglichkeit darstellt. Bei unserem Vorgehen hat die Analyse selbst eine Fuzzifizierung erfahren, das Ergebnis der Analyse, d.h. die Einteilung der Daten, ist fuzzy oder unscharf. Daher heißt dieser Abschnitt auch *Fuzzy-Analyse von Daten*. Ebenso hätte der Datenraum fuzzifiziert werden können, in unserem Beispiel wären unscharfe Bilddaten - zum Beispiel Grautöne - zugelassen. Auf die *Analyse von Fuzzy-Daten* wird jedoch nicht weiter eingegangen.

1.5 Spezielle Bewertungsfunktionen

Zurück zur probabilistischen Clustereinteilung. Betrachten wir einmal folgendes

Beispiel 5 Ein Bild zeigt die Konturen der Reifen eines Fahrrads, von dem wir die Position der Vorder- und Hinterachse der Einfachheit halber als bekannt voraussetzen wollen. Das Bild wird ähnlich wie in den vorangegangenen Beispielen als $X \subseteq \mathbb{R}^2$ dargestellt. Ein Bildpunkt ist gesetzt, wenn sein Koordinatenpaar Element von X ist. Uns interessieren (neben der probabilistischen Clustereinteilung) die Radien der Räder.

Es ist daher sinnvoll, daß wir die folgenden Definitionen vornehmen: $D := \mathbb{R}^2$ $R := \{(k,r) \mid k \in \{\text{Vorderrad}, \text{Hinterrad}\}, r \in \mathbb{R}\}$, $E := \mathcal{P}_2(R) \cap \{\ \{(\text{Vorderrad}, r), (\text{Hinterrad}, s)\} \mid r, s \in \mathbb{R}\}$. Mit $\mathcal{P}_t(M)$ bezeichnen wir die Menge der t-elementigen Teilmengen der Menge M. Als Analyseraum verwenden wir $A_{\text{fuzzy}}(D, E)$. Die Lage der Achsen sei durch $p_{\text{Vorderrad}}, p_{\text{Hinterrad}} \in \mathbb{R}^2$ definiert. Nun müssen wir eine Bewertungsfunktion angeben. Eine ganze Reihe von Bewertungsfunktionen ergibt sich aus der folgenden Grundfunktion (Verallgemeinerung der kleinsten Fehlerquadrate):

$$b(f) = \sum_{x \in X} \sum_{k \in K} f^m(x)(k) \cdot d^2(x,k) \quad \text{mit} \quad f : X \to F(K). \tag{1.7}$$

Dabei ist $d(x,k)$ ein Maß für den Abstand zwischen Datum x und Cluster k. In dieser *Distanzfunktion* gibt es keine Vorkommen von $f(x)$, womit der Abstand unabhängig von den Zugehörigkeiten ist. Alle Distanzen gehen quadratisch ein, somit ist die Bewertungsfunktion nicht negativ (da die Zugehörigkeiten zwischen 0 und 1 liegen). Der Exponent $m \in \mathbb{R}_{\geq 1}$, der sogenannte *Fuzzifier*, stellt einen Gewichtungsexponenten dar. Mit $\mathbb{R}_{\geq t}$ bezeichnen wir die Menge aller reellen Zahlen größer als Eins. Die Suche nach einer Bewertungsfunktion hat sich damit vereinfacht, denn die Wahl eines reellen Parameters m und einer Abstandsfunktion d ist sicher leichter als die Wahl einer beliebigen Funktion $b : A(D, E) \to \mathbb{R}$.

Die Distanzfunktion wählen wir in unserem Beispiel als

$$d : \mathbb{R}^2 \times R \to \mathbb{R}, \quad (x, (k, r)) \mapsto \Big| \, ||x - p_k|| - r \, \Big|.$$

Was liefert unsere Bewertungsfunktion nun? Betrachten wir dazu einen Bildpunkt $x \in X$, der nahe dem Vorderrad liegt. Die Abstandsfunktion $d(x, k)$ liefert genau dann den Wert Null, wenn x auf dem Rad k liegt. Für $d(x, (\text{Vorderrad}, r_v))$ erhalten wir also einen Wert nahe Null. Für $d(x, (\text{Hinterrad}, r_h))$ hingegen bekommen wir einen größeren Wert, da der Abstand zum Hinterrad deutlich größer ist. Sei nun $f \in A_{\text{fuzzy}}(D, E)$ eine probabilistische Clustereinteilung von X, bei der die Daten den zugehörigen Rädern zugeordnet werden. Dann ist also $f(x)(\text{Vorderrad}, r_v) \approx 1$ und $f(x)(\text{Hinterrad}, r_h) \approx 0$. Durch die Produktbildung $f^m(x)(k) \cdot d^2(x, k)$ werden bei der Summe somit in beiden Fällen kleine Werte ermittelt, weil einmal der Abstand zum Vorderrad klein und das andere Mal die Zugehörigkeit zum Hinterrad gering ist. Der Schnitt der beiden Räder ist zwar in diesem Beispiel unmöglich, würde unsere Rechnung aber nicht verfälschen, da dann für die Schnittpunkte die Zugehörigkeiten zu beiden Rädern etwa $\frac{1}{2}$ wären, aber die Abstände in beiden Fällen klein sind.

Somit ist auch klar, wie das Kriterium an die Bewertungsfunktion lautet, sie muß für die Lösung ein Minimum annehmen. In der Praxis zeigt sich, daß allein die Form (1.7) für die Lösung vieler Problemstellungen schon ausreicht. Es muß nur jeweils eine andere Distanzfunktion gewählt werden.

Betrachten wir nun den Einfluß des *Fuzzifiers* m. Je größer m ist, desto schneller wird $f^m(x)(k)$ Null werden, d.h., auch relativ hohe Zugehörigkeiten von 0.8 werden bei $m = 6$ zu einem Faktor von etwa 0.26 abgemindert. Damit werden die Ausprägungen von (lokalen) Minima oder Maxima weniger deutlich ausfallen oder sogar ganz wegfallen. Je größer m wird, desto *unschärfer* fallen die Ergebnisse aus. Die Wahl von m kann man also davon abhängig machen, wie gut sich voraussichtlich die Daten in Cluster einteilen lassen. Handelt es sich zum Beispiel um zwei weit voneinander entfernte Cluster, so ist sogar eine scharfe Trennung möglich. In diesem Fall wählen wir m nahe Eins. (Strebt m gegen Eins, so konvergieren die Zugehörigkeiten gegen Null oder Eins, siehe [8].) Sind die Cluster nahezu ununterscheidbar, so ist m sehr groß zu wählen. (Geht m gegen unendlich, so gehen die Zugehörigkeiten gegen $\frac{1}{c}$, wenn c die Anzahl der Cluster ist.) Diese Entscheidung setzt natürlich ein gewisses Vorwissen voraus. Außerdem kann es durchaus vorkommen, daß in einer Datenmenge sowohl gut als auch schlecht zu trennende Cluster liegen. Eine häufige Wahl für den Fuzzifier ist $m = 2$.

In allen Fällen ist als Datenanalyse das (globale) Minimum der Bewertungsfunktion unter der Nebenbedingung einer probabilistischen Clustereinteilung zu suchen. Das gestaltet sich jedoch nicht so leicht wie in den ersten Beispielen dieses Kapitels, da eine erschöpfende Suche aufgrund der großen Anzahl von Möglichkeiten nicht durchführbar ist. Des weiteren ist die Bewertungsfunktion mehrdimensional, so daß die bekannten eindimensionalen Verfahren zur Suche von Minima nicht angewendet werden können. Wir werden uns daher von vornherein mit lokalen Minima zufrieden geben (müssen).

Zunächst wollen wir uns mit der Frage beschäftigen, wie die Zugehörigkeiten $f(x)(k)$, $x \in X$, $k \in K$, zu wählen sind, um ein Minimum der Bewertungsfunktion bei bekannter Clustermenge K zu erreichen. Dazu dient der

Satz 1.11 *Sei $A_{\text{fuzzy}}(D, E)$ ein Analyseraum, $X \subseteq D$, $K \in E$, b eine Bewertungsfunktion nach* (1.7), *d die zugehörige Distanzfunktion und $m \in \mathbb{R}_{>1}$. Nimmt die Bewertungsfunktion für alle probabilistischen Clustereinteilungen $X \to F(K)$ bei $f : X \to F(K)$ ein Minimum an, so gilt*

$$f(x)(k) \mapsto \begin{cases} \dfrac{1}{\sum_{j\in K}\left(\frac{d^2(x,k)}{d^2(x,j)}\right)^{\frac{1}{m-1}}} & : \text{für } I_x = \emptyset \\ \sum_{i\in I_x} f(x)(i) = 1 & : \text{für } I_x \neq \emptyset,\ k \in I_x \\ 0 & : \text{für } I_x \neq \emptyset,\ k \notin I_x, \end{cases}$$

wobei $I_x := \{j \in K \mid d(x,j) = 0\}$.

Falls die Menge I_x mehr als ein Element enthält, ist $f(x)(k)$ für $k \in I_x$ nicht eindeutig bestimmt. Dieses Problem werden wir auf Seite 25 noch einmal aufgreifen.

Beweis: Ein notwendiges Kriterium für ein Minimum ist eine Nullstelle in der Ableitung. Aufgrund der hohen Dimensionalität der Bewertungsfunktion beschränken wir uns hier auf Nullstellen aller partiellen Ableitungen.

Sei $f : X \to F(K)$ eine probabilistische Clustereinteilung, $x \in X$, setze $u := f(x)$, $u_k := f(x)(k)$ für $k \in K$. Die Bewertungsfunktion b sei für alle probabilistischen Clustereinteilungen in f minimal. Also gelten die Bedingungen (1.4) und (1.5) für f. Wir können $\sum_{x \in X} \sum_{k \in K} f^m(x)(k) \cdot d^2(x,k)$ minimieren, indem wir für alle $x \in X$ die Summe $\sum_{k \in K} u_k^m \cdot d^2(x,k)$ minimieren. Die Gültigkeit der Nebenbedingung (1.4) läßt sich durch die Einführung eines Lagrangeschen Multiplikators λ ebenfalls durch eine Nullstelle in der partiellen Ableitung nach λ ausdrücken. Wir definieren daher für $x \in X$:

$$b_x := \sum_{k \in K} u_k^m d^2(x,k) - \lambda \left(\left(\sum_{k \in K} u_k \right) - 1 \right).$$

Es sind nun für alle $k \in K$ die partiellen Ableitungen

$$\begin{aligned} \frac{\partial}{\partial \lambda} b_x(\lambda, u) &= \left(\sum_{k \in K} u_k \right) - 1 \\ \frac{\partial}{\partial u_k} b_x(\lambda, u) &= m \cdot u_k^{m-1} \cdot d^2(x,k) - \lambda \end{aligned}$$

gleich Null zu setzen. Bei den Ableitungen wurde die Tatsache ausgenutzt, daß in der Distanzfunktion keine Zugehörigkeiten vorkommen. Wir betrachten zunächst den Fall, daß sich für alle $k \in K$ durch die Distanzfunktion ein positiver Abstand zu x ergibt. In diesem Fall folgt dann für jedes $k \in K$ aus der letzten Gleichung

$$u_k = \left(\frac{\lambda}{m \cdot d^2(x,k)} \right)^{\frac{1}{m-1}}. \tag{1.8}$$

Einsetzen in $\frac{\partial}{\partial \lambda} b_x(\lambda, u) = 0$ führt zu

$$\begin{aligned} 1 &= \sum_{j \in K} u_j \\ &= \sum_{j \in K} \left(\frac{\lambda}{m \cdot d^2(x,j)} \right)^{\frac{1}{m-1}} \\ &= \left(\frac{\lambda}{m} \right)^{\frac{1}{m-1}} \sum_{j \in K} \left(\frac{1}{d^2(x,j)} \right)^{\frac{1}{m-1}}. \end{aligned}$$

Also

$$\left(\frac{\lambda}{m}\right)^{\frac{1}{m-1}} = \frac{1}{\sum_{j\in K}\left(\frac{1}{d^2(x,j)}\right)^{\frac{1}{m-1}}}.$$

Zusammen mit (1.8) ergibt sich für die Zugehörigkeit

$$\begin{aligned} u_k &= \frac{1}{\sum_{j\in K}\left(\frac{1}{d^2(x,j)}\right)^{\frac{1}{m-1}}} \cdot \left(\frac{1}{d^2(x,k)}\right)^{\frac{1}{m-1}} \\ &= \frac{1}{\sum_{j\in K}\left(\frac{d^2(x,k)}{d^2(x,j)}\right)^{\frac{1}{m-1}}}. \end{aligned}$$

Es bleibt der Fall offen, daß $d(x,j) = 0$ für mindestens ein $j \in K$ gilt. In diesem Fall liegt das Datum x genau im Cluster j. Die Menge $I_x := \{k \in K \mid d(x,k) = 0\}$ enthält alle Cluster, auf die das Datum x *genau paßt*. Hier ist das Minimierungsproblem leicht zu lösen, denn $b_x(\lambda, u) = 0$ und (1.4) gelten, falls $u_k = 0$ für alle $k \notin I_x$ und $\sum_{j\in I} u_j = 1$. ■

Im Hinblick auf eine spätere Implementierung eines Algorithmus zur Suche nach einer probabilistischen Clustereinteilung, bei der wir dann natürlich nicht von einem Minimum ausgehen, sondern eben dieses finden wollen, müssen wir uns noch um die Bedingung (1.5) kümmern. Damit es sich bei einer Abbildung $f : X \to F(K)$ wirklich um eine Clustereinteilung handelt, ist eben diese Bedingung zu erfüllen. Allerdings bereitet uns der Fall, daß (1.5) nicht gilt, keine großen Probleme. Existiert tatsächlich einmal ein $k \in K$ mit $\sum_{x\in X} f(x)(k) = 0$, dann haben wir eigentlich eine Clustereinteilung in die Clustermenge $K \backslash \{k\}$. Wir können alle überflüssigen Cluster entfernen, und es bleibt eine echte Clustereinteilung übrig, für die (1.5) gilt.

Es lassen sich auch bestimmte Bedingungen fordern, die uns erlauben, den Fall $\sum_{x\in X} f(x)(k) = 0$ auszuschließen. Dem Satz entnehmen wir, daß bei einem einzigen $x \in X \subseteq D$ mit $f(x)(k) \neq 0$ für alle $k \in K$ automatisch die Bedingung (1.5) erfüllt ist. Die Zugehörigkeit ergibt sich dann durch $\sum_{k\in K} \frac{d^2(x,k)}{d^2(x,j)}$ zu einem positiven Wert für jedes $k \in K$. Fordern wir also, daß es in der Datenmenge immer ein Datum gibt, das zu allen Clustern positiven Abstand hat, so ist die Nebenbedingung (1.5) automatisch erfüllt.

Sind die Cluster punktförmig, so kann als Distanzfunktion eine Metrik verwendet werden. Der Abstand zu den Clustern kann dann maximal für *ein* Datum $x \in X$ verschwinden, d.h., bei mehr Daten als Clustern gilt die Bedingung (1.5) immer. Für ihre Gültigkeit reicht die Voraussetzung $|X| > |K|$. Sind hingegen die Konturen von Kreisen zu erkennen, so kann es potentiell unendlich viele Punkte geben, die auf dem Kreis liegen, also den Abstand Null haben. Da ein Kreis durch drei Punkte eindeutig bestimmt ist, ließe sich vielleicht eine Bedingung „$|X| > 3|K|$ *und es existiert für alle möglichen Einteilungen ein* $x \in X$ *mit positivem Abstand zu allen Kreisen*" formulieren. So eine Bedingung ist in der Praxis aber nicht nachzuweisen. Könnte man sie beantworten, wäre sicher die Frage der Clustereinteilung auch geklärt. Daher verfährt man in der Praxis wie eingangs erwähnt: Falls die Bedingung (1.5) nicht gilt, entfernen wir ein Cluster und starten die Analyse erneut.

Eine weitere Bemerkung im Hinblick auf die Implementation fordert der Satz für den Fall $|I_x| > 1$ heraus. Es ist dann die Summe der Zugehörigkeiten so zu wählen, daß sie Eins ergibt. Bei einer Implementierung ist für jedes u_j mit $j \in I_x$ natürlich ein konkreter Wert anzugeben. Im Beispiel mit den zwei überlappenden Kreisen, bei dem Daten auf den Schnittpunkten liegen, entspricht eine Zugehörigkeit $u_j := \frac{1}{|I_x|}$ am besten der gewählten Semantik. Handelt es sich jedoch um punktförmige Cluster (mit einer Metrik als Distanzfunktion), so bedeutet $|I_x| > 1$, daß mehrere Cluster identisch sind. In so einem Fall ist es von Vorteil, die Zugehörigkeiten zu den identischen Clustern nicht gleichgroß zu wählen, damit sich die Cluster im nächsten Schritt wieder voneinander trennen. Bleiben die Cluster jedoch weiterhin ununterscheidbar, so handelt es sich im Grunde wieder um eine Datenanalyse mit einer um ein Element verringerten Clustermenge.

Die Fragestellung aus Satz 1.11 bleibt noch für den Fall einer possibilistischen Clustereinteilung zu klären. Hierbei können wir einen einfacheren Ausdruck erwarten, da die Nebenbedingung (1.4) nicht mehr eingehalten werden muß. Allerdings bekommen wir durch den Wegfall dieser Nebenbedingung eine triviale Lösung, nämlich den Fall $f(x)(k) = 0$ für $f : X \to F(K)$ und alle $x \in X$, $k \in K$. Wir können also unsere Bewertungsfunktion nicht einfach übernehmen. Wir definieren stattdessen nach einem Vorschlag von Krishnapuram [42]:

$$b : A(D,E) \to \mathbb{R},$$

$$f \mapsto \sum_{x\in X}\sum_{k\in K} f^m(x)(k)\cdot d^2(x,k) + \sum_{k\in K}\eta_k \sum_{x\in X}(1-f(x)(k))^m. \quad (1.9)$$

Die erste Summe ist aus der Bewertungsfunktion (1.7) direkt übernommen. Die zweite Summe *belohnt hohe Zugehörigkeiten*, denn Zugehörigkeiten $f(x)(k)$ nahe Eins lassen den Ausdruck $(1-f(x)(k))^m$ etwa Null werden. Dabei sei noch einmal betont, daß nun durchaus *jede* Zugehörigkeit $f(x)(k)$ etwa Eins werden kann (possibilistisches Clustering, siehe Beispiel mit dem Schnitt zweier Kreise). Da hohe Zugehörigkeiten auch zuverlässige Zuordnungen der Daten zu den Clustern implizieren, erzielen wir somit den gewünschten Effekt. Bevor wir auf die zusätzlichen Faktoren η_k für $k \in K$ eingehen, formulieren wir also den

Satz 1.12 *Sei $A_{\text{fuzzy}}(D,E)$ ein Analyseraum, $X \subseteq D$, $K \in E$, b eine Bewertungsfunktion nach* (1.9), *d die zugehörige Distanzfunktion und $m \in \mathbb{R}_{>1}$. Nimmt die Bewertungsfunktion für alle possibilistischen Clustereinteilungen $X \to F(K)$ bei $f : X \to F(K)$ ihr Minimum an, so gilt*

$$f(x)(k) \mapsto \frac{1}{1+\left(\frac{d^2(x,k)}{\eta_k}\right)^{\frac{1}{m-1}}},$$

wobei $\eta_k \in \mathbb{R}$ für $k \in K$.

Beweis: Sei $u_{k,x} := f(x)(k)$. Wie im vorangegangenen Satz berechnen wir alle partiellen Ableitungen $\frac{\partial}{\partial u_{k,x}}b$. Diese müssen für ein Minimum verschwinden:

$$\begin{aligned}
0 &= \frac{\partial}{\partial u_{k,x}}b \\
&= m\cdot d^2(x,k)\cdot u_{k,x}^{m-1} - \eta_k\cdot m(1-u_{k,x})^{m-1} \\
\Leftrightarrow\quad u_{k,x}^{m-1}\cdot d^2(x,k) &= \eta_k(1-u_{k,x})^{m-1} \\
\Leftrightarrow\quad \frac{d^2(x,k)}{\eta_k} &= \left(\frac{1-u_{k,x}}{u_{k,x}}\right)^{m-1} = \left(\frac{1}{u_{k,x}}-1\right)^{m-1} \\
\Leftrightarrow\quad u_{k,x} &= \frac{1}{1+\left(\frac{d^2(x,k)}{\eta_k}\right)^{\frac{1}{m-1}}}.
\end{aligned}$$

■

Zurück zu den Faktoren η_k, $k \in K$. Betrachten wir dazu einmal den Fall $m = 2$ und die Forderungen des Satzes $u_{k,x} = (1 + \frac{d^2(x,k)}{\eta_k})^{-1}$. Falls nun $\eta_k = d^2(x,k)$ gilt, ergibt sich für die Zugehörigkeit ein Wert von $u_{k,x} = (1 + \frac{d^2(x,k)}{d^2(x,k)})^{-1} = (1+1)^{-1} = \frac{1}{2}$. Mit dem Parameter η_k legen wir also für jedes Cluster $k \in K$ fest, für welche Distanz die Zugehörigkeit $\frac{1}{2}$ angenommen werden soll. Betrachten wir $\frac{1}{2}$ als Grenze für die Entscheidung der Zugehörigkeit des Datums x zum Cluster k, so wird die Bedeutung von η_k offensichtlich. Wir steuern mit diesem Parameter die erlaubte Ausdehnung des Clusters. Betrachten wir kreisförmige, volle Cluster, so entspricht $\sqrt{\eta_k}$ etwa dem mittleren Durchmesser des Clusters; betrachten wir Kreislinien als Cluster, so entspricht $\sqrt{\eta_k}$ der mittleren Dicke der Kontur. Sind die durch die Analyse zu ermittelnden Formen bereits vorher bekannt, so lassen sich die η_k leicht abschätzen. Sind alle Cluster von etwa derselben Form, so kann für alle Cluster auch derselbe Wert gewählt werden. Meistens ist dieses Vorwissen jedoch nicht vorhanden. In so einem Fall begnügt man sich mit einer Schätzung

$$\eta_k = \frac{\sum_{x \in X} f^m(x)(k) d^2(x,k)}{\sum_{x \in X} f^m(x)(k)} \tag{1.10}$$

für jedes $k \in K$. Es wird also der mittlere Abstand als Vorgabe gewählt. In der Literatur [42] findet man weitere Vorschläge für die Wahl von η_k.

1.6 Ein Basis-Algorithmus bei bekannter Clusteranzahl

Sind die Vorüberlegungen über Analyseraum, Bewertungsfunktion und Kriterium abgeschlossen, so bietet sich oft der Einsatz eines Rechners zur Datenanalyse an. Für den Fall, daß die Bewertungsfunktion eine der Formen aus dem letzten Abschnitt hat, soll nun ein Algorithmus vorgestellt werden, der die Datenanalyse durchführt. Seinen Ursprung findet dieses Verfahren im Hard-c-Means-Algorithmus von Duda und Hart [18], der eine Clustereinteilung der Daten gemäß Definition 1.5 liefert. Die erste Verallgemeinerung auf probabilistische Clustereinteilungen kam von Dunn [19]. Bei diesem Algorithmus wurde eine Bewertungsfunktion der Form (1.7) verwendet, wobei m auf 2 festgesetzt war. Die Verallgemeinerung auf beliebige $m \in \mathbb{R}_{>1}$ stammt von Bezdek [5]. Alle dort untersuchten Varianten dienten zur Erkennung von kugelförmigen Punktwolken in der Datenmenge. Im Verlauf der Konvergenzuntersuchungen des Fuzzy-c-Means [6, 9] löste sich die Betrachtung dann von den rein kugelförmigen Punktwolken [8].

Der hier vorgestellte Algorithmus liefert eine probabilistische Clustereinteilung der gegebenen Daten. Im Hinblick auf die Implementation mag das Ergebnis einer Analyse eine etwas unpassende Form haben, da meistens nur funktionale Programmiersprachen Funktionen als Datentypen zulassen, wir uns aus Effizienzgründen aber auf imperative Implementationen beschränken wollen. Sind jedoch $X = \{x_1, x_2, \ldots, x_n\}$ und $K = \{k_1, k_2, \ldots, k_c\}$ endlich, so läßt sich ein Analyseergebnis $f : X \to F(K)$ als $c \times n$-Matrix U darstellen, wobei $u_{i,j} := f(x_j)(k_i)$. Der Algorithmus sucht ein Analyseergebnis $f \in A_{\text{fuzzy}}(D, E)$, das die Bewertungsfunktion minimiert. Diese Minimierung geschieht durch eine Iteration, bei der in jedem Schritt nacheinander die Matrix U und die Clustermenge $K \in E$ möglichst optimal aufeinander abgestimmt werden (U und K charakterisieren f vollständig). Bezdek, Hathaway und Pal [11] bezeichnen dieses Verfahren auch als *alternating optimization* (AO).

Algorithmus 1 (probabilistischer Clustering-Algorithmus)

Gegeben sei eine Datenmenge $X = \{x_1, x_2, \ldots, x_n\}$. Jedes Cluster sei durch ein Element einer Menge C eindeutig charakterisierbar.

Wähle die Anzahl c der Cluster, $2 \leq c < n$
Wähle ein $m \in \mathbb{R}_{>1}$
Wähle die Abbruchgenauigkeit ε
Initialisiere $U^{(0)}$, $i := 0$
REPEAT
  Erhöhe i um 1
  Bestimme $K^{(i)} \in \mathcal{P}_c(C)$ so, daß b durch $K^{(i)}$ und $U^{(i-1)}$ möglichst minimal wird
  Bestimme $U^{(i)}$ nach Satz 1.11
UNTIL $||U^{(i-1)} - U^{(i)}|| \leq \varepsilon$

Die Suche nach der optimalen Clustermenge $K^{(i)} \in \mathcal{P}_c(C)$ ist dabei natürlich von der in der Bewertungsfunktion verwendeten Distanzfunktion abhängig. Sie muß individuell an die jeweilige Datenanalyse angepaßt werden und wird daher in diesem Abschnitt nicht weiter behandelt. Bei der Vorstellung spezieller Verfahren in den Kapiteln 2, 4, 5 und 7 wird dann auf die Wahl der Clustermenge genau eingegangen. Der Schritt zur Optimierung der Zugehörigkeiten hingegen ist durch Satz 1.11 für alle Verfahren gleichermaßen vorgegeben.

Leider existiert derzeit keine allgemeine Konvergenzbetrachtung für alle Verfahren, die auf Algorithmus 1 basieren. Bezdek hat für seinen Fuzzy-c-Means-Algorithmus in [8] gezeigt, daß entweder die Iterationsfolge selbst oder jede konvergente Teilfolge davon in einem Sattelpunkt oder Minimum - aber nicht in einem Maximum - der Bewertungsfunktion konvergiert. Als Hilfsmittel in seinem Beweis verwendet er das Konvergenz-Theorem von Zangwill, mit dem auch die Konvergenz zahlreicher klassischer Iterationsverfahren (zum Beispiel des Newton-Verfahrens) bewiesen werden konnte. Für viele weitere Verfahren wurden ebenfalls Konvergenzbeweise geführt, für die meisten neueren Shell-Clustering-Verfahren aus Kapitel 5 gibt es jedoch noch keine Beweise. Die zum Teil sehr guten Ergebnisse der Verfahren rechtfertigen jedoch auch in diesen Fällen ihren Einsatz.

Analog zum probabilistischen Clustering-Algorithmus läßt sich eine possibilistische Variante definieren. Es liegt nahe, Algorithmus 1 einfach dahingehend zu ändern, die Zugehörigkeiten nicht nach Satz 1.11, sondern nach Satz 1.12 zu berechnen. Dies führt im allgemeinen aber zu unbefriedigenden Resultaten. Der entstandene Algorithmus weist die Tendenz auf, Daten mit schlechter Zugehörigkeit zu allen Clustern (durch Zugehörigkeiten nahe Null) als *Ausreißer* zu deklarieren, statt die vielleicht nicht optimale Clustermenge K an diese Daten weiter anzugleichen. Deshalb wird vorher eine probabilistische Datenanalyse durchgeführt. Das Analyseergebnis wird als Initialisierung der folgenden Schritte benutzt, insbesondere für die Ermittlung der η_k, $k \in K$. Mit diesen Startwerten wird nun die possibilistische Variante ausgeführt. Abschließend werden die η_k, $k \in K$, ein weiteres Mal bestimmt, und der Algorithmus wird erneut durchlaufen.

Die Bestimmung der Clustermenge $K^{(i)}$ in jedem Iterationsschritt geschieht hier genauso wie bei Algorithmus 1. Die Berechnungsvorschrift ist bei den jeweiligen Clustering-Verfahren angegeben.

Algorithmus 2 (possibilistischer Clustering-Algorithmus)

Gegeben sei eine Datenmenge $X = \{x_1, x_2, \ldots, x_n\}$. Jedes Cluster sei durch ein Element einer Menge C eindeutig charakterisierbar.

Wähle die Anzahl c der Cluster, $2 \leq c < n$
Wähle ein $m \in \mathbb{R}_{>1}$
Wähle die Abbruchgenauigkeit ε
Führe den Algorithmus 1 durch
FOR 2 TIMES
  Initialisiere $U^{(0)}$ und $K^{(0)}$ mit den letzten Ergebnissen, $i := 0$
  Initialisiere η_k für $k \in K$ gemäß (1.10)
  REPEAT
    Erhöhe i um 1
    Bestimme $K^{(i)} \in \mathcal{P}_c(C)$ so, daß b durch $K^{(i)}$ und $U^{(i-1)}$ möglichst
    minimal wird
    Bestimme $U^{(i)}$ nach Satz 1.12
  UNTIL $\|U^{(i-1)} - U^{(i)}\| \leq \varepsilon$
END FOR

1.7 Vorgehen bei unbekannter Clusteranzahl

Ein Nachteil der vorgestellten Algorithmen ist, daß die Anzahl c der Cluster vorher bekannt sein muß. In einigen Anwendungen ist dieses Vorwissen nicht vorhanden. Über eine weitere Gütefunktion müssen in diesem Fall Analyseergebnisse mit verschiedener Clusteranzahl verglichen werden, um so eine optimale Einteilung im Sinne der neuen Bewertungsfunktion zu finden. Es bieten sich zwei grundsätzliche Vorgehensweisen an. Dazu sei D ein Datenraum, jedes Cluster werde durch ein Element einer Menge C eindeutig charakterisiert. Mit $X \subseteq D$ sei eine Datenmenge gegeben, deren optimale Clustereinteilung gesucht ist, wobei die Clusteranzahl nicht bekannt ist.

- Die erste Möglichkeit besteht in der Definition einer Gütefunktion, die eine komplette Clustereinteilung beurteilt. Dazu ist eine obere Grenze $c_{\max}$ der Clusteranzahl zu schätzen und für jedes $c \in \{2, 3, \ldots, c_{\max}\}$ eine Clusteranalyse nach Algorithmus 1 durchzuführen. Für jede Einteilung liefert die neue Gütefunktion nun einen Wert, so daß sich die Analyseergebnisse indirekt vergleichen lassen. Mögliche Kriterien für die optimale Einteilung sind zum Beispiel ein maximales oder minimales Gütemaß. Die Bewertungsfunktion b nach (1.7) ist als Gütefunktion nur bedingt geeignet, da sie für steigendes c monoton fallend ist. Je mehr Cluster erlaubt sind, desto kleiner wird die Bewertungsfunktion, bis schließlich jedem Datum ein eigenes Cluster zugeordnet wird und b den Wert Null annimmt. Bei derartigen monotonen Kriterien kann die optimale Einteilung alternativ durch einen Scheitelpunkt im Clusteranzahl/Clustergüte-Graph bestimmt werden. (Siehe dazu Abschnitt 6.1 über globale Gütemaße.)

- Die zweite Möglichkeit besteht in der Definition einer Gütefunktion, die ein einzelnes Cluster einer Clustereinteilung beurteilt. Wieder ist eine obere Grenze $c_{\max}$ der Clusteranzahl zu schätzen und eine Clusteranalyse für $c_{\max}$ durchzuführen. Die resultierenden Cluster des Analyseergebnisses werden nun über die Gütefunktion miteinander verglichen, ähnliche Cluster werden zu einem Cluster zusammengefaßt, sehr schlechte Cluster verworfen. Entsprechend diesen Operationen wird die Clusteranzahl verringert. Anschließend wird mit den verbliebenen Clustern wieder eine Analyse nach Algorithmus 1 durchgeführt. Dieses Vorgehen wiederholt sich solange, bis ein Analyseergebnis vorliegt, das laut Gütefunktion nur noch *gute* Cluster enthält. (Siehe dazu Abschnitt 6.2 über lokale Gütemaße.)

Beide Varianten setzen voraus, daß die jeweiligen Analyseergebnisse optimal für die jeweilige Clusteranzahl sind. Liefern die Clusteranalysen jedoch nur lokal optimale Einteilungen, so werden durch die Gütefunktion auch nur diese bewertet. Eine auf diese Weise gefundene *optimale* Clustereinteilung ist dann unter Umständen doch nur *lokal* optimal.

In der Literatur finden sich zahlreiche Vorschläge für solche Gütemaße, die sich jedoch fast ausschließlich auf probabilistische Einteilungen beziehen. Bei possibilistischem Clustering werden schlechte Einteilungen, die fast alle Daten als Ausreißer klassifizieren, eine gute Clustergüte bescheinigt bekommen, weil sie die wenigen übrigen Daten gut approximieren. Sind die Daten stark verrauscht, so daß eine possibilistische Clusteranalyse durchgeführt werden muß, so sollte nicht nur die Güte der Cluster, sondern auch der Anteil der klassifizierten Daten an der Datenmenge berücksichtigt werden. Dies fällt besonders bei Gütemaßen für einzelne Cluster nach der zweiten Methode schwer, so daß sich in diesem Fall ein Vorgehen nach der ersten Methode anbietet.

Auf die Ermittlung der Clusteranzahl c mittels solcher Gütemaße wird im Kapitel 6 genauer eingegangen.

Kapitel 2

Klassische Fuzzy-Clustering-Verfahren

Aufbauend auf die Bewertungsfunktion (1.7) werden nun einige Fuzzy-Clustering-Verfahren vorgestellt. Das sind zum einen klassische Verfahren zur Erkennung von vollen, ausgefüllten Clustern (Solid-Clustering, Kapitel 2) und zum anderen neuere Verfahren zur Erkennung von Geraden (Linear-Clustering, Kapitel 4) oder Kreis-, Ellipsen- und Parabel-Konturen (Shell-Clustering, Kapitel 5). Alle Verfahren werden sowohl probabilistisch nach Algorithmus 1 als auch possibilistisch nach Algorithmus 2 vorgestellt.

Bei der Frage nach der Nutzbarkeit für bestimmte Anwendungen setzt die erforderliche Rechenzeit meistens Grenzen, weil es sich bei allen Algorithmen um Iterationsverfahren handelt. Da deren genaue Anzahl von Schritten bis zur Konvergenz vorher nicht bekannt ist, ist die uneingeschränkte Eignung für Echtzeitanwendungen meistens nicht gegeben. Einige Algorithmen, die sich durch besonders umfangreiche Berechnungen auszeichnen, erscheinen für diesen Zweck sogar ausgesprochen ungeeignet. Die Entscheidung über den Einsatz solcher Verfahren ist aber stark von der jeweiligen Versuchsumgebung abhängig und sollte auf jeden Fall in Erwägung gezogen werden. So wäre zum Beispiel bei einer Bahnverfolgung eine Initialisierung jeder Iteration mit dem letzten Ergebnis denkbar. In diesem Fall bedeutet die letzte Position eine gute Näherung für die Folgeposition, so daß mit einer schnelleren Konvergenz zu rechnen ist. Da alle Iterationsverfahren in der Anzahl der Iterationsschritte stark von ihrer Initialisierung abhängen, lassen sich auf diese

Weise unter Umständen doch noch gute Ergebnisse erzielen, auch wenn eine erneute Iteration mit zufälliger Initialisierung den verfügbaren Zeitrahmen gesprengt hätte.

Bei Aufgabenstellungen, die nicht in Echtzeit gelöst werden müssen, sind die vorzustellenden Methoden größtenteils uneingeschränkt zu empfehlen. Sie zeichnen sich durch Robustheit und – gegenüber anderen Verfahren wie der Hough-Transformation [30, 31] – geringen Speicherplatzverbrauch aus.

Bevor wir zu den einzelnen Verfahren kommen, noch eine Bemerkung zur Bewertung von Clustereinteilungen. Bei zweidimensionalen Datensätzen ist die menschliche Auffassungsgabe oft der Maßstab für die Güte einer Clustereinteilung. Bei höherdimensionalen Daten, aus denen auch der Mensch keine eindeutige Clustereinteilung erkennen kann, begnügt man sich mit einigen numerischen Kenndaten, die in streng mathematischer Weise die Qualität der Einteilung bewerten. In der Bild- oder Mustererkennung besteht über die *richtige* Einteilung aber meistens kein Zweifel, jeder Mensch würde die vorliegenden Kreise, Geraden oder Rechtecke in derselben Art einteilen. Leider gibt es für die so vorgenommene Einteilung kein objektives, mathematisches Maß, das ein Programm seine Einteilung nach den Gesichtspunkten des Menschen selbst beurteilen ließe. Wir sprechen daher von *der intuitiven Einteilung*, wenn wir uns auf die Einteilung beziehen, wie sie von einem Menschen vorgenommen werden würde. Ohne aber eine konkrete Definition einer *guten* oder *schlechten* Einteilung zu geben, bleiben diese Begriffe ungenau und manchmal irreführend. Sollten sie dennoch ohne weitere Erklärung anklingen, so beziehen sie sich eben auf diese *intuitive Einteilung*, die sich zwar schlecht formalisieren läßt, der Leser aber dennoch von Abbildung zu Abbildung leicht nachvollziehen kann.

Bei den in diesem Abschnitt vorgestellten Verfahren geht es ausschließlich um die Einteilung der Daten in *volle* Cluster (Punktwolken, Solid-Clustering). Diese Algorithmen stellen gleichzeitig die Anfänge des Fuzzy-Clusterings mit den im vorhergehenden Kapitel vorgestellten Methoden dar. Die Leistungsfähigkeit dieser und auch aller folgenden Algorithmen zeigen wir für Beispiele aus der Bildverarbeitung, ohne jedes Mal explizit auf ihre Eignung für andere (insbesondere höherdimensionale) Anwendungen hinzuweisen. Speziell in der Bildverarbeitung werden wir die folgenden Algorithmen oft für die Initialisierung komplizierterer Algorithmen benötigen.

2.1 Der Fuzzy-c-Means-Algorithmus

Der Entwicklung des Fuzzy-c-Means-Algorithmus (FCM) [19, 5] war die Geburtsstunde aller Clustering-Verfahren nach Algorithmus 1. Die erste Version von Duda und Hart [18] nahm eine *harte* Clustereinteilung nach Definition 1.5 vor (Hard-c-Means- oder Hard-ISODATA-Algorithmus). Um auch Daten, die mehreren Clustern gleichermaßen angehören, angemessen behandeln zu können, führte Dunn [19] eine Fuzzy-Variante dieses Algorithmus ein. Diese wurde durch Bezdek [5] noch einmal durch Einführung des *Fuzzifiers* m auf die endgültige Variante verallgemeinert. Der resultierende Fuzzy-c-Means-Algorithmus erkennt kugelförmige Punktwolken im p-dimensionalen Raum. Die Cluster werden als gleich groß angenommen. Jedes Cluster wird durch seinen Mittelpunkt dargestellt. Diese Repräsentation des Clusters wird auch Prototyp genannt, da sie oft als Stellvertreter aller zugeordneten Daten angesehen wird. Als Distanzmaß wird der euklidische Abstand zwischen Datum und Prototyp verwendet.

Zur Durchführung dieses Verfahrens nach Algorithmus 1 oder 2 ist die Wahl der optimalen Clustermittelpunkte bei gegebenen Zugehörigkeiten der Daten zu den Clustern anzugeben. Dies geschieht nach Satz 2.1 in Form einer verallgemeinerten Mittelwert-Bildung, woher der Algorithmus auch seinen Namen Fuzzy-c-*Means* hat. Das c im Algorithmus-Namen steht stellvertretend für die Anzahl der Cluster, zum Beispiel handelt es sich bei vier Clustern um den Fuzzy-4-Means. Diese Sprechweise wird jedoch nicht streng durchgehalten, meistens bleibt das c unangetastet. Es soll nur deutlich machen, daß der Algorithmus für eine feste Anzahl von Clustern vorgesehen ist, diese also nicht selbständig bestimmt.

Satz 2.1 (Prototypen des FCM) *Sei* $p \in \mathbb{N}$, $D := \mathbb{R}^p$, $X = \{x_1, x_2, \ldots, x_n\} \subseteq D$, $C := \mathbb{R}^p$, $c \in \mathbb{N}$, $E := \mathcal{P}_c(C)$, b *nach* (1.7) *mit* $m \in \mathbb{R}_{>1}$ *und*

$$d : D \times C \to \mathbb{R}, \ (x, p) \mapsto ||x - p||.$$

Wird b *bezüglich allen probabilistischen Clustereinteilungen* $X \to F(K)$ *mit* $K = \{k_1, k_2, \ldots, k_c\} \in E$ *bei gegebenen Zugehörigkeiten* $f(x_j)(k_i) = u_{i,j}$ *durch* $f : X \to F(K)$ *minimiert, so gilt*

$$k_i = \frac{\sum_{j=1}^n u_{i,j}^m x_j}{\sum_{j=1}^n u_{i,j}^m}. \tag{2.1}$$

Beweis: Die probabilistische Clustereinteilung $f : X \to F(K)$ minimiere die Bewertungsfunktion b. Dann sind alle Richtungsableitungen von b nach $k_i \in K$, $i \in \mathbb{N}_{\leq c}$, notwendig Null. Also gilt für alle $\xi \in \mathbb{R}^p$ mit $t \in \mathbb{R}$

$$\begin{aligned}
0 &= \frac{\partial}{\partial k_i} \sum_{j=1}^{n} \sum_{l=1}^{c} u_{l,j}^m ||x_j - k_l||^2 \\
&= \sum_{j=1}^{n} u_{i,j}^m \frac{\partial}{\partial k_i} ||x_j - k_i||^2 \\
&= \sum_{j=1}^{n} u_{i,j}^m \lim_{t \to 0} \frac{||x_j - (k_i + t\xi)||^2 - ||x_j - k_i||^2}{t} \\
&= \sum_{j=1}^{n} u_{i,j}^m \lim_{t \to 0} \frac{1}{t} \Big(((x_j - k_i) - t\xi)^\top ((x_j - k_i) - t\xi)) - \\
&\qquad (x_j - k_i)^\top (x_j - k_i) \Big) \\
&= \sum_{j=1}^{n} u_{i,j}^m \lim_{t \to 0} \frac{-2t(x_j - k_i)^\top \xi + t^2 \xi^\top \xi}{t} \\
&= -2 \sum_{j=1}^{n} u_{i,j}^m (x_j - k_i)^\top \xi,
\end{aligned}$$

und es folgt

$$\begin{aligned}
& \frac{\partial}{\partial k_i} b = 0 \\
\Leftrightarrow \quad & \sum_{j=1}^{n} u_{i,j}^m (x_j - k_i) = 0 \\
\Leftrightarrow \quad & k_i = \frac{\sum_{j=1}^{n} u_{i,j}^m x_j}{\sum_{j=1}^{n} u_{i,j}^m}.
\end{aligned}$$

■

Im Prinzip ergibt sich für $m = 1$ aus dem Fuzzy-c-Means sein historischer Vorgänger, der Hard-c-Means, bei dem die Prototypen mit derselben Formel berechnet werden; allerdings nehmen die Zugehörigkeiten nur die „harten" Werte Null oder Eins an. Ein Datum wird dem Cluster zugeordnet, zu dem es den geringsten Abstand aufweist.

In der Bildverarbeitung kann der FCM-Algorithmus nicht zur Erkennung von Formen herangezogen werden, wohl aber zur Ermittlung von Positionen. Bei rechnergesteuerter Routenplanung in Lagerhallen werden die Fahrzeuge manchmal mit Signallampen an den vier Fahrzeugecken ausgestattet. Eine Kamera an der Hallendecke nimmt die gesamte Halle auf. Durch eine Bildbearbeitungssoftware werden dann die Signale der Lampen herausgefiltert. Mit dem FCM-Algorithmus ließe sich eine Positionsbestimmung der Lampen durchführen, deren Koordinaten durch die Prototypen gegeben sind. In einer possibilistischen Variante wäre dieses Vorgehen gegen Stördaten in der Aufnahme weitestgehend unempfindlich.

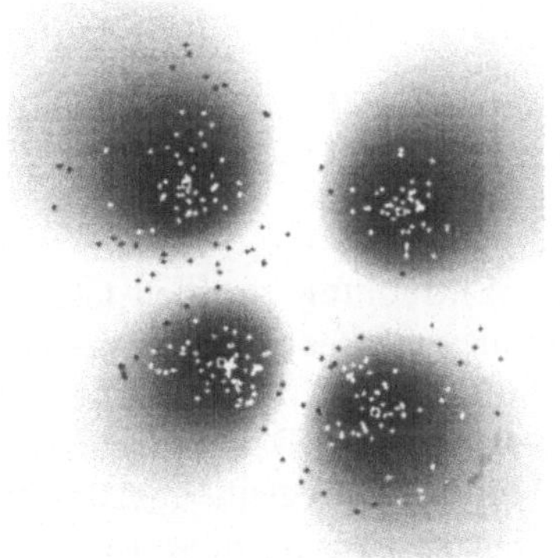

Abbildung 2.1: FCM-Analyse

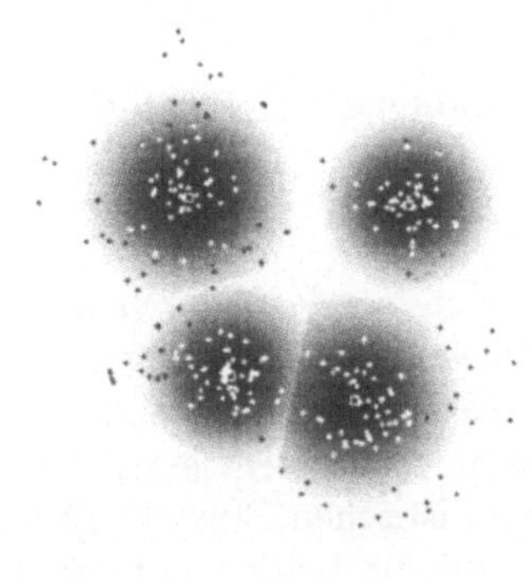

Abbildung 2.2: P-FCM-Analyse

Abbildung 2.1 zeigt eine Beispieldatenmenge im $\mathbb{R}^2$ und das Ergebnis des Fuzzy-c-Means mit zufällig initialisierten Prototypen. Die Clustereinteilung ist durch die Schattierung kenntlich gemacht. Für jeden Punkt der Bildebene wurde für die Intensität die Zugehörigkeit zum dichtesten Prototypen herangezogen. Dabei bekommen hohe Zugehörigkeiten einen intensiven, geringe Zugehörigkeiten einen schwachen Grauton. Zugehörigkeiten kleiner als $\frac{1}{2}$ werden zur besseren Übersichtlichkeit nicht mehr dargestellt. Die Daten selbst sind durch kleine schwarze oder weiße Kreuze markiert, um sie vom jeweiligen Hintergrund deutlich abzuheben. Der jeweilige Clustermittelpunkt ist durch ein kleines Quadrat gekennzeichnet.

Auffallend ist das sanfte Auslaufen der Zugehörigkeit zu den Seiten, an denen keine Nachbarcluster liegen. In diesen Richtungen werden die Zugehörigkeiten nicht durch kleine Abstände zu einem anderen Cluster

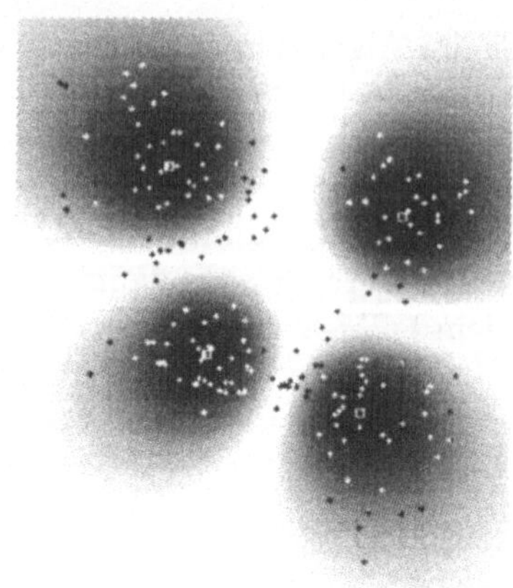

Abbildung 2.3: FCM-Analyse

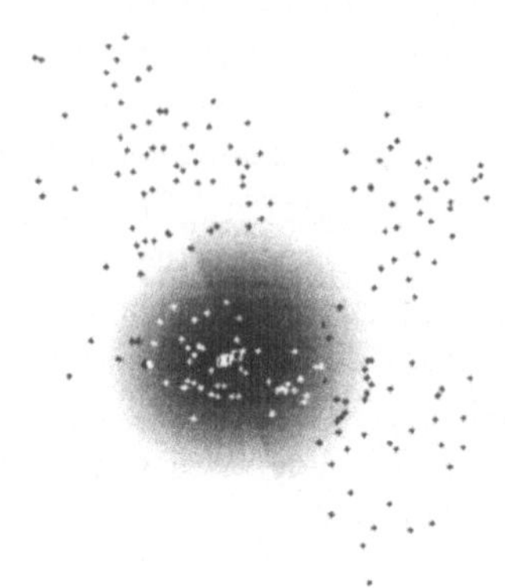

Abbildung 2.4: P-FCM-Analyse

begrenzt, sondern durch die wachsende Entfernung zu allen Clustern. Bei possibilistischen Zugehörigkeiten ist dieser Effekt nicht zu beobachten, da für die Zugehörigkeit zu einem bestimmten Cluster dort nur der Abstand zu diesem einen Cluster maßgebend ist. Das Ergebnis eines possibilistischen Clusterings zeigt Abbildung 2.2. Gegenüber Abbildung 2.1 sind die beiden unteren Prototypen enger zusammengerückt, womit die intuitiven Clusterzentren etwas besser getroffen sind. Die etwas größere Entfernung der Prototypen untereinander beim probabilistischen Algorithmus folgt aus der Tendenz der Prototypen, sich gegenseitig abzustoßen. Alle dem Prototypen zugeordneten Daten ziehen mit einer *Kraft* proportional zur Zugehörigkeit und dem Distanzmaß den Prototypen in ihre Richtung. Wenn nun aus einer Richtung kaum Kräfte wirken, zum Beispiel weil dort ein weiteres Cluster liegt und daher die Zugehörigkeiten dieser Daten sehr gering sind, folgt der Prototyp automatisch den Kräften aus der anderen Richtung. Beim possibilistischen Clustering spielen Beziehungen zwischen unterschiedlichen Clustern keinerlei Rolle, daher tritt hier dieser Effekt nicht auf. Stattdessen ist ein anderes Phänomen zu beobachten: Nimmt man eine Datenmenge, bei der die Clustermittelpunkte nicht durch deutliche Punkthäufungen ausgeprägt sind, so macht dies dem probabilistischen Fuzzy-c-Means nicht viel aus, wie Abbildung 2.3 zeigt. Das Kräftegleichgewicht führt wieder zu einer ähnlichen Einteilung. Dies ist bei der possibilistischen Einteilung 2.4 jedoch ganz anders. Nahe gelegene Punkthäufungen haben aufgrund ihrer geringen Distanz automatisch eine hohe Zugehörigkeit, auch wenn sie bereits durch ein anderes Cluster abgedeckt sind. Die Kräfte werden nicht mehr von zwei (manchmal) gegenläufigen Faktoren bestimmt, sondern allein vom Distanzmaß. Wenn es nun für jedes Cluster nicht ein paar Daten gibt, die durch ihre geringe Distanz (und damit hohe Zugehörigkeit) eine so große Kraft ergeben, daß sie das Cluster fixieren können, so wandert es von Iterationsschritt zu Iterationsschritt scheinbar zufällig jeweils dorthin, wo innerhalb der η_k-Umgebung das Gros der Daten liegt. In diesen Fällen sind die Ergebnisse des Algorithmus als unbrauchbar zu bezeichnen. Von Fall zu Fall verschmelzen zwei, drei oder sogar alle Prototypen in einer Punkthäufung, die Mehrheit der Daten bleibt unklassifiziert. Für den possibilistischen Fuzzy-c-Means sollten die (noch einzuteilenden) Cluster also deutliche Schwerpunkte besitzen, um Ergebnisse wie in Abbildung 2.4 zu verhindern.

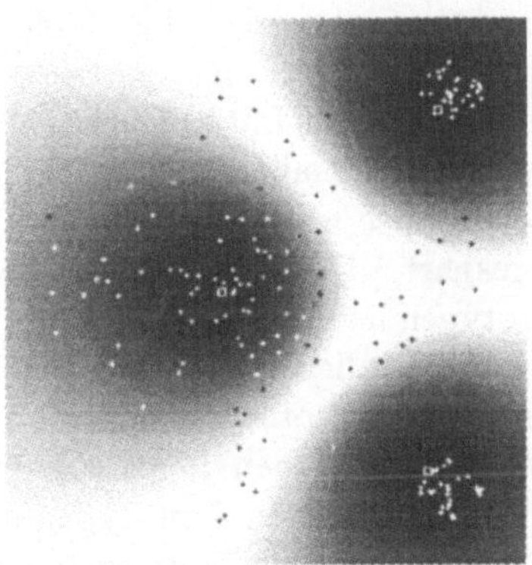

Abbildung 2.5: FCM-Analyse

Die Grenzen seiner Leistungsfähigkeit erreicht der Fuzzy-c-Means bei Clustern unterschiedlicher Form, Größe und Dichte. Abbildung 2.5 zeigt so einen Fall: Eine große Punktwolke liegt etwa in der Bildmitte, flankiert von zwei kleineren am Rand. Gegenüber der intuitiven Einteilung sind die Prototypen um ein Stück ausgewandert, die Prototypen der kleinen Cluster liegen beinahe außerhalb der zugehörigen Punktwolken. Die äußeren Punkte der großen Punktwolke liegen nah genug bei den kleinen Clustern, um in deren Einfluß zu geraten. Sie sind jeweils zwei Clustern zu etwa gleichen Teilen zugeordnet und ziehen die Prototypen der kleineren Cluster ein Stück zu sich heran. Aus Sicht der Minimierungsaufgabe war dieses Resultat zu erwarten, die intuitive Vorstellung bei der Bilderkennung bezieht jedoch die Größe der Formen ein und wertet implizit die Abstände in einer großen Punktwolke nicht so schwer wie bei einer kleinen Punktwolke.

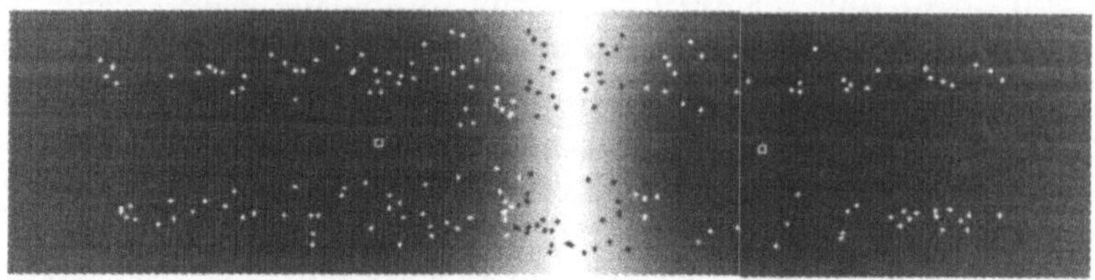

Abbildung 2.6: FCM-Analyse

Einen anderen Fall, unterschiedliche Form bei gleicher Clustergröße, zeigt Abbildung 2.6. Hier reicht bereits eine gleichmäßige Abweichung von kugelförmigen Clustern, ohne daß die Cluster auch untereinander unterschiedlicher Form sein müßten. Hätten wir die intuitive Einteilung in die obere und untere Ellipse als Initialisierung vorliegen, so würde der Fuzzy-c-Means vielleicht die Initialisierung als Endergebnis beibehalten. Die Punkte der oberen Ellipse wären dichter am oberen Prototypen als am unteren und umgekehrt. Die weit entfernt liegenden Punkte links und rechts vom Prototypen würden sich in ihrer Wirkung gegenseitig aufheben. So könnte ein – allerdings sehr instabiles – Gleichgewicht entstehen. Sobald die beiden Prototypen in der Horizontalen aber ein gewisses Stück voneinander abweichen, liegen alle Punkte links der Ellipsenmittelpunkte dichter an dem einen Prototypen und alle Punkte rechts dichter am anderen. So wird der eine Prototyp gezwungen, den Abstand zu den linken Daten zu minimieren, während der andere Prototyp die rechte Seite minimiert.

Im Hinblick auf die zu minimierende Bewertungsfunktion ist das tatsächliche Ergebnis aber besser als die intuitive Einteilung. Ergeben sich bei der intuitiven Einteilung maximale Distanzen etwa vom horizontalen Ellipsenradius, so sind sie nun auf den kleineren, vertikalen Ellipsenradius geschrumpft. Eine allgemeine Aussage wie *„Der Fuzzy-c-Means liefert in diesem Fall eine schlechte Einteilung"* ist daher höchst zweifelhaft, denn die gestellte Minimierungsaufgabe wurde gut gelöst – nur unsere Aufgabenstellung an die Analyse war unpräzise.

Um speziell das letzte Beispiel so durch den Fuzzy-c-Means zu lösen, wie es die Intuition vorschlägt, ist die im Algorithmus verwendete Norm abzuändern. Eine beliebige, positiv-definite, symmetrische Matrix $A \in \mathbb{R}^{p \times p}$ induziert ein Skalarprodukt durch $< x, y >:= x^\top A y$ bzw. eine Norm durch $\|x\|_A := \sqrt{< x, x >}$. Ersetzt man beim Fuzzy-c-Means die Standard-Norm durch eine A-Norm, so ändert sich an der Gültigkeit von Satz 2.1 nichts, da spezielle Eigenschaften der Norm im Beweis nicht ausgenutzt wurden. Die Matrix $A = \begin{pmatrix} \frac{1}{4} & 0 \\ 0 & 4 \end{pmatrix}$ liefert

$$\left\| \begin{pmatrix} x \\ y \end{pmatrix} \right\|_A^2 = \begin{pmatrix} x & y \end{pmatrix} \begin{pmatrix} \frac{1}{4} & 0 \\ 0 & 4 \end{pmatrix} \begin{pmatrix} x \\ y \end{pmatrix} = \begin{pmatrix} \frac{1}{4}x^2 \\ 4y^2 \end{pmatrix} = \begin{pmatrix} (\frac{x}{2})^2 \\ (2y)^2 \end{pmatrix}.$$

Dies entspricht einer Deformation des Einheitskreises auf eine Ellipse mit doppeltem x-Durchmesser und halbem y-Durchmesser. Besitzt man also Vorwissen über die Daten, so lassen sich mit dem Fuzzy-c-Means auch elliptische Cluster erkennen, sofern alle Cluster die gleiche Form haben.

Der FCM zeichnet sich durch eine einfache Berechnungsvorschrift aus, die für eine kurze Rechenzeit sorgt. In der Praxis liefern schon einige wenige Iterationsschritte gute Näherungen an die endgültige Lösung, so daß sich bereits fünf FCM-Schritte als Initialisierung für weitere Verfahren anbieten.

2.2 Der Gustafson-Kessel-Algorithmus

Durch die Änderung der verwendeten Metrik beim Fuzzy-c-Means können statt kugelförmigen Clustern auch ellipsoide Cluster erkannt werden. Eine automatische Anpassung der Clusterform – möglichst für jedes einzelne Cluster – ist durch den Fuzzy-c-Means nicht möglich. Dies ist mit dem Algorithmus von Gustafson und Kessel (GK) [28] erreichbar.

Jedes Cluster wird gegenüber dem Fuzzy-c-Means zusätzlich durch eine symmetrische, positiv-definite Matrix A charakterisiert. Diese Matrix induziert für jedes Cluster eine eigene Norm $\|x\|_A := \sqrt{x^\top A x}$. Dabei ist zu berücksichtigen, daß bei beliebiger Wahl der Matrizen auch die Distanzen beliebig klein werden können. Um die Minimierung der Bewertungsfunktion durch immer kleiner werdende Matrizen zu verhindern, fordern wir ein konstantes Clustervolumen durch $\det(A) = 1$. Somit ist nur noch die Clusterform, nicht aber die Clustergröße variabel. Gustafson und Kessel erlauben auch unterschiedliche Clustergrößen, indem sie für jede Matrix A eine Konstante ϱ einführen und allgemeiner $\det(A) = \varrho$

fordern. Die Wahl der Konstanten setzt jedoch wieder Vorwissen über die Cluster voraus.

Die Bestimmung der Prototypen geschieht nach

Satz 2.2 (Prototypen des GK) *Sei* $p \in \mathbb{N}$, $D := \mathbb{R}^p$, $X = \{x_1, x_2, \ldots, x_n\} \subseteq D$, $C := \mathbb{R}^p \times \{A \in \mathbb{R}^{p\times p} \mid \det(A) = 1$, *A symmetrisch und positiv-definit*$\}$, $c \in \mathbb{N}$, $E := \mathcal{P}_c(C)$, *b nach* (1.7) *mit* $m \in \mathbb{R}_{>1}$ *und*

$$d^2 : D \times C \to \mathbb{R},\ (x, (v, A)) \mapsto (x - v)^\top A(x - v).$$

Wird b bezüglich allen probabilistischen Clustereinteilungen $X \to F(K)$ *mit* $K = \{k_1, k_2, \ldots, k_c\} \in E$ *bei gegebenen Zugehörigkeiten* $f(x_j)(k_i) = u_{i,j}$ *durch* $f : X \to F(K)$ *minimiert, so gilt mit* $k_i = (v_i, A_i)$*:*

$$v_i = \frac{\sum_{j=1}^n u_{i,j}^m x_j}{\sum_{j=1}^n u_{i,j}^m} \tag{2.2}$$

$$A_i = \sqrt[p]{\det(S_i)}\,S_i^{-1} \tag{2.3}$$

$$S_i = \sum_{j=1}^n u_{i,j}^m (x_j - v_i)(x_j - v_i)^\top. \tag{2.4}$$

Beweis: Für die Einhaltung der Nebenbedingung des konstanten Clustervolumens sind c Lagrangesche Multiplikatoren λ_i, $i \in \mathbb{N}_{\le c}$, einzuführen, wodurch sich die Bewertungsfunktion zu $b = \sum_{j=1}^n \sum_{i=1}^c u_{i,j}^m ||x_j - v_i||_{A_i}^2 - \sum_{i=1}^c \lambda_i(\det(A_i) - 1)$ ergibt. Die probabilistische Clustereinteilung $f : X \to F(K)$ minimiere die Bewertungsfunktion b. Wieder sind alle Richtungsableitungen von b nach k_i, $i \in \mathbb{N}_{\le c}$, notwendig Null. Sei $k_i = (v_i, A_i) \in K$. Für den Positionsvektor v_i ergibt sich Gleichung (2.2) aus Satz 2.1, da die Betrachtungen dort unabhängig von der Norm waren.

Bei der Ableitung nach der Matrix A_i lösen wir uns zunächst von der Einschränkung auf alle symmetrischen, positiv-definiten Matrizen mit Determinante Eins und betrachten stattdessen alle regulären Matrizen des $\mathbb{R}^{p\times p}$. Dann können wir nach allen Matrixelementen partiell differenzieren. (Die Menge der invertierbaren Matrizen ist als Urbild der offenen Menge $\mathbb{R}_{>0}$ unter der stetigen Determinanten-Abbildung selbst offen und damit in allen Richtungen differenzierbar.) Es gilt $\nabla x_j^\top A_i x_j = x_j x_j^\top$ und $\nabla \det(A_i) = \det(A_i) A_i^{-1}$. Aus der Minimalität der Einteilung f folgt das Verschwinden des Gradienten:

$$0 = \nabla b = \left(\sum_{j=1}^{n} u_{i,j}^m (x_j - v_i)(x_j - v_i)^\top \right) - \lambda_i \det(A_i) A_i^{-1}.$$

Die Ableitungen nach den Lagrangeschen Multiplikatoren führen zu den Nebenbedingungen $\det(A_i) = 1$ für $i \in \mathbb{N}_{\le c}$. Mit der Bezeichnung S_i aus dem Satz erhalten wir insgesamt

$$S_i = \lambda_i A_i^{-1}. \tag{2.5}$$

Bezeichnen wir mit $I \in \mathbb{R}^{p \times p}$ die Identitätsmatrix, so folgt mit der Invertierbarkeit von A_i:

$$S_i A_i = \lambda_i I.$$

Bilden wir die Determinante dieser Gleichung, so erhalten wir

$$det(S_i A_i) = \lambda_i^p, \quad \text{und damit} \quad \lambda_i = \sqrt[p]{\det(S_i)\det(A_i)} = \sqrt[p]{\det(S_i)}.$$

Setzen wir diesen Ausdruck für den Lagrangeschen Multiplikator in die Gleichung (2.5) ein, so ergibt sich Gleichung (2.3):

$$A_i = \sqrt[p]{\det(S_i)} S_i^{-1}.$$

Nun ist noch zu prüfen, ob der gefundene Ausdruck auch die zunächst vernachlässigten Nebenbedingungen erfüllt. Dazu müssen wir voraussetzen, daß in der Datenmenge p linear unabhängige Vektoren $\xi \in \mathbb{R}^p$ existieren. Dann ist die Summe der Matrizen $\xi\xi^\top$ und damit auch A_i positiv-definit und regulär. (Die vorausgesetzte Invertierbarkeit ist also erfüllt.) Wegen $\det(A^{-1}) = \frac{1}{\det(A)}$ gilt auch $\det(A_i) = \det(S_i^{-1}) \left(\sqrt[p]{\det(S_i)} \right)^p = \frac{1}{\det(S_i)} \det(S_i) = 1$. Da f ein Minimum der Bewertungsfunktion auf dem Raum aller regulären Matrizen darstellt, andererseits A_i positiv-definit mit Determinante Eins ist, stellt f insbesondere ein Minimum auf dem eingeschränkten Matrizenraum dar. ■

Statt der Matrizen S_i verwenden Gustafson und Kessel sogenannte *Fuzzy-Kovarianzmatrizen* $\frac{\sum_{j=1}^{n} u_{i,j}^m (x_j - v_i)(x_j - v_i)^\top}{\sum_{j=1}^{n} u_{i,j}^m}$. Der Faktor $\frac{1}{\sum_{j=1}^{n} u_{i,j}^m}$ fällt beim Ergebnis jedoch nicht ins Gewicht, da die Matrizen

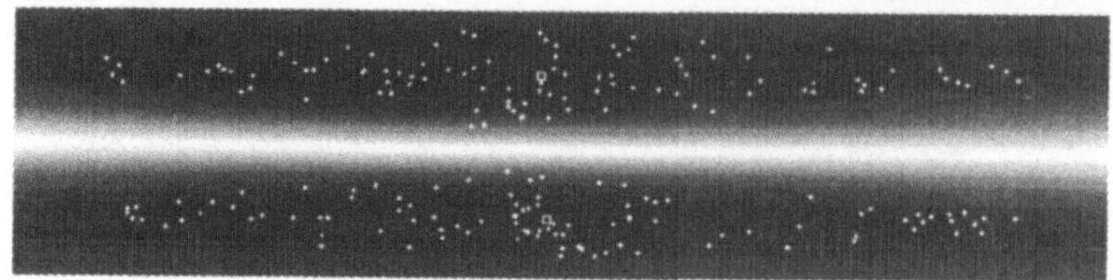

Abbildung 2.7: GK-Analyse

auf das Einheitsvolumen skaliert werden. Die Bedeutung dieser Fuzzy-Kovarianzmatrizen wird im Zusammenhang mit Bemerkung 2.3 aus Abschnitt 2.3 deutlich werden.

Die Einsatzmöglichkeiten des Gustafson-Kessel-Algorithmus liegen ähnlich wie beim Fuzzy-c-Means. Durch die Anpassung der Distanzfunktion an die Cluster entsprechen die Ergebnisse bei nicht-kreisförmigen Clustern besser der intuitiven Vorstellung.

Die Daten aus den Abbildungen 2.1, 2.2, 2.3 und 2.4 werden vom Gustafson-Kessel-Algorithmus ähnlich wie beim Fuzzy-c-Means geclustert. Es werden elliptische Cluster erkannt, die sich den Daten etwas besser anschmiegen als beim Fuzzy-c-Means. Das Problem der Punkthäufungen im Clusterzentrum bleibt für das possibilistische Clustering auch beim GK bestehen.

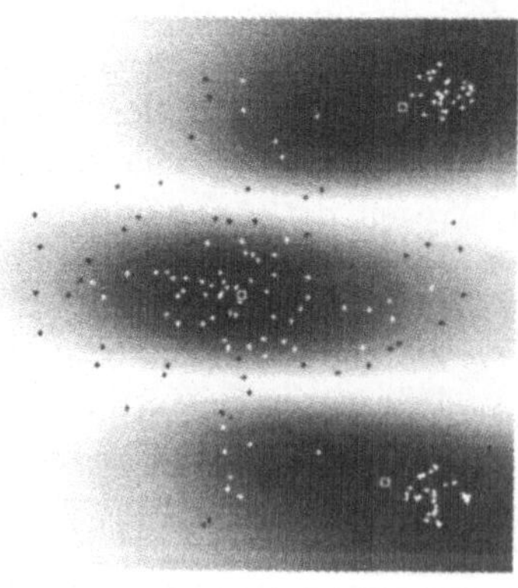

Abbildung 2.8: GK-Analyse

Betrachten wir nun die Beispieldaten, mit denen der Fuzzy-c-Means seine Probleme hatte. Die beiden langgestreckten Ellipsen aus Abbildung 2.6 werden vom Gustafson-Kessel wie erwartet entsprechend der Intuition geclustert, wie Abbildung 2.7 zeigt. Damit wurde der Algorithmus allerdings auch nicht richtig gefordert, schließlich haben beide Cluster die gleiche Ellipsenform, so daß mit etwas Vorwissen auch der Fuzzy-c-Means ausgereicht hätte. Bevor wir uns Beispieldaten mit unterschiedlichen Clusterformen zuwenden, wollen wir noch ein Blick auf das zweite Problembild werfen. Abbildung 2.8 zeigt die zwei kleinen Cluster, die ein großes, mittiges Cluster flankieren (siehe Abbildung 2.5). Hier hat der Gustafson-Kessel-Algorithmus drei elliptische Cluster erkannt, wodurch allerdings keine bessere Annäherung an die intuitive Einteilung erfolgt ist. Im Gegenteil sind die Prototypen der kleinen Cluster noch mehr auf die Randdaten des großen Clusters eingegangen, wodurch sich der Prototyp erneut etwas entgegen der intuitiven Einteilung verschiebt. Einzig der Prototyp des großen Clusters ist der intuitiven Lage entgegengekommen.

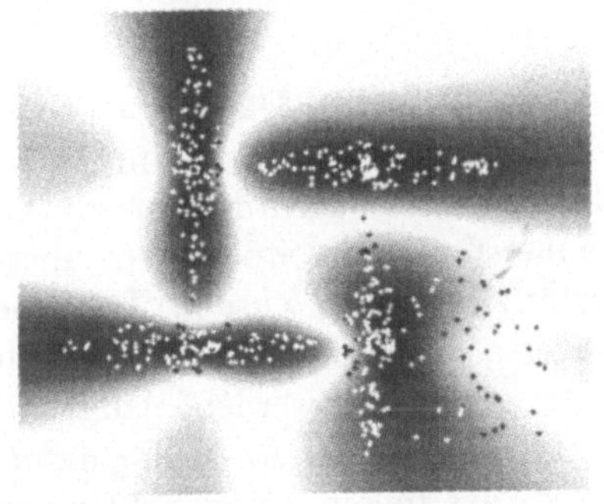

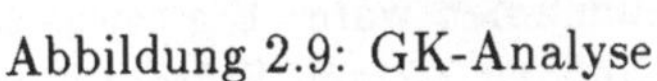

Abbildung 2.9: GK-Analyse

Abbildung 2.10: P-GK-Analyse

Die Abbildung 2.9 zeigt die Zugehörigkeiten einer probabilistischen Gustafson-Kessel-Clustereinteilung von vier im Quadrat angeordneten Ellipsen. Die Daten sind gezielt im Bereich der unteren, rechten Ecke verrauscht. Diese Stördaten ziehen den Prototypen aus der nahe gelegenen Ellipse und deformieren die Clustergestalt etwas. Die restlichen Ellipsen sind gut erkannt worden. Abbildung 2.10 zeigt denselben Datensatz nach einer possibilistischen Analyse. Die Stördaten sind weitestgehend als solche erkannt worden, und das rechte, untere Cluster ist genau auf die zugehörige Ellipse fokussiert worden. Allerdings hat das linke, untere Cluster einige der linken Randpunkte ebenfalls zu Stördaten klassifiziert, nachdem dieser Prototyp ein Stück nach rechts gewandert ist.

Ähnliche Veränderungen sind auch an den beiden oberen Clustern bemerkbar, wenn auch nicht so stark. Insgesamt entspricht die Einteilung recht gut der Intuition.

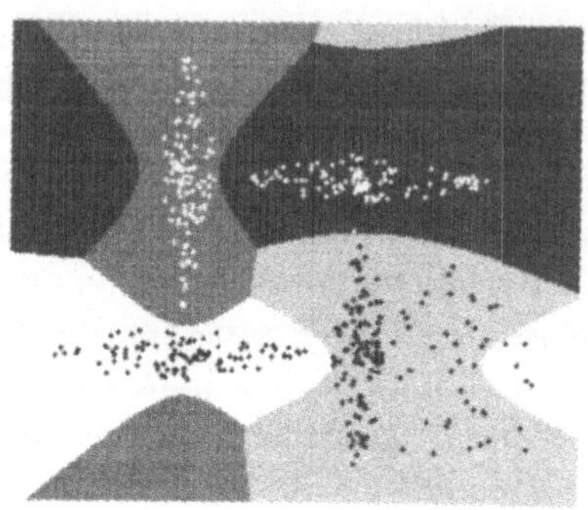

Abbildung 2.11: Regionen gleicher Clusterzugehörigkeit

Auch Abbildung 2.11 zeigt noch einmal denselben Datensatz. Diesmal wurden diejenigen Bildregionen in demselben Grauton eingefärbt, deren maximale Zugehörigkeit demselben Cluster zugeordnet sind. Dadurch wird sichtbar, daß einige der äußerst rechten Störpunkte unerwarteterweise dem linken, unteren Cluster zugeordnet wurden. Da diese Punkte in Abbildung 2.9 schon im wieder grau anschwellenden Bereich liegen, kann eine Zugehörigkeit von größer $\frac{1}{2}$ gefolgert werden. Aufgrund der recht großen Distanz zu ihrem Prototyp sind sie der Ausschlag dafür, daß schon in Abbildung 2.9 der Prototyp des linken, unteren Clusters etwas weiter rechts liegt, als intuitiv anzunehmen wäre. Die etwas sonderbar wirkende hohe Zugehörigkeit der äußerst rechten Stördaten zum linken Cluster ist durch die neu eingeführte Norm zu erklären. Durch die Matrizen A_i werden die Abstände entlang der Ellipsenachsen unterschiedlich gestreckt. Bei der Ellipse links unten sind die horizontalen Abstände geschrumpft, so daß euklidisch sehr weit entfernte Punkte nun dicht heranrücken. Das Gegenteil ist bei der Ellipse rechts unten der Fall. In der Horizontalen werden die Abstände größer als bei der euklidischen Norm. Aus diesem Grund werden ab einer bestimmten Entfernung rechts von der rechten, unteren Ellipse *alle* Daten der linken, unteren Ellipse zugeordnet. Dort plazierte Stördaten können überraschende Wirkung haben, weil sie eine vermeintlich unbeteiligte Ellipse zur Reaktion zwingen. Wir werden noch bei vielen anderen Algorithmen die unerwünschten Auswirkungen beobachten können, die aus der Abweichung von der euklidischen Distanz herrühren. Der Effekt tritt jedoch weitaus weniger zu Tage, wenn sich die Stördaten über das gesamte Bild verteilen und nicht so massiv an einer Stelle auftreten.

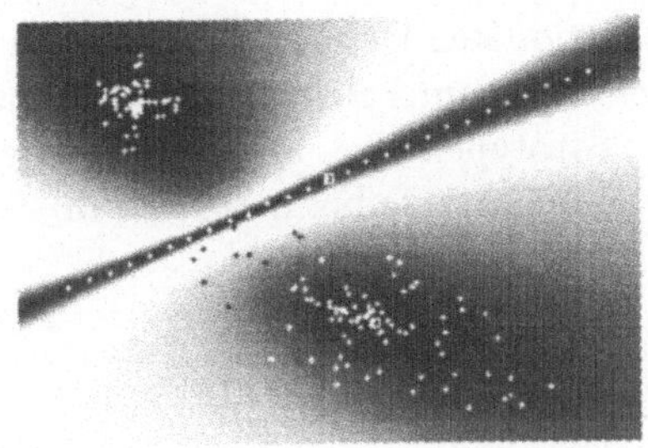

Abbildung 2.12: GK-Analyse

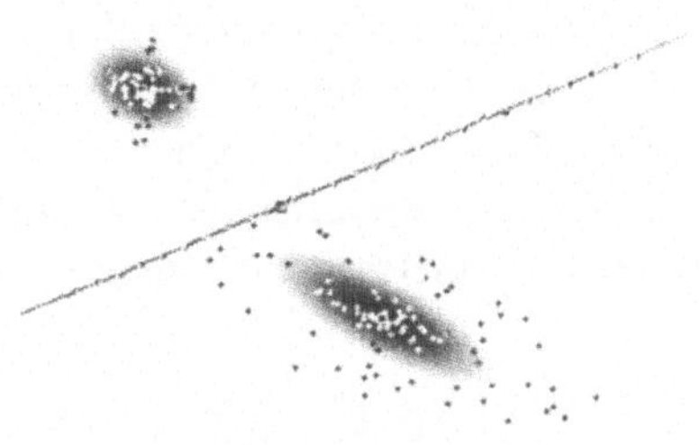

Abbildung 2.13: P-GK-Analyse

Die letzten Beispieldaten für den Gustafson-Kessel-Algorithmus zeigen die Abbildungen 2.12 und 2.13. Es sind eine Gerade, ein kreisförmiges und ein elliptisches Cluster dargestellt. In der probabilistischen (Abbildung 2.12) wie in der possibilistischen Clustereinteilung (Abbildung 2.13) liefert der Algorithmus Ergebnisse, die die gewünschte, intuitive Einteilung genau treffen. Bemerkenswert ist die gute Detektion der Geraden durch eine extrem langgezogene Ellipse (siehe dazu auch Kapitel 4: Linear-Clustering-Verfahren).

Wenn die Daten sich wie im letzten Beispiel possibilistisch clustern lassen, so können die Ausdehnungsfaktoren η der Cluster herangezogen werden, um tatsächlich Formen aus dem Bild zu erkennen. Lage und Orientierung können über den Clustermittelpunkt und die Matrix gewonnen werden. In der positiv-definiten, symmetrischen Matrix ist eine Drehung und eine Streckung enthalten. Eine grobe Aussage über die Größe des Clusters gibt dann der Ausdehnungsfaktor η. Eine Aufnahme von einem Stock, einer großen elliptischen und einer kreisförmigen Platte – repräsentiert durch einen Datensatz wie in Abbildung 2.13 – könnte dann durch den Gustafson-Kessel-Algorithmus erkannt werden. Allerdings wären bei einer herkömmlichen Bildnachbereitung der Aufnahme die Formen gleichmäßig dicht mit Daten überzogen. Wie bereits angesprochen ist für eine stabile Ausführung der possibilistischen Algorithmen jedoch eine Häufung von Daten im Bereich des Zentrums wünschenswert. Ob sich das Verfahren also bewährt, hängt von den Daten ab, die nach der Aufbereitung der Aufnahme zur Verfügung stehen.

Bei der Implementation dieses Algorithmus ist gegenüber dem Fuzzy-c-Means deutlich mehr Aufwand anzusetzen. Es werden in jedem Iterationsschritt $n \cdot c$ Matrizen des $\mathbb{R}^{p \times p}$ gebildet, zu c Matrizen aufaddiert und anschließend invertiert. Ferner werden c Determinanten gebildet. Daraus resultiert gerade bei höherdimensionalen Datensätzen eine deutlich längere Rechenzeit. Es bietet sich in jedem Fall an, die Positionsvektoren der GK-Prototypen mit den Prototypen eines vorangegangenen Fuzzy-c-Means-Durchlaufes zu initialisieren, um dadurch die Anzahl der Iterationsschritte zu verringern.

2.3 Der Gath-Geva-Algorithmus

Bei dem Algorithmus von Gath und Geva (GG) [23] handelt es sich um eine Erweiterung des Gustafson-Kessel-Algorithmus, die auch auf Größe und Dichte der Cluster eingeht. Gath und Geva interpretieren die Daten als Realisierungen p-dimensionaler normalverteilter Zufallsvariablen. Entscheiden wir uns für eine eindeutige Zuordnung der n Daten x_j, $j \in \mathbb{N}_{\leq n}$, zu den c Normalverteilungen N_i, $i \in \mathbb{N}_{\leq c}$, so entspricht dies harten Zugehörigkeiten $u_{i,j} \in \{0, 1\}$. Die Statistik liefert uns in diesem Fall die Schätzer

$$m_i = \frac{\sum_{j=1}^{n} u_{i,j} x_j}{\sum_{j=1}^{n} u_{i,j}}$$

für den Erwartungswert der i-ten Normalverteilung

$$C_i = \frac{\sum_{j=1}^{n} u_{i,j} (x_j - m_i)(x_j - m_i)^{\top}}{\sum_{j=1}^{n} u_{i,j}}$$

für die Kovarianzmatrix. Die Ähnlichkeit dieser Ergebnisse mit den Berechnungsvorschriften für den Gustafson-Kessel-Algorithmus legt eine Verallgemeinerung der Ergebnisse aus der Wahrscheinlichkeitstheorie auf den Fall der Fuzzy-Zugehörigkeit der Daten zu den Normalverteilungen nahe.

Gath und Geva gehen davon aus, daß die Normalverteilung N_i mit dem Erwartungswert v_i und der Kovarianzmatrix A_i mit der a-priori Wahrscheinlichkeit P_i zur Erzeugung eines Datums ausgewählt wird. Die a-posteriori Wahrscheinlichkeit (Likelihood), daß das Datum x_j durch die Normalverteilung N_i erzeugt wurde, beträgt somit

$$\frac{P_i}{(2\pi)^{p/2}\sqrt{\det(A_i)}} \exp(-\frac{1}{2}(x_j - v_i)^{\top} A_i^{-1}(x_j - v_i)).$$

Die Distanzfunktion für den Gath-Geva-Algorithmus wird umgekehrt proportional zu dieser a-posteriori Wahrscheinlichkeit gewählt, so daß man den Kehrwert dieser Formel verwendet, wobei der konstante Faktor $(2\pi)^{p/2}$ weggelassen wird.

Im Gegensatz zum Fuzzy-c-Means- und zum Gustafson-Kessel-Algorithmus werden die Berechnungsvorschriften für die Prototypen des Gath-Geva-Algorithmus nicht durch Ableiten der Funktion b aus (1.7) unter Berücksichtigung der modifizierten Distanzfunktion gewonnen, sondern direkt durch eine Fuzzifizierung der Ergebnisse aus der Statistik bestimmt, so daß wir folgende Iterationsvorschriften für den Gath-Geva-Algorithmus erhalten:

Bemerkung 2.3 (Prototypen des GG) *Sei* $p \in \mathbb{N}$, $D := \mathbb{R}^p$, $X = \{x_1, x_2, \ldots, x_n\} \subseteq D$, $C := \mathbb{R}^p \times \{A \in \mathbb{R}^{p\times p} \mid$ *A positiv-definit und symmetrisch* $\} \times \mathbb{R}$, $c \in \mathbb{N}$, $E := \mathcal{P}_c(C)$, *b nach (1.7) mit* $m \in \mathbb{R}_{>1}$ *und*

$$\begin{aligned} d^2 : D \times C &\to \mathbb{R}, \\ (x, (v, A, P)) &\mapsto \frac{1}{P}\sqrt{\det(A)}\exp\left(\frac{1}{2}(x-v)^\top A^{-1}(x-v)\right). \end{aligned}$$

Um b bezüglich allen probabilistischen Clustereinteilungen $X \to F(K)$ *mit* $K = \{k_1, k_2, \ldots, k_c\} \in E$ *bei gegebenen Zugehörigkeiten* $f(x_j)(k_i) = u_{i,j}$ *durch* $f : X \to F(K)$ *annähernd zu minimieren, sollten die Parameter* $k_i = (v_i, A_i, P_i)$ *der Normalverteilung* N_i *wie folgt gewählt werden:*

$$\begin{aligned} v_i &= \frac{\sum_{j=1}^n u_{i,j}^m x_j}{\sum_{j=1}^n u_{i,j}^m} \\ A_i &= \frac{\sum_{j=1}^n u_{i,j}^m (x_j - v_i)(x_j - v_i)^\top}{\sum_{j=1}^n u_{i,j}^m} \\ P_i &= \frac{\sum_{j=1}^n u_{i,j}^m}{\sum_{j=1}^n \sum_{l=1}^c u_{l,j}^m}. \end{aligned}$$

Die Verallgemeinerung des Erwartungswertes und der Kovarianzmatrix führt direkt zu den Berechnungsvorschriften für die Positionsvektoren v_i und die Fuzzy-Kovarianzmatrizen A_i. Mit P_i wird die a-priori-Wahrscheinlichkeit für die Zugehörigkeit eines beliebigen Datums zur Normalverteilung N_i nach dem Prinzip „*Anzahl der Daten im Cluster i durch die Gesamtzahl der Daten*" geschätzt. Die Distanzfunktion $d^2(x_j, k_i)$ ist umgekehrt proportional zur a-posteriori-Wahrscheinlichkeit

(Likelihood) gewählt, mit der ein bestimmtes Datum x_j Realisierung der Normalverteilung k_i ist, da eine geringe Distanz eine hohe Wahrscheinlichkeit und eine große Distanz eine geringe Wahrscheinlichkeit für die Zugehörigkeit bedeutet.

Würde man wie bei dem Fuzzy-c-Means- und dem Gustafson-Kessel-Algorithmus die Funktion b nach (1.7) nach den Parametern der Prototypen ableiten, erhielte man für die Prototypen zum Teil nicht analytisch lösbare Gleichungen, so daß die aufgrund der wahrscheinlichkeitstheoretischen Analogie angegebenen Formeln eine praktikable Heuristik darstellen.

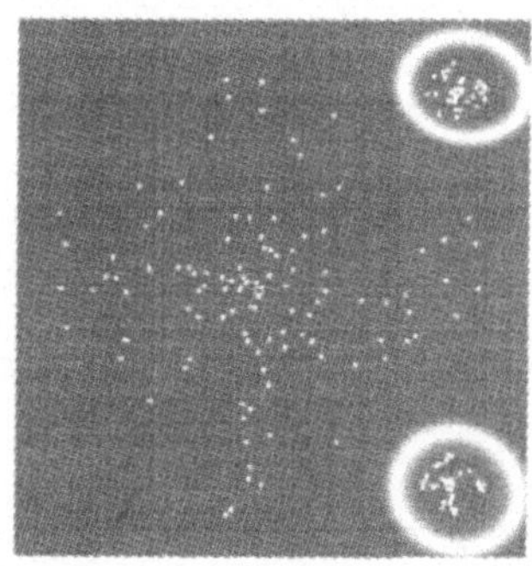

Abbildung 2.14: GG-Analyse

Der Algorithmus von Gath und Geva clustert alle Beispiele aus den Abschnitten über die Fuzzy-c-Means und Gustafson-Kessel-Algorithmen im Sinne der jeweiligen intuitiven Einteilung sehr gut. Auch die Daten aus Abbildung 2.8 werden jetzt erstmals wie gewünscht eingeteilt. Der Gath-Geva-Algorithmus erkennt das mittlere Cluster mit geringer Datendichte und großer Ausdehnung und trennt dieses sauber von den beiden Satellitenclustern, wie Abbildung 2.14 zeigt. Die Zugehörigkeiten geben ein etwas ungewohntes Bild. Durch das Vorkommen der Exponentialfunktion innerhalb der Distanzfunktion werden alle Distanzen – bildlich gesprochen – in die zwei Klassen nah und fern eingeteilt. Ab einer bestimmten Entfernung wachsen die Distanzen durch die Exponentialfunktion derart stark an, daß für die Zugehörigkeiten in der Nähe der Cluster beinahe nur die Werte 0 und 1 vorkommen. In den Bereichen des Übergangs von einem Cluster zum anderen wechseln die Zugehörigkeiten sehr schnell von 0 auf 1 und umgekehrt. Dieser Wechsel ist in der Abbildung durch die hellen Kreise erkennbar. Die Zugehörigkeiten zeigen also eine äußerst genaue Trennung der drei Cluster, wie sie ein Mensch auch nicht anders vorgenommen hätte. (Die Intensität der Graustufen ist in den Abbildungen 2.14 und 2.15 gegenüber vorangegangenen Beispielen etwas abgemindert. Die großen grauen Flächen haben im Original maximale Intensität.)

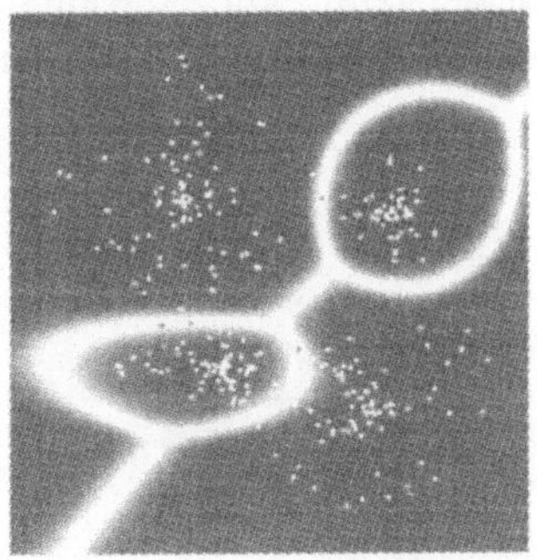

Abbildung 2.15: GG-Analyse

Ähnlich gute Ergebnisse zeigt auch Abbildung 2.15. Dieser Datensatz wurde bereits in Abbildung 2.1 und 2.2 vom Fuzzy-c-Means eingeteilt. Auch hier ist die Einteilung der Daten schon fast *hart*. Gab es bei der Einteilung durch den Fuzzy-c-Means deutlich mehr Daten, deren maximale Zugehörigkeit unter $\frac{1}{2}$ lag, so ist deren Anzahl beim Algorithmus von Gath und Geva deutlich zusammengeschrumpft. Wenn sich die Clusterformen auch nicht wesentlich geändert haben, so ist die Einteilung durch die Zugehörigkeiten doch deutlich konkreter. Auch bei sehr stark differenzierenden Clusterformen und -größen wie in Abbildung 2.16 liefert der Algorithmus sehr gute Ergebnisse. Das Bild zeigt nur die unterschiedlich eingefärbten Regionen der maximalen Zugehörigkeit zu einem Cluster. Auch die Clustermittelpunkte liegen genau im Zentrum der jeweiligen Cluster und sind nicht durch die unglückliche Zuordnung einiger Randpunkte ausgewandert.

Allerdings ist zu bemerken, daß die Clustering-Algorithmen mit zunehmender Komplexität anfälliger für lokale Minima werden. So ist die Gefahr, mit dem Gath-Geva-Algorithmus in einem lokalen Minimum zu konvergieren, größer als beim Gustafson-Kessel und dort wieder größer als beim Fuzzy-c-Means. Bei unterschiedlichen Initialisierungen der Prototypen können die Einteilungen des Gath-Geva sehr unterschiedlich sein. So war für einige Abbildungen neben der FCM- auch eine GK-

Initialisierung erforderlich (zum Beispiel 2.16), bei anderen Abbildungen bewirkte eine zusätzliche GK-Initialisierung hingegen ein schlechteres Analyseergebnis (zum Beispiel 2.15). Für die *richtige* Einteilung durch den Algorithmus von Gath und Geva müssen die Prototypen bereits in der Nähe der endgültigen Prototypen initialisiert werden. Je nachdem, ob der Fuzzy-c-Means oder der Gustafson-Kessel die gewünschte Lage der Prototypen besser trifft, sollte die entsprechende Initialisierung gewählt werden. Diese Entscheidung läßt sich leider nicht immer ohne Vorwissen fällen.

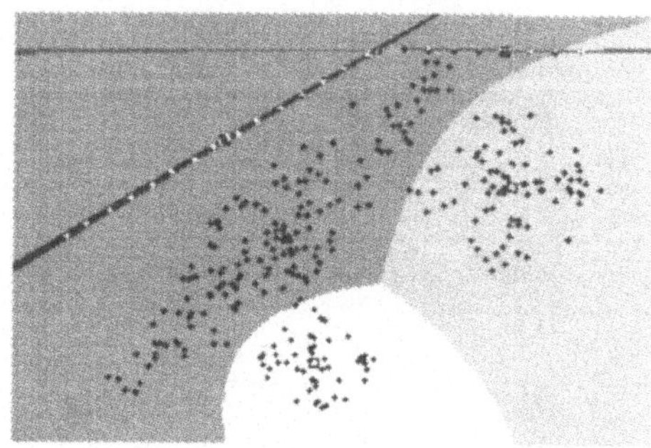

Abbildung 2.16: Regionen gleicher Clusterzugehörigkeit

Des weiteren ist possibilistisches Clustering mit dem Gath-Geva-Algorithmus nicht durchführbar. Da der Algorithmus die Größe der Cluster selbständig anpaßt, führt die Abkapselung von Stördaten in jedem Iterationsschritt zu einer Verkleinerung des Clusters, so daß die Clustergröße gegen Null geht. Das Versagen bei possibilistischen Zugehörigkeiten ist nicht besonders verwunderlich, da wir eine probabilistische Interpretation der Zugehörigkeiten in Bemerkung 2.3 vorausgesetzt haben. Denkbar ist jedoch ein Vorgehen, bei dem die Gath-Geva-Prototypen nach dem probabilistischen GG-Durchlauf in Gustafson-Kessel-Prototypen umgewandelt werden. Dazu wäre die Information über die Größe der Cluster in einem Faktor vor der Cluster-Norm auch dem Gustafson-Kessel-Durchlauf zugänglich zu machen. Ein anschließender possibilistischer Gustafson-Kessel würde dann die Clusterform, nicht aber die Clustergröße neu bestimmen können. Die a-priori-Wahrscheinlichkeit und die Ausdehnungsfaktoren η beeinflussen sich so nicht mehr gegenseitig. Die Degenerierung der Cluster wäre damit verhindert.

Bei der Implementation des GG-Algorithmus ist zu beachten, daß durch die Exponentialfunktion leicht Überläufe in der Fließpunktarithmetik auftreten können. Schon bei relativ kleinen euklidischen Abständen werden die Gath-Geva-Distanzen sehr groß. Bei der Bildung der Zugehörigkeiten führen diese großen Distanzen zu besonders kleinen Werten. Es ist daher durchaus vertretbar, eine modifizierte Exponentialfunktion zu verwenden, die bei Argumenten kurz vor einem Überlauf entweder konstant große oder nur noch linear steigende Funktionswerte liefert. Die resultierende Ungenauigkeit bei den Zugehörigkeiten hat aufgrund der sehr kleinen Werte kaum Bedeutung.

2.4 Vereinfachte Varianten des Gustafson-Kessel- und Gath-Geva-Algorithmus

Der Gustafson-Kessel- und der Gath-Geva-Algorithmus erweitern den Fuzzy-c-Means-Algorithmus durch die Berechnung einer Kovarianzmatrix für jedes Cluster. Mittels dieser Kovarianzmatrizen lassen sich Cluster in Form von Ellipsen oder Ellipsoiden erkennen, während der Fuzzy-c-Means-Algorithmus auf kreis- bzw. kugelförmige Cluster zugeschnitten ist. Die Kovarianzmatrix kodiert eine transformierte Norm, die den Einheitskreis oder die Einheitskugel in eine Ellipse bzw. in einen Ellipsoiden überführt. Dabei findet sowohl eine Skalierung der Achsen als auch eine Drehung statt. Ist die Kovarianzmatrix eine Diagonalmatrix, so werden nur die Achsen skaliert, ohne eine Drehung vorzunehmen, so daß die Einheitskugel in einen achsenparallelen Hyperellipsoiden übergeht. Im folgenden stellen wir Varianten des Gustafson-Kessel- und des Gath-Geva-Algorithmus vor, die anstelle beliebiger positiv definiter, symmetrischer Matrizen nur Diagonalmatrizen zulassen [37, 39]. Auch wenn diese Varianten dadurch weniger flexibel sind als ihre ursprünglichen Versionen, so vermögen sie dennoch mehr zu leisten als der Fuzzy-c-Means-Algorithmus, vermeiden die Invertierung von Matrizen und die Berechnung von Determinanten und eignen sich besser für die Erzeugung von Fuzzy-Regeln, wie wir im Kapitel 3 sehen werden.

Wir betrachten zuerst die achsenparallele Variante des Gustafson-Kessel-Algorithmus (AGK). Analog zum Satz 2.2 ergibt sich die Bestimmung der Prototypen der achsenparallelen Versionen des Gustafson-Kessel-Algorithmus mittels

Satz 2.4 (Prototypen des AGK) *Sei* $p \in \mathbb{N}$, $D := \mathbb{R}^p$, $X = \{x_1, x_2, \ldots, x_n\} \subseteq D$, $C := \mathbb{R}^p \times \{A \in \mathbb{R}^{p \times p} \mid \det(A) = 1$, A *Diagonalmatrix*$\}$, $c \in \mathbb{N}$, $E := \mathcal{P}_c(C)$, b *nach (1.7) mit* $m \in \mathbb{R}_{>1}$ *und*

$$d^2 : D \times C \to \mathbb{R},\ (x, (v, A)) \mapsto (x - v)^\top A(x - v).$$

Wird b *bezüglich allen probabilistischen Clustereinteilungen* $X \to F(K)$ *mit* $K = \{k_1, k_2, \ldots, k_c\} \in E$ *bei gegebenen Zugehörigkeiten* $f(x_j)(k_i) = u_{i,j}$ *durch* $f : X \to F(K)$ *minimiert, so gilt mit* $k_i = (v_i, A_i)$*:*

$$v_i = \frac{\sum_{j=1}^n u_{i,j}^m x_j}{\sum_{j=1}^n u_{i,j}^m} \tag{2.6}$$

$$a_\gamma^{(i)} = \frac{\left(\prod_{\alpha=1}^p \sum_{j=1}^n (u_{i,j})^m (x_{j,\alpha} - v_{i,\alpha})^2\right)^{1/p}}{\sum_{j=1}^n (u_{i,j})^m (x_{j,\gamma} - v_{i,\gamma})^2}, \tag{2.7}$$

wobei $a_\gamma^{(i)}$ *das* γ*-te Diagonalelement der Diagonalmatrix* A_i *ist.*

Beweis: Für den Positionsvektor v_i ergibt sich wiederum Gleichung (2.6) aus Satz 2.1, da die Betrachtungen dort unabhängig von der Norm waren.

Die Forderung, daß die Determinante der Diagonalmatrix A_i eins beträgt, bedeutet, daß

$$1 = \prod_{\alpha=1}^p a_\alpha^{(i)} \tag{2.8}$$

gelten muß. Um die Bewertungsfunktion zu minimieren, führen wir Lagrangesche Multiplikatoren für diese Nebenbedingungen ein, so daß wir die neue Bewertungsfunktion

$$\sum_{j=1}^n \sum_{i=1}^c u_{i,j}^m \sum_{\alpha=1}^p a_\alpha^{(i)} (x_{j,\alpha} - v_{i,\alpha})^2 - \sum_{i=1}^c \lambda_i \left(\left(\prod_{\alpha=1}^p a_\alpha^{(i)} \right) - 1 \right)$$

erhalten. Dabei bezeichnen $x_{j,\alpha}$ und $v_{i,\alpha}$ die α-te Komponente des Vektors x_j bzw. v_i.

Die Ableitung dieser Bewertungsfunktion nach dem Vektor $a^{(i)} = (a_1^{(i)}, \ldots, a_p^{(i)})^\top$ muß bei einem Minimum verschwinden. Es sei $\xi \in \mathbb{R}^p$ ein beliebiger Einheitsvektor. Dann erhalten wir

$$\begin{aligned}
\frac{\partial b}{\partial \xi}(a^{(i)}) &= \lim_{t\to 0} \frac{b(a^{(i)} + t \cdot \xi_\alpha) - b(a^{(i)})}{t} \\
&= \lim_{t\to 0} \frac{1}{t}\left(\sum_{\alpha=1}^{p} t\xi \sum_{j=1}^{n} (u_{i,j})^m (x_{j,\alpha} - v_{i,\alpha})^2 \right. \\
&\qquad \left. - \lambda_i \sum_{\alpha=1}^{p} t\xi_\alpha \prod_{\beta=1,\,\beta\neq\alpha}^{p} a_\beta^{(i)} + o(t^2) \right) \\
&= \sum_{\alpha=1}^{p} \xi_\alpha \sum_{j=1}^{n} (u_{i,j})^m (x_{j,\alpha} - v_{i,\alpha})^2 - \lambda_i \sum_{\alpha=1}^{p} \xi_\alpha \prod_{\beta=1,\,\beta\neq\alpha}^{p} a_\beta^{(i)} \\
&= \sum_{\alpha=1}^{p} \xi_\alpha \left(\sum_{j=1}^{n} (u_{i,j})^m (x_{j,\alpha} - v_{i,\alpha})^2 - \lambda_i \prod_{\beta=1,\,\beta\neq\alpha}^{p} a_\beta^{(i)} \right) \\
&= 0
\end{aligned}$$

unabhängig von ξ. Somit folgt

$$\lambda_i \prod_{\beta=1,\,\beta\neq\gamma}^{p} a_\beta^{(i)} = \sum_{j=1}^{n} (u_{i,j})^m (x_{j,\gamma} - v_{i,\gamma})^2 \tag{2.9}$$

für alle $\gamma \in \{1, \ldots, p\}$. Unter Berücksichtigung der Nebenbedingung (2.8) darf die linke Seite der Gleichung (2.9) durch $\lambda_i / a_\gamma^{(i)}$ ersetzt werden, so daß sich

$$a_\gamma^{(i)} = \frac{\lambda_i}{\sum_{j=1}^{n} (u_{i,j})^m (x_{j,\gamma} - v_{i,\gamma})^2}.$$

ergibt. Setzen wir dieses Resultat in Gleichung (2.8) ein, erhalten wir

$$\lambda_i = \left(\prod_{\alpha=1}^{p} \sum_{j=1}^{n} (u_{i,j})^m (x_{j,\alpha} - v_{i,\alpha})^2 \right)^{1/p}$$

und zusammen mit der vorhergehenden Gleichung die Formel (2.7). ■

Für die Variante des Gath-Geva-Algorithmus gehen wir wieder davon aus, daß die Daten Realisierungen p-dimensionaler Normalverteilungen sind. Allerdings nehmen wir an, daß sich jede dieser Normalverteilung aus p unabhängigen eindimensionalen Normalverteilungen zusammensetzt, d.h., die Kovarianzmatrix ist eine Diagonalmatrix, in der die Varianzen der eindimensionalen Normalverteilungen in der Diagonalen stehen. Die a-priori Wahrscheinlichkeit, daß ein Datum von der i-ten Normalverteilung erzeugt wird, bezeichnen wir wiederum mit P_i. $a_\alpha^{(i)}$ sei das α-te Diagonalelemente der i-ten Kovarianzmatrix A_i. Damit ist

$$g_i(x) = \frac{1}{(2\pi)^{p/2}} \cdot \frac{1}{\sqrt{\prod_{\alpha=1}^{p} a_\alpha^{(i)}}} \cdot \exp\left(-\frac{1}{2}\sum_{\alpha=1}^{p} \frac{(x_\alpha - v_{i,\alpha})^2}{a_\alpha^{(i)}}\right)$$

die Dichte der i-ten Normalverteilung.

Wie schon bei dem ursprünglichen Gath-Geva-Algorithmus werden die wahrscheinlichkeitstheoretischen Parameter mit statistischen Methoden geschätzt. Für die a-priori Wahrscheinlichkeiten P_i und die Erwartungswerte v_i ergeben sich dieselben Formeln für unsere Variante. Zur Bestimmung der Parameter $a_\alpha^{(i)}$ führen wir eine Fuzzifizierung der a-posteriori Wahrscheinlichkeit ein. Die a-posteriori Wahrscheinlichkeit, daß *alle* Daten vom i-ten Cluster erzeugt wurden, beträgt

$$\prod_{j=1}^{n} P_i g_i(x_j). \tag{2.10}$$

Es sind aber nur die Daten zu berücksichtigen, die wirklich zum i-ten Cluster gehören. Daher modifizieren wir (2.10) zu

$$\prod_{j=1}^{n} (P_i g_i(x_j))^{(u_{i,j})^m}. \tag{2.11}$$

Offensichtlich wird diese Formel im Falle einer harten Clustereinteilung, d.h. $u_{i,j} \in \{0,1\}$, zu

$$\prod_{j:\, x_j \text{ gehört zu Cluster } i} P_i g_i(x_j).$$

Wir bestimmen nun den Maximum-Likelihood-Schätzer für die Formel (2.11), indem wir die Parameter $a_\alpha^{(i)}$ so wählen, daß die a-posteriori

Wahrscheinlichkeit (2.11) maximal wird. Anstatt (2.11) direkt zu maximieren, wenden wir den Logarithmus auf diese Formel an[1] und erhalten

$$F(a_1^{(i)},\dots,a_p^{(i)}) = \sum_{j=1}^{n}(u_{i,j})^m \Bigg(\ln(P_i) - \frac{p}{2}\ln(2\pi) - \frac{1}{2}\sum_{\alpha=1}^{p}\ln(a_\alpha^{(i)}) - \frac{1}{2}\sum_{\alpha=1}^{p}\frac{(x_{j,\alpha}-v_{i,\alpha})^2}{a_\alpha^{(i)}}\Bigg). \quad (2.12)$$

Die partielle Ableitung dieser Funktion nach $a_\gamma^{(i)}$ liefert

$$\frac{\partial F(a_1^{(i)},\dots,a_p^{(i)})}{\partial a_\gamma^{(i)}} = -\frac{1}{a_\gamma^{(i)}}\cdot\frac{1}{2}\sum_{j=1}^{n}(u_{i,j})^m + \frac{1}{2}\sum_{j=1}^{n}(u_{i,j})^m\frac{(x_{j,\gamma}-v_{i,\gamma})^2}{(a_\gamma^{(i)})^2}. \quad (2.13)$$

Um (2.12) zu minimieren muß (2.13) verschwinden, so daß wir

$$a_\gamma^{(i)} = \frac{\sum_{j=1}^{n}(u_{i,j})^m(x_{j,\alpha}-v_{i,\alpha})^2}{\sum_{j=1}^{n}(u_{i,j})^m}$$

als Schätzung für den Parameter $a_\gamma^{(i)}$ erhalten.

Die auf Diagonalmatrizen eingeschränkte (achsenparallele) Variante des Gath-Geva-Algorithmus lautet daher:

Bemerkung 2.5 (Prototypen des AGG) *Sei* $p \in \mathbb{N}$, $D := \mathbb{R}^p$, $X = \{x_1, x_2, \dots, x_n\} \subseteq D$, $C := \mathbb{R}^p \times \{A \in \times\mathbb{R}^{p\times p} \mid A \text{ Diagonalmatrix}, \det(A) \neq 0\} \times \mathbb{R}$, $c \in \mathbb{N}$, $E := \mathcal{P}_c(C)$, b *nach* (1.7) *mit* $m \in \mathbb{R}_{>1}$ *und*

$$d^2 : D \times C \to \mathbb{R},$$

$$(x,(v,A,P)) \mapsto \frac{1}{P}\sqrt{\det(A)}\exp\left(\frac{1}{2}(x-v)^\top A^{-1}(x-v)\right).$$

Um b bezüglich allen probabilistischen Clustereinteilungen $X \to F(K)$ *mit* $K = \{k_1, k_2, \dots, k_c\} \in E$ *bei gegebenen Zugehörigkeiten* $f(x_j)(k_i) =$

[1] Da der Logarithmus eine streng monoton wachsende Funktion ist, spielt es keine Rolle, ob das Maximum einer (positiven) Funktion oder ihres Logarithmus bestimmt wird.

$u_{i,j}$ durch $f: X \to F(K)$ annähernd zu minimieren, sollten die Parameter $k_i = (v_i, A_i, P_i)$ der Normalverteilung N_i wie folgt gewählt werden:

$$v_i = \frac{\sum_{j=1}^{n} u_{i,j}^m x_j}{\sum_{j=1}^{n} u_{i,j}^m}$$

$$a_\gamma^{(i)} = \frac{\sum_{j=1}^{n} (u_{i,j})^m (x_{j,\alpha} - v_{i,\alpha})^2}{\sum_{j=1}^{n} (u_{i,j})^m}$$

$$P_i = \frac{\sum_{j=1}^{n} u_{i,j}^m}{\sum_{j=1}^{n} \sum_{l=1}^{c} u_{l,j}^m}.$$

wobei $a_\gamma^{(i)}$ das γ-te Diagonalelement der Matrix A_i ist.

Die auf Diagonalmatrizen eingeschränkten Varianten des Gustafson-Kessel- und Gath-Geva-Algorithmus erfordern weder die Berechnung einer Determinante noch das Invertieren einer Matrix, so daß sie mit einem wesentlich geringeren Rechenaufwand als die ursprünglichen Algorithmen auskommen, dadurch aber ein gewisses Maß an Flexibilität einbüßen. Anwendungsgebiete dieser Varianten werden im Kapitel über die Erzeugung von Fuzzy-Regeln mit Hilfe von Fuzzy-Clustering vorgestellt.

2.5 Rechenaufwand

Alle Algorithmen wurden auf einem PC (486 DX2/66 MHz) in der Programmiersprache C implementiert und getestet. Um die Algorithmen miteinander vergleichen zu können, wird jeweils ein Zeitindex τ angegeben. Dieser Index wurde aus dem Quotienten der benötigten Rechenzeit t (in Sekunden, aber dimensionslos verwendet) und dem Produkt von Datenanzahl n, Clusteranzahl c und Iterationsschritten i gebildet: $\tau = \frac{t}{c \cdot n \cdot i}$. Die Zeitindizes für verschiedene Analysen eines Algorithmus sind nicht konstant. Für zehn Sekunden Rechenzeit bei 10000 Daten und 10 Clustern wurde ein geringerer Index als für 1000 Daten und 100 Cluster (gleiche Anzahl von Iterationsschritten) ermittelt. Denn die komplizierten Berechnungen (z. B. Matrizeninvertierung) fallen pro Cluster an, so daß der Aufwand bei 100 Clustern natürlich größer als bei 10 Clustern ist. Die Clusterzahl variiert in den Beispielen jedoch nicht so stark, so daß sich bei unterschiedlichen Analysen dennoch vergleichbare

Werte ergeben. Der jeweils angegebene Zeitindex ist ein Mittel über alle Analysen, die im jeweiligen Abschnitt abgebildet wurden. Das verwendete Programm wurde nicht auf Ausführungsgeschwindigkeit optimiert, so daß dieser Index durch effizientere Implementierung gesteigert werden kann. Alle Algorithmen sind jedoch in etwa gleichermaßen stark oder gering optimiert, so daß der Vergleich der Indizes untereinander einen Vergleich des Rechenaufwandes der Verfahren ermöglichen sollte. Der Aufwand für die Initialisierung geht nicht in den Zeitindex ein.

Bei den Abbildungen 2.1 - 2.16 handelte es sich um Datensätze mit 170 bis 455 Punkten. In den meisten Fällen brauchte der FCM-Algorithmus nur wenige Iterationen (< 30) und blieb unter einer Sekunde Rechenzeit. Der possibilistische FCM-Algorithmus rechnet auch schon mal deutlich länger, schließlich sind aufgrund der zweifachen Bestimmung der η-Werte insgesamt drei Durchläufe erforderlich (einmal probabilistisch und zweimal possibilistisch). Der GK-Algorithmus brauchte in den Beispielen etwa 30, der GG-Algorithmus je nach Initialisierung zwischen 15 und 75 Schritten. Der Zeitindex lag für den FCM bei $\tau_{FCM} = 7.02 \cdot 10^{-5}$, für den GK bei $\tau_{GK} = 1.50 \cdot 10^{-4}$ und für den GG bei $\tau_{GG} = 1.78 \cdot 10^{-4}$. Die aufwendigen Operationen wie Exponentialfunktion und Matrizeninvertierung machen sich gegenüber dem FCM-Algorithmus also deutlich bemerkbar.

Die in diesem Kapitel verwendete Abbruchgenauigkeit von $\frac{1}{1000}$ liegt relativ hoch. Durch Herabsetzen der Genauigkeit läßt sich etwas Rechenzeit sparen, weil weniger Iterationsschritte bis zur Konvergenz zu erwarten sind. Deutliche Einbußen in der Qualität des Analyseergebnisses sind auch bei einer Abbruchgenauigkeit von $\frac{1}{100}$ nicht zu erwarten.

Kapitel 3

Regelerzeugung mit Fuzzy-Clustering

Dieses Kapitel behandelt die Anwendung von Fuzzy-Clustering-Techniken im Bereich des Erlernens von Regeln für Klassifikationsaufgaben und zur Funktionsapproximation, die bei Fuzzy-Reglern eine wichtige Rolle spielt. Zum Verständnis benötigen wir einige grundlegende Begriffe aus dem Gebiet der Fuzzy-Systeme. Der folgende Abschnitt dient als kurze Einführung in die Thematik der Fuzzy-Regeln und führt die in den darauffolgenden Abschnitten verwendete Notation ein. Wir beschränken uns hier auf das zum Verständnis Notwendige und verzichten auf eine ausführlichere Darstellung von Fuzzy-Systemen, die in anderen Büchern eingehend behandelt werden (z.B. [26, 27, 40, 48]).

3.1 Fuzzy-Regeln

Wir haben bisher den Begriff der Fuzzy-Menge noch nicht explizit gebraucht. Implizit haben wir aber schon mit Fuzzy-Mengen operiert. Die Zugehörigkeitsmatrix $(u_{i,j})$ ist eine Fuzzy-Menge über dem kartesischen Produkt der Datenmenge und der Klassen. Der Wert $u_{i,j}$ gibt den Zugehörigkeitsgrad des Paares (k_i, x_j) zur Fuzzy-Menge der zusammengehörenden Paare Klasse-Datum unter dem betrachteten Clusteranalyse-Ergebnis. Halten wir das Datum, d.h. den Index j, fest, so ergibt sich eine Fuzzy-Menge über den Klassen – die Fuzzy-Menge der Klassen, zu denen das Datum x_j gehört. Wird umgekehrt der Index i fixiert, erhalten wir eine Fuzzy-Menge über den Daten – die Fuzzy-Menge der Daten, die zur Klasse k_i gehören.

Die Grundidee bei Fuzzy-Mengen besteht darin, die Eigenschaft, Element einer Menge zu sein, als graduelles Konzept zu interpretieren und für jedes Element einen Zugehörigkeitswert zwischen Null und Eins zur Fuzzy-Menge zuzulassen (vgl. Definition 1.7).

Im Sinne dieser Definition entspricht eine Fuzzy-Menge einer verallgemeinerten charakteristischen Funktion. Eine gewöhnliche Teilmenge M einer Grundmenge X kann man als spezielle Fuzzy-Menge auffassen, die nur die Zugehörigkeitswerte Null und Eins annimmt, indem man ihre charakteristische Funktion (Indikatorfunktion)

$$I_M : X \to \{0,1\}, \qquad x \mapsto \begin{cases} 1 & \text{falls } x \in M \\ 0 & \text{sonst} \end{cases}$$

betrachtet.

Fuzzy-Mengen werden häufig für die Modellierung linguistischer Werte wie „groß“, „schnell“, „ungefähr Null“ usw. verwendet. Linguistische Werte beschreiben einen Wertebereich mit unscharfen Grenzen, so daß Fuzzy-Mengen einen geeigneten Formalismus zur Repräsentation bilden. In Abbildung 3.1 sind einige linguistische Werte und die ihnen zugeordneten Fuzzy-Mengen, wie sie in Anwendungen häufig gewählt werden, dargestellt.

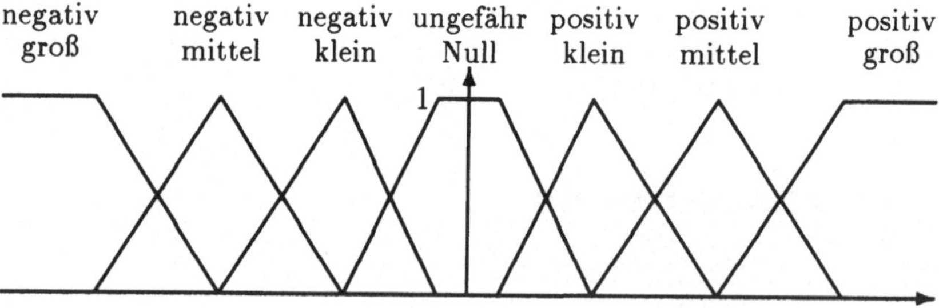

Abbildung 3.1: Linguistische Werte und die ihnen zugeordneten Fuzzy-Mengen

Wir werden vor allem Regeln R der Form

R: If ξ_1 is $\mu_R^{(1)}$ and ... and ξ_p is $\mu_R^{(p)}$ then class is C_R.

für Klassifikationsaufgaben bzw.

$$R\text{: If } \xi_1 \text{ is } \mu_R^{(1)} \text{ and } \ldots \text{ and } \xi_{p-1} \text{ is } \mu_R^{(p-1)} \text{ then } \xi_p \text{ is } \mu_R^{(p)}$$

für Funktionsapproximation und regelungstechnische Probleme betrachten. Dabei sind $\xi_1, \ldots, \xi_p$ reelle Variable, und die $\mu_R^{(i)}$ stehen für Fuzzy-Mengen bzw. für die linguistischen Terme, die diese Fuzzy-Mengen repräsentieren. Wir werden im folgenden meistens die linguistischen Terme und die ihnen zugeordneten Fuzzy-Mengen identifizieren. Im Falle der Funktionsapproximation oder regelungstechnischer Fragestellungen sind $\xi_1, \ldots, \xi_{p-1}$ Eingangsgrößen, und ξ_p ist die Ausgangsgröße.

Zur Auswertung solcher Regeln muß eine geeignete Interpretation der Konjunktion ausgewählt werden. Ist ein konkretes Tupel $(\xi_1, \ldots, \xi_p)$ vorgegeben, gibt der Zugehörigkeitsgrad $\mu_R^{(i)}(\xi_i)$ des Wertes ξ_i zur Fuzzy-Menge $\mu_R^{(i)}$ an, inwieweit der Wert ξ_i zum linguistischen Wert paßt, den die Fuzzy-Menge $\mu_R^{(i)}$ repräsentiert. Der Erfüllungsgrad, der angibt, inwieweit die Regel anwendbar ist, errechnet sich aus der konjunktiven Verknüpfung der „Wahrheitswerte" $\mu_R^{(i)}(\xi_i)$ aus dem Einheitsintervall.

Sehr häufig wird die Konjunktion mit Hilfe des Minimums ausgewertet – dem Vorschlag folgend, den L. Zadeh in seinem Aufsatz machte, mit dem er die Theorie der Fuzzy-Mengen einführte [66]. Das bedeutet, daß der Erfüllungsgrad einer Klassifikationsregel durch den Wert $\min\{\mu_R^{(1)}(\xi_1), \ldots, \mu_R^{(p)}(\xi_p)\}$ gegeben ist, während sich der Erfüllungsgrad einer Regel für Funktionsapproximations- oder regelungstechnische Probleme durch $\min\{\mu_R^{(1)}(\xi_1), \ldots, \mu_R^{(p-1)}(\xi_{p-1})\}$ errechnet.

Allgemeiner kann das Minimum durch eine beliebige t-Norm (trianguläre Norm) ersetzt werden. Eine t-Norm ist eine zweistellige Operation, die zwei Werten aus dem Einheitsintervall wiederum einen Wert aus dem Einheitsintervall zuordnet und kommutativ, assoziativ, sowie monoton wachsend in beiden Argumenten ist und Eins als neutrales Element besitzt. Neben dem Minimum, das die größte t-Norm darstellt, sind das Produkt und die Łukasiewicz-t-Norm, die zwei Zahlen α und β aus dem Einheitsintervall den Wert $\max\{\alpha + \beta - 1, 0\}$ zuordnet, in Anwendungen häufig auftretende t-Normen. Wir beschränken uns bei unseren Betrachtungen zur Vereinfachung und aus später noch ersichtlichen Gründen auf das Minimum. Im Prinzip sind aber andere t-Normen ebenfalls zugelassen.

Wir haben bisher nur eine einzelne Regel isoliert betrachtet. Wir werden aber immer Regelbasen mit mehreren Regeln für unsere Problemlösungen benötigen. Die einzelnen Regeln werden dazu nicht im Sinne logischer Implikationen interpretiert, sondern als „fuzzy-disjunkte"

Fallunterscheidung. Ist eine endliche Menge $\mathcal{R} = \{R_1, \ldots, R_r\}$ von Regeln gegeben, sollten sie als „Die korrekte Klasse von $(\xi_1, \ldots, \xi_p)$ ist"

$$\begin{cases} C_{R_1} & \text{falls } \xi_1 \text{ entspricht } \mu_{R_1}^{(1)} \text{ und } \ldots \text{ und } \xi_p \text{ entspricht } \mu_{R_1}^{(p)} \\ \vdots & \\ C_{R_r} & \text{falls } \xi_1 \text{ entspricht } \mu_{R_r}^{(1)} \text{ und } \ldots \text{ und } \xi_p \text{ entspricht } \mu_{R_r}^{(p)} \end{cases}$$

im Falle von Klassifikationsregeln bzw. „Der Ausgangswert bei der Eingabe $(\xi_1, \ldots, \xi_p)$ ist"

$$\begin{cases} \mu_{R_1}^{(p)} & \text{falls } \xi_1 \text{ entspricht } \mu_{R_1}^{(1)} \text{ und } \ldots \text{ und } \xi_{p-1} \text{ entspricht } \mu_{R_1}^{(p-1)} \\ \vdots & \\ \mu_{R_r}^{(p)} & \text{falls } \xi_1 \text{ entspricht } \mu_{R_r}^{(1)} \text{ und } \ldots \text{ und } \xi_{p-1} \text{ entspricht } \mu_{R_r}^{(p-1)} \end{cases}$$

für die Funktionsapproximation interpretiert werden.

Wir betrachten zuerst die Auswertung von Klassifikationsregeln. Es ist zugelassen, daß mehrere Regeln auf dieselbe Klasse deuten. In diesem Fall sollte man die am besten passende Regel auswählen, d.h., die Regel, deren Prämisse den größten Erfüllungsgrad aufweist. Bezeichnen wir mit

$$\mu_R(\xi_1, \ldots, \xi_p) = \min_{\alpha \in \{1, \ldots, p\}} \left\{ \mu_R^{(\alpha)}(\xi_\alpha) \right\} \tag{3.1}$$

den Erfüllungsgrad der Regel R, gibt

$$\mu_C^{(\mathcal{R})}(\xi_1, \ldots, \xi_p) = \max\{\mu_R(\xi_1, \ldots, \xi_p) \mid C_R = C\} \tag{3.2}$$

an, zu welchem Grad das Tupel $(\xi_1, \ldots, \xi_p)$ der Klasse C zugeordnet wird. Wir erhalten auf diese Weise für jedes zu klassifizierende Tupel $(\xi_1, \ldots, \xi_p)$ eine Fuzzy-Menge über den Klassen. Soll jedem Tupel nach Möglichkeit eine eindeutige Klasse zugeordnet werden, entscheiden wir uns für die Klasse, zu der das Tupel den größten Zugehörigkeitsgrad aufweist, d.h.

$$\mathcal{R}(\xi_1, \ldots, \xi_p) = \begin{cases} C & \text{falls } \mu_C^{(\mathcal{R})}(\xi_1, \ldots, \xi_p) \\ & \quad > \mu_D^{(\mathcal{R})}(\xi_1, \ldots, \xi_p) \\ & \text{für alle } D \in \mathcal{C}, D \neq C \\ & \\ \textit{unknown} \notin \mathcal{C} & \text{sonst,} \end{cases}$$

wobei $\mathcal{C}$ die Menge der möglichen Klassen bezeichnet. Da aus dem Kontext immer klar hervorgeht, ob mit $\mathcal{R}$ die Menge der Klassifikationsregeln oder die mit ihr assoziierte Klassifikationsabbildung gemeint ist, verwenden wir in beiden Fällen dasselbe Symbol.

Entsprechend bezeichnen wir mit

$$\mathcal{R}^{-1}(C) = \{(\xi_1, \ldots, \xi_p) \mid \mathcal{R}(\xi_1, \ldots, \xi_p) = C\}$$

die Menge der Tupel, die durch die Klassifikationsregeln $\mathcal{R}$ der Klasse C zugeordnet werden.

Bei den Regeln für die Funktionsapproximation und regelungstechnischen Aufgaben muß zuerst festgelegt werden, in welcher Weise sich der Erfüllungsgrad der Prämisse einer Regel auf die Fuzzy-Menge auswirkt, die den Ausgangswert unscharf beschreibt. Die Grundidee besteht dabei darin, daß für den Fall, daß der Erfüllungsgrad Eins ist, die Auswertung der Regel genau den in der Konklusion unscharf charakterisierten Ausgangswert ergeben sollte, während die Regel bei einem Erfüllungsgrad von Null keinen Beitrag liefern sollte. Die Fuzzy-Menge in der Konklusion der Regel wird daher in der Höhe des Erfüllungsgrades der Prämisse „abgeschnitten". Anschließend müssen die so berechneten Ergebnisse der einzelnen Regeln zu einem (unscharfen) Ausgangswert aggregiert werden. Dies geschieht wie bei den Klassifikationsregeln durch die (punktweise) Berechnung des Maximums der einzelnen Ergebnis-Fuzzy-Mengen (s. Abbildung 3.2). Schließlich muß aus der so berechneten Ergebnis-Fuzzy-Menge ein scharfer Ausgangswert bestimmt werden. Hierzu stehen verschiedene Defuzzifizierungsstrategien zur Verfügung, die einer Fuzzy-Menge einen einzelnen Wert zuordnen. Eine sehr häufig angewandte Defuzzifizierungsstrategie ist die Schwerpunktsmethode, bei der als Ausgangswert der Wert unter dem Schwerpunkt der durch die Ergebnis-Fuzzy-Menge beschriebenen Fläche gewählt wird. Auf diese Weise liefern die einzelnen Regeln einen umso größeren Anteil zum Ausgangswert, je höher der Erfüllungsgrad ihrer Prämisse ist.

Um den Zusammenhang zwischen Fuzzy-Regeln und Fuzzy-Clusteranalyse herzustellen, gehen wir kurz auf die in [34] beschriebene Interpretation von Fuzzy-Mengen ein, die in vielen Anwendungen sinnvoll erscheint. Fuzzy-Mengen werden dabei als Repräsentanten reeller Werte in einer vagen Umgebung aufgefaßt. Eine vage Umgebung wird dabei durch eine Abstandsfunktion charakterisiert. Im einfachsten Fall wird die gewöhnliche Metrik auf den reellen Zahlen betrachtet. Der Wert $x_0 \in \mathbb{R}$ induziert die Fuzzy-Menge aller zu ihm ähnlichen Punkte, wobei Ähnlichkeit als dualer Begriff zum Abstand verstanden wird, so daß

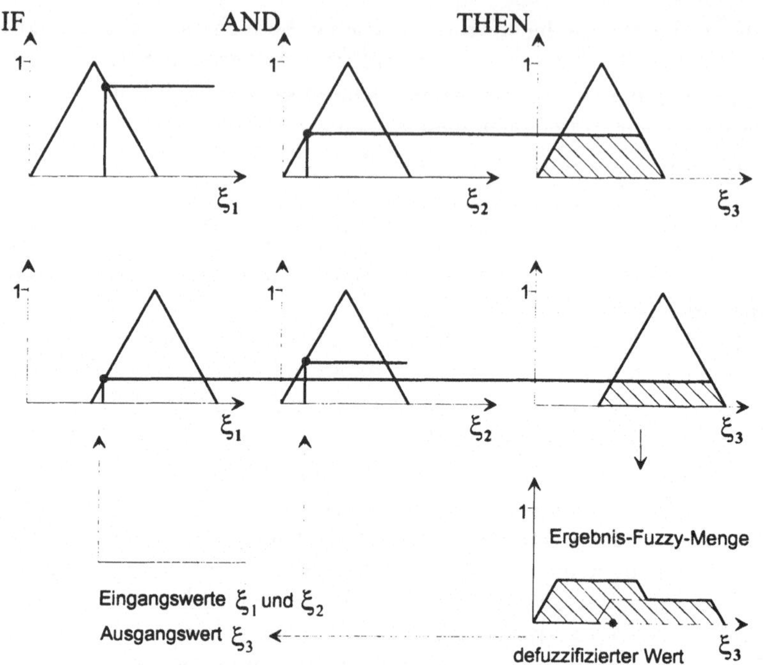

Abbildung 3.2: Die Auswertung zweier Fuzzy-Regeln eines Fuzzy-Reglers

der Ähnlichkeitsgrad der Werte x und x_0 bzw. der Zugehörigkeitsgrad von x zur Fuzzy-Menge der zu x_0 ähnlichen Werte durch die Formel $1 - \min\{|x - x_0|, 1\}$ definiert wird. In diesem Fall erhält man als Fuzzy-Menge der zu x_0 ähnlichen Werte eine dreiecksförmige Zugehörigkeitsfunktion, wie sie zum Beispiel in Abbildung 3.2 zu sehen ist, die bei x_0 den maximalen Zugehörigkeitswert Eins annimmt.

Im allgemeinen ist der gewöhnliche Abstand als Charakterisierung der vagen Umgebung nicht ausreichend, sondern es muß noch eine problemrelevante lokale Skalierung vorgenommen werden, so daß der skalierte Abstand in der Umgebung des Punktes x_0 durch die Formel $c(x_0)|x - x_0|$ definiert wird. Dabei ist $c(x_0)$ ein nicht-negativer Skalierungsfaktor, der angibt, wie wichtig eine genaue Unterscheidung der Werte in der Umgebung von x_0 für das betrachtete Problem ist.

Eine Fuzzy-Menge wird in dieser Interpretation durch einen Punkt x_0 und einen Skalierungsfaktor $c(x_0)$ repräsentiert. Der Zugehörigkeitsgrad eines Wertes x nimmt mit wachsendem skalierten Abstand zum Punkt

x_0 ab. Die Analogie zu den Fuzzy-Clustern ist evident: Ein Fuzzy-Cluster wird durch einen typischen Repräsentanten, den Prototyp, und – im Falle des Gustafson-Kessel- oder Gath-Geva-Algorithmus – durch eine Transformation des euklidischen Abstands charakterisiert. Der Zugehörigkeitsgrad eines Datums wird – zumindest bei possibilistischem Clustering – mit zunehmendem transformierten Abstand geringer.

Wie wir in den folgenden beiden Abschnitten sehen werden, läßt sich diese Analogie auch auf Klassifikationsregeln und Fuzzy-Regeln zur Funktionsapproximation übertragen, so daß es naheliegt, Fuzzy-Clustering-Techniken für das Erlernen derartiger Regeln aus Daten anzuwenden.

3.2 Erlernen von Fuzzy-Klassifikationsregeln

Bevor wir auf die Analogie zwischen Fuzzy-Clustern und Fuzzy-Regeln näher eingehen, werden kurz die Vorteile erläutern, die Klassifikationsregeln mit Fuzzy-Mengen gegenüber Klassifikationsregeln mit scharfen Mengen aufweisen, selbst wenn wie in vielen Anwendungen üblich am Ende eine eindeutige Zuordnung jedes Datums zu einer einzigen Klasse erforderlich ist. Zum einen geben die Zugehörigkeitsgrade bei der Klassifikation eines Datums Auskunft darüber, ob die Entscheidung, ein vorliegendes Datum einer bestimmten Klasse zuzuordnen, eher eindeutig oder ambivalent war. Bei einer ambivalenten Entscheidung sollte man berücksichtigen, welche Konsequenzen eine Zuordnung des Datums zu einer Klasse zur Folge hat, zu der das Datum nur einen geringfügig kleineren Zugehörigkeitsgrad als zur zugeordneten Klasse aufweist.

Zum anderen lassen sich durch die Verwendung von Fuzzy-Mengen Klassifikationsprobleme auf eine einfache Art lösen, die mit Hilfe von scharfen Mengen nur approximativ lösbar sind. Werden in den Regeln beispielsweise nur scharfe Intervalle bzw. deren charakteristische Funktionen zugelassen, so lassen sich selbst im zweidimensionalen Fall linear separable Klassifikationsaufgaben nicht mit endlich vielen Regeln exakt lösen. Es ist offensichtlich, daß bei Intervallen jede Regel ein Rechteck festlegt und allen Daten innerhalb dieses Rechtecks eine Klasse zuweist. Ein linear separables Klassifikationsproblem besteht aus zwei Klassen, die durch eine lineare Funktion, d.h. im zweidimensionalen Fall durch eine Gerade getrennt werden. Durch die induzierten Rechtecke bei der Verwendung von Intervallen in den Regeln können aber lediglich Treppenfunktion als Trennfunktionen auftreten, so daß höchstens eine approximative Lösung des Klassifikationsproblems, wie sie Abbildung 3.3 zeigt, möglich ist.

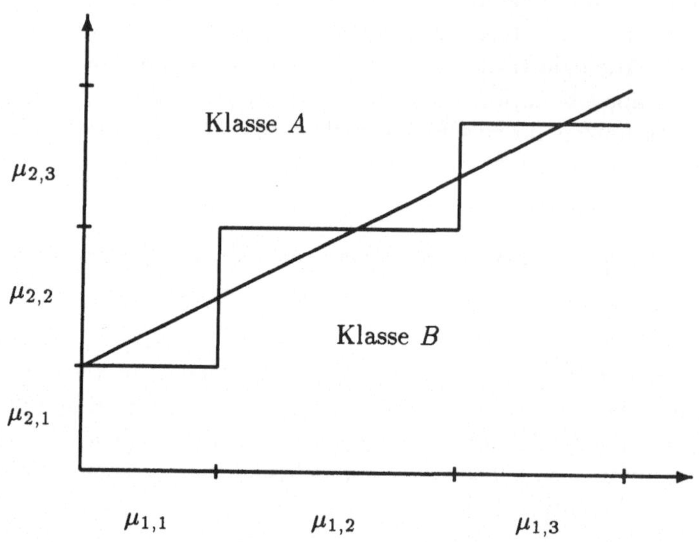

Abbildung 3.3: Approximative Lösung eines linear separablen Klassifikationsproblems mit scharfen Regeln

Läßt man in den Regeln endliche Vereinigungen von Intervallen zu, ergibt sich keine Verbesserung, da derartige Klassifikationsregeln äquivalent in Klassifikationsregeln mit Intervallen transformierbar sind. Dazu muß jede einzelne Regel mit auftretenden Vereinigungen von Intervallen durch Regeln ersetzt werden, die aus allen Intervallkombinationen der einzelnen Variablen gebildet werden.

Durch die Verwendung von Fuzzy-Mengen lassen sich im zweidimensionalen Fall nicht nur linear separable Klassifikationsprobleme exakt lösen, sondern auch Klassifikationsprobleme, deren Klassen durch eine stückweise monotone Funktion getrennt werden, wie das folgende Lemma und das anschließende Korollar zeigen.

Lemma 3.1 *Sei $f : [a_1, b_1] \to [a_2, b_2]$ $(a_i < b_i)$ eine monotone Funktion. Dann existiert eine endliche Menge $\mathcal{R}$ von Fuzzy-Klassifikationsregeln in die Klassen P und N, so daß*

$$\begin{aligned} \mathcal{R}^{-1}(P) &= \{(x,y) \in [a_1,b_1] \times [a_2,b_2] \mid f(x) > y\}, \\ \mathcal{R}^{-1}(N) &= \{(x,y) \in [a_1,b_1] \times [a_2,b_2] \mid f(x) < y\} \end{aligned}$$

gilt.

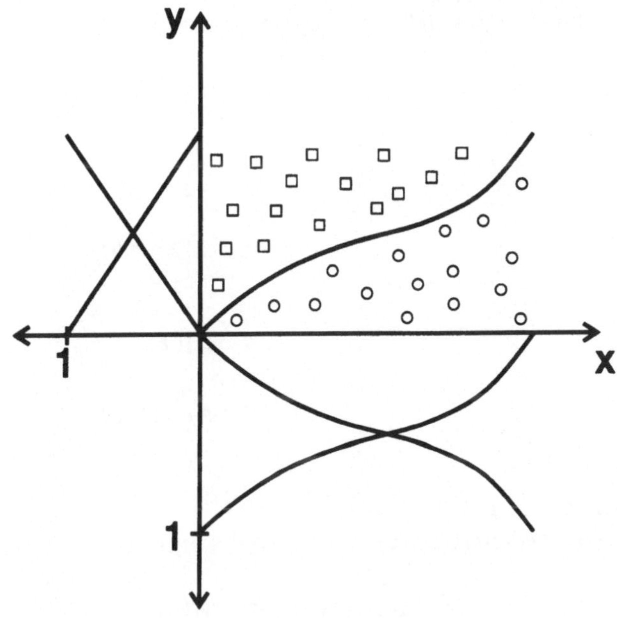

Abbildung 3.4: Die Fuzzy-Mengen zur Lösung eines Klassifikationsproblems mit einer monotonen Trennfunktion

Beweis: Wir verwenden die Bezeichnungen $X = [a_1, b_1]$ und $Y = [a_2, b_2]$ und definieren die Fuzzy-Mengen

$$\begin{aligned} \mu_1 &: X \to [0,1], & x &\mapsto \tfrac{b_2 - f(x)}{b_2 - a_2}, \\ \mu_2 &: X \to [0,1], & x &\mapsto \tfrac{f(x) - a_2}{b_2 - a_2} = 1 - \mu_1(x), \\ \nu_1 &: Y \to [0,1], & y &\mapsto \tfrac{y - a_2}{b_2 - a_2}, \\ \nu_2 &: Y \to [0,1], & y &\mapsto \tfrac{b_2 - y}{b_2 - a_2} = 1 - \nu_1(y). \end{aligned}$$

Die Fuzzy-Mengen sind in Abbildung 3.4 dargestellt. Als Regelbasis $\mathcal{R}$ verwenden wir die beiden Regeln

$$R_1\text{:}\quad \text{If } x \text{ is } \mu_1 \text{ and } y \text{ is } \nu_1 \text{ then class is } N.$$

$$R_2\text{:}\quad \text{If } x \text{ is } \mu_2 \text{ and } y \text{ is } \nu_2 \text{ then class is } P.$$

- Fall 1: $f(x) > y$.
  - Fall 1.1: $\mu_1(x) \geq \nu_1(y)$.
    Daraus folgt $\mu_2(x) \leq \nu_2(y)$, so daß wir

    $$\begin{aligned} \mu_N^{(\mathcal{R})}(x,y) &= \nu_1(y) \\ &= \frac{y - a_2}{b_2 - a_2} \\ &< \frac{f(y) - a_2}{b_2 - a_2} \\ &= \mu_2(x) \\ &= \mu_P^{(\mathcal{R})}(x,y) \end{aligned}$$

    erhalten.
  - Fall 1.2: $\mu_1(x) < \nu_1(y)$.
    Das bedeutet $\mu_2(x) > \nu_2(y)$ und somit

    $$\begin{aligned} \mu_N^{(\mathcal{R})}(x,y) &= \mu_1(y) \\ &= \frac{b_2 - f(x)}{b_2 - a_2} \\ &< \frac{b_2 - y}{b_2 - a_2} \\ &= \nu_2(x) \\ &= \mu_P^{(\mathcal{R})}(x,y). \end{aligned}$$

- Fall 2: $f(x) < y$ läßt sich analog zu Fall 1 behandeln, indem man kleiner durch größer ersetzt.

- Fall 3: $f(x) = y$.
  Es folgt $\mu_1(x) = \nu_2(y)$ und $\mu_2(x) = \nu_1(y)$, d.h. $\mu_N^{(\mathcal{R})}(x,y) = \mu_P^{(\mathcal{R})}(x,y)$. ■

Offensichtlich läßt sich der Beweis auf stückweise monotone Funktionen ausdehnen, indem man für jedes Intervall, auf dem die gegebene Funktion monoton ist, entsprechende Fuzzy-Mengen und Regeln konstruiert, so daß sich das folgende Korollar ergibt.

Korollar 3.2 *Sei $f : [a_1, b_1] \to [a_2, b_2]$ ($a_i < b_i$) eine stückweise monotone Funktion. Dann existiert eine endliche Menge $\mathcal{R}$ von Fuzzy-Klassifikationsregeln in die Klassen P und N, so daß*

$$\begin{aligned} \mathcal{R}^{-1}(P) &= \{(x,y) \in [a_1,b_1] \times [a_2,b_2] \mid f(x) > y\}, \\ \mathcal{R}^{-1}(N) &= \{(x,y) \in [a_1,b_1] \times [a_2,b_2] \mid f(x) < y\}. \end{aligned}$$

Eine direkte Folgerung aus diesem Korollar besagt, daß sich zweidimensionale, linear separable Klassifikationsprobleme mit Fuzzy-Klassifikationsregeln exakt lösen lassen. Aus dem Beweis zum Lemma 3.1 ergibt sich sogar, daß zur Lösung zwei Regeln mit dreiecksförmigen Fuzzy-Mengen genügen.

Leider läßt sich dieses Resultat – zumindest bei der Auswertung der Regeln mit dem Minimum und dem Maximum – nicht auf höherdimensionale Klassifikationsprobleme übertragen [35]. Trotzdem zeigt der zweidimensionale Fall bereits, daß sich mit Hilfe von Fuzzy-Regeln Klassifikatoren in einer sehr einfachen und kompakten Weise darstellen lassen.

Nachdem wir die Nützlichkeit von Fuzzy-Klassifikatoren illustriert haben, beschäftigen wir uns jetzt mit der Anwendung der Fuzzy-Clusteranalyse auf die Erzeugung von Fuzzy-Klassifikatoren. Dazu betrachten wir noch einmal die am Ende des vorigen Abschnitts erläuterte Analogie zwischen Fuzzy-Mengen als Repräsentanten scharfer Werte in einer durch eine skalierte Metrik charakterisierten vagen Umgebung und den Fuzzy-Clustern.

Lassen sich die in einer Klassifikationsregel auftretenden p Fuzzy-Mengen in dieser Weise interpretieren, können wir der Regel einen p-dimensionalen Vektor zuordnen, dessen Komponenten gerade die mit den Fuzzy-Mengen assoziierten scharfen Werte sind. Der Erfüllungsgrad der Regel für einen gegebenen Vektor berechnet sich aus dem Minimum der skalierten Abstände seiner Komponenten zu den jeweiligen Komponenten des dem Fuzzy-Cluster zugeordneten Vektors, so daß der Zugehörigkeitsgrad wiederum mit wachsendem Abstand abnimmt. In diesem Sinne entspricht eine Regel einem Fuzzy-Cluster, der ihr zugeordnete Vektor dem Zentrum des Clusters und der Erfüllungsgrad der Prämisse für ein Datum dem Zugehörigkeitsgrad des Datums zum Cluster.

Umgekehrt läßt sich aus einem Fuzzy-Cluster eine Klassifikationsregel gewinnen, indem man die durch Projektionen des Clusters in die entsprechenden Dimensionen erhaltenen Fuzzy-Mengen zur Bildung der Prämisse einer Klassifikationsregel verwendet. Als resultierende Klasse der Regel wählt man beispielsweise die Nummer oder den Namen des Clusters.

Um aus einem Fuzzy-Cluster eine Klassifikationsregel zu erzeugen, müssen wir zunächst festlegen, wie die Projektion eines Fuzzy-Clusters zu berechnen ist. Da es unser Ziel ist, durch die Projektion eine Fuzzy-Menge zu erhalten, die allen Werten in der entsprechenden Dimension einen Zugehörigkeitsgrad zuordnet, ist es nicht ausreichend, nur die Daten mit ihren Zugehörigkeitsgraden zu projizieren, wodurch wir eine für einzelne Punkte definierte Fuzzy-Menge erhalten würden, wie sie Abbildung 3.5 zeigt.

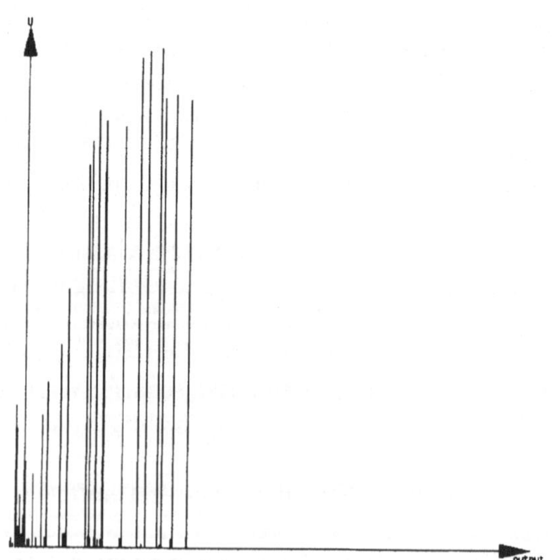

Abbildung 3.5: Eine typische Projektion eines Fuzzy-Clusters

Da die im Satz 1.11 bzw. im possibilistischen Fall im Satz 1.12 angegebene Formel zur Berechnung der Zugehörigkeitsgrade auf beliebige Daten und nicht nur auf die zur Clusteranalyse verwendeten Daten anwendbar ist, lassen sich nach einer Fuzzy-Clusteranalyse für jeden möglichen Eingabevektor die Zugehörigkeitsgrade zu allen Clustern bestimmen. Der Zugehörigkeitsgrad des Wertes ξ zur Projektion des i-ten Clusters in die α-te Dimension könnte daher mittels

$$\mu_\alpha^{(i)}(\xi) = \sup\left\{ \frac{1}{\sum_{l=1}^{c}\left(\frac{d^2(v_i,x)}{d^2(v_l,x)}\right)^{\frac{1}{m-1}}} \;\middle|\; x = (\xi_1,\ldots,\xi_{\alpha-1},\xi,\xi_{\alpha+1},\ldots,\xi_p) \in \mathbb{R}^p \right\}$$

im probabilistischen bzw. mittels

$$\mu_\alpha^{(i)}(\xi) = \sup\left\{ \frac{1}{1+\left(\frac{d^2(v_i,\xi)}{\eta_i}\right)^{\frac{1}{m-1}}} \;\middle|\; x = (\xi_1,\ldots,\xi_{\alpha-1},\xi,\xi_{\alpha+1},\ldots,\xi_p) \in \mathbb{R}^p \right\}$$

im possibilistischen Fall definiert werden, d.h. als der größte Zugehörigkeitsgrad, den ein Vektor mit dem Wert ξ in der α-ten Komponente annehmen kann.

Diese Formeln lassen sich nicht effizient berechnen und würden im Falle probabilistischer Cluster sogar zu unsinnigen Ergebnissen führen, weil allen Daten, die sehr weit von allen Clusterzentren entfernt sind, zu jedem Cluster einen Zugehörigkeitsgrad von etwa $\frac{1}{c}$ zugewiesen wird, so daß im probabilistischen Fall bei mindestens zweidimensionalen Daten $\mu_\alpha^{(i)}(\xi) \geq \frac{1}{c}$ unabhängig von der Wahl von ξ und α folgen würde. Abbildung 3.6 verdeutlicht noch einmal, wie sich der Zugehörigkeitsgrad eines Datums in Abhängigkeit von der Entfernung zu den Clusterzentren verändert. Die Abbildung zeigt den Zugehörigkeitsgrad

$$u(x) = \frac{1}{1+\frac{x^2}{(1-x)^2}}$$

des Datums x zum Cluster mit dem Zentrum 0 in Abhängigkeit von der Wahl von x, wenn wir davon ausgehen, daß eine probabilistische Clusteranalyse mit dem Fuzzy-c-Means-Algorithmus mit $m = 2$ für einen eindimensionalen Datensatz durchgeführt wurde und sich die beiden Clusterzentren 0 und 1 ergeben haben.

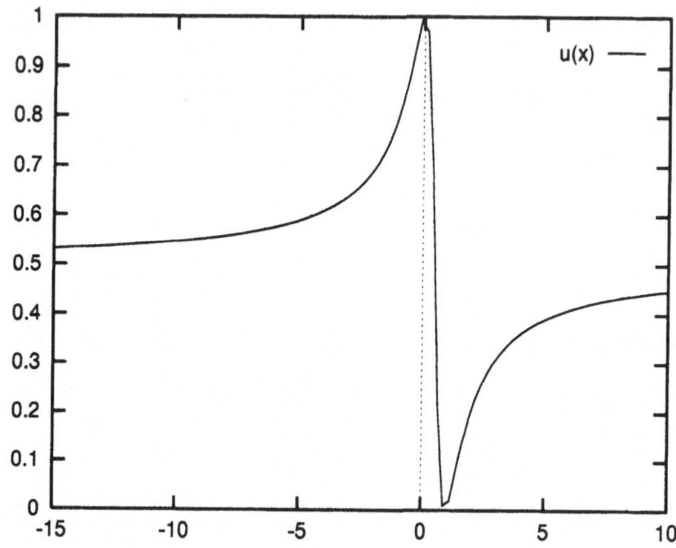

Abbildung 3.6: Die Zugehörigkeitsfunktion für Cluster 0

Wir werden daher auf die Projektionen der zur Clusteranalyse verwendeten Daten zurückgreifen, um geeignete Fuzzy-Mengen für die Gewinnung einer Klassifikationsregel aus einem Fuzzy-Cluster zu bestimmen. Ein einfacher Ansatz könnte darin bestehen, die durch die Projektion entstehenden benachbarten „Spitzen" durch Geradenstücke zu verbinden und so eine Fuzzy-Menge zu definieren (vgl. Abbildung 3.7).

Im allgemeinen erhält man auf diese Weise eine Fuzzy-Menge die mehrere lokale Maxima aufweist. Um die Interpretierbarkeit der Fuzzy-Menge als ungefährer Wert zu gewährleisten, sollte die Fuzzy-Menge zumindest konvex sein. Konvexität einer Fuzzy-Menge meint nicht, Konvexität der Zugehörigkeitsfunktion als reellwertige Funktion, sondern daß die Fuzzy-Menge bis zum einem Punkt monoton wachsend und danach monoton fallend ist, d.h., daß die Zugehörigkeitsfunktion als reellwertige Funktion unimodal mit einem einzigen lokalen Maximum oder mit einem Plateau maximaler Werte versehen ist.

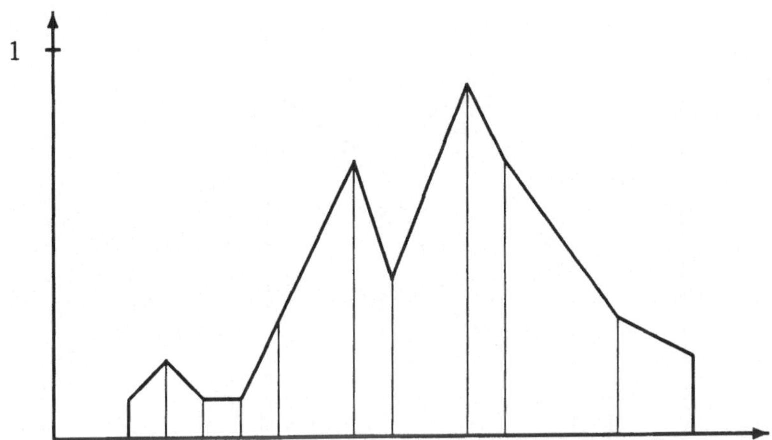

Abbildung 3.7: Eine nicht-konvexe Fuzzy-Mengen aus den miteinander verbundenen projizierten Zugehörigkeitsgraden

Daher modifiziert man die oben angegebene einfache Konstruktion zur Gewinnung einer Fuzzy-Menge aus den Projektionen der zur Clusteranalyse verwendeten Daten folgendermaßen: Man bestimme in der Projektion den Wert ξ_s mit dem größten Zugehörigkeitsgrad. Bezeichnen wir mit $\xi_1 \leq \ldots \leq \xi_s$ alle Werte, die kleiner oder gleich diesem Wert sind, d.h., die links von ihm liegen, und sind $\alpha_1, \ldots, \alpha_s$ die entsprechenden Zugehörigkeitsgrade, dann eliminieren wir alle Wert ξ_t, für die $t_l, t_r \in \{1, \ldots, s\}$ existieren, so daß $t_l < t < t_r$ und $\alpha_t < \min\{\alpha_{t_l}, \alpha_{t_r}\}$ gilt. Genauso verfahren wir mit den rechts von ξ_s liegenden Werten $\xi_s \leq \cdots \leq \xi_n$. Verbinden wir die übrig bleibenden Werte wie vorher miteinander, erhalten wir eine konvexe Fuzzy-Menge (vgl. Abbildung 3.8).

Die Werte, die bei diesem Verfahren eliminiert werden, weisen zwar unter Umständen in der Projektion einen geringen Abstand zum Clusterzentrum auf. In mindestens einer anderen Dimensionen werden sie jedoch im allgemeinen weiter entfernt vom Zentrum liegen, da sie ansonsten einen höheren Zugehörigkeitsgrad zum Cluster aufweisen müßten. Daher ist es sinnvoll, diese nicht wirklich zum Cluster gehörenden Daten bei der Berechnung der Fuzzy-Menge wegzulassen. Ähnlich verhält es sich mit weit vom Clusterzentrum entfernt liegenden Daten. Da jedes Datum, sofern es nicht mit einem Clusterzentrum identisch ist, sowohl

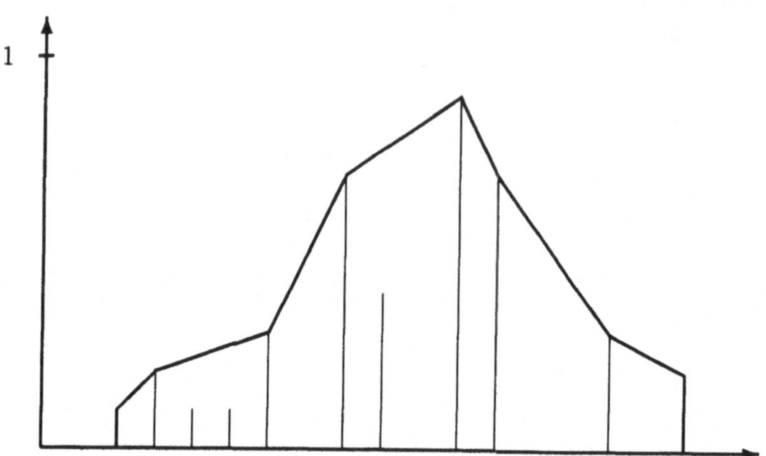

Abbildung 3.8: Eine konvexe Fuzzy-Mengen aus den miteinander verbundenen, ausgewählten projizierten Daten

im probabilistischen als auch im possibilistischen Fall einen positiven Zugehörigkeitsgrad zu allen Clustern aufweist, neigen die Projektionen zum „Ausfransen", d.h., daß sich auch sehr weit entfernt vom Clusterzentrum noch Daten mit nicht verschwindendem Zugehörigkeitsgrad befinden. Um eine zu weite Ausdehnung der aus den Projektionen abgeleiteten Fuzzy-Mengen zu vermeiden, sollten Daten mit einem zu geringem Zugehörigkeitsgrad zum Cluster bei den Projektionen nicht berücksichtigt werden.

Oft sollen die Fuzzy-Mengen für Klassifikationsregeln nicht nur konvex sein, sondern eine vorgegebene parametrische Form haben – etwa Dreiecks-, Trapez- oder Gaußfunktionen mit drei,vier bzw. zwei Parametern (s. Abbildung 3.9). Dann liegt es nahe, die Parameter so zu wählen, daß die Summe der quadratischen Fehler zwischen den aus der Projektion bestimmten und den aus der parametrischen Fuzzy-Menge berechneten Zugehörigkeitsgraden minimiert wird. Dabei ist es wiederum sinnvoll, projizierte Werte mit einem zu geringen Zugehörigkeitsgrad und die bei dem Verfahren zur Konstruktion einer konvexen Fuzzy-Menge zu eliminierenden Werte nicht zu berücksichtigen. Mit welcher Technik die Minimierung der Fehlerquadrate erreicht wird, hängt von der Art der parametrischen Fuzzy-Mengen ab. Im allgemeinen sollte es genügen, auf ein Auffinden der optimalen Parameter zu verzichten und nur eine gute Näherungslösung zu berechnen. In [61] wird ein einfaches heuristisches Verfahren für die näherungsweise Bestimmung trapezförmiger Fuzzy-Mengen beschrieben. Nach einer z.B. zufälligen Initialisierung der vier Parameter wird zyklisch für jeden Parameter überprüft, ob durch eine Verschiebung um einen kleinen vorher festgelegten Wert nach links oder rechts eine Verringerung der Fehlerquadrate erreicht wird. Falls ja, wird die Verschiebung vorgenommen, die das beste Ergebnis liefert. Nach einer festen Anzahl von Schritten oder wenn keine Verbesserung mehr eintritt, wird das Verfahren abgebrochen. Diese Methode läßt sich ohne weiteres auch auf andere als trapezförmige parametrische Fuzzy-Mengen anwenden.

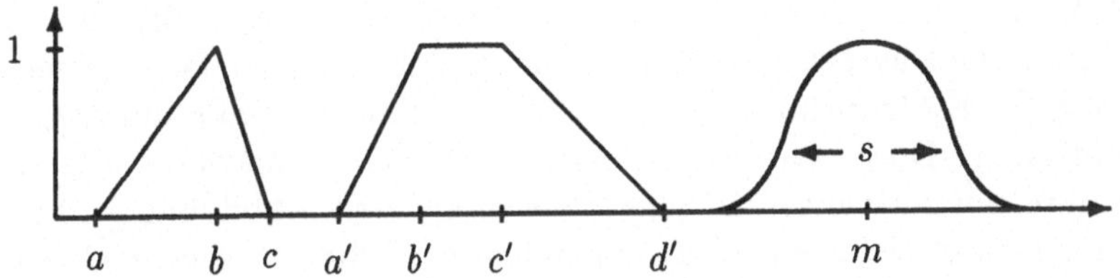

Abbildung 3.9: Parametrische Fuzzy-Mengen

Die Erzeugung einer Klassifikationsregel aus einem Fuzzy-Cluster erfolgt durch die Projektion der Daten mit ihren Zugehörigkeitsgraden zum Cluster in die Dimensionen $1, \ldots, p$. Wie oben bereits erläutert, sollten Daten mit einem zu geringen Zugehörigkeitsgrad bei der Projektion vernachlässigt werden. Aus diesen nur für einzelne Werte definierten Fuzzy-Mengen werden überall definierte Fuzzy-Mengen generiert, indem man entweder wie beschrieben konvexe Fuzzy-Mengen bestimmt oder die Form der Fuzzy-Mengen durch Parameter festlegt und die Parameter so wählt, daß die Summe der quadratischen Fehler der Zugehörigkeitsgrade bei den projizierten Daten minimiert wird. Ist $\mu_i^{(\alpha)}$ die auf diese Weise durch das Cluster i in der Dimension $\alpha \in \{1, \ldots, p\}$ induzierte Fuzzy-Menge, lautet die zugehörige Regel

$$R_i\text{: If } \xi_1 \text{ is } \mu_i^{(1)} \text{ and } \ldots \text{ and } \xi_p \text{ is } \mu_i^{(p)} \text{ then class is } i.$$

Die von einem Fuzzy-Cluster induzierte Klassifikationsregel darf nur als näherungsweise Charakterisierung des Clusters aufgefaßt werden und nicht als exakte Repräsentation. Der Erfüllungsgrad

$$\mu_{R_i}(\xi_1, \ldots, \xi_p) = \min_{\alpha \in \{1,\ldots,p\}} \left\{ \mu_i^{(\alpha)}(\xi_\alpha) \right\}$$

der Klassifikationsregel für ein Datums $(\xi_1, \ldots, \xi_p)$ stimmt im allgemeinen nicht mit dem Zugehörigkeitsgrad des Datums zum Cluster überein, der mit der Formel aus Satz 1.11 bzw. im possibilistischen Fall aus Satz 1.12 berechnet wird. Eine Ursache dafür ist die Approximation der Projektionen der Daten mit ihren Zugehörigkeitsgraden durch konvexe Fuzzy-Mengen. Der Hauptgrund liegt aber in der allgemeinen Problematik, daß bei der Projektion einer Menge oder Fuzzy-Menge ein Informationsverlust in Kauf genommen werden muß. Beim Fuzzy-c-Means-Algorithmus sind die Cluster im Idealfall kugelförmig. Durch die Projektionen ergibt sich bei der Klassifikationsregel statt einer Kugel der kleinste die Kugel einschließende Würfel. Bei dem Gustafson-Kessel- und Gath-Geva-Algorithmus sind die Cluster im Idealfall ellipsoid bzw. ellipsenförmig. Durch die Projektionen erhält man dann den kleinsten die Ellipse einschließenden achsenparallelen Quader. Abbildung 3.10 veranschaulicht diesen Sachverhalt anhand zweier Ellipsen. Hier zeigt sich ein Vorteil der achsenparallelen Varianten des Gustafson-Kessel- und Gath-Geva-Algorithmus bei der Erzeugung von Klassifikationsregeln: Sie sind flexibler als der Fuzzy-c-Means-Algorithmus und haben einen geringeren Informationsverlust bei der Projektion als die Originalalgorithmen zur Folge, da der größte Informationsverlust bei Ellipsoiden in Kauf genommen werden muß, deren Achsen nicht parallel zu den Koordinatenachsen verlaufen. Die achsenparallelen Varianten des Gustafson-Kessel- und Gath-Geva-Algorithmus stellen daher für die Erzeugung von Klassifikationsregeln einen Kompromiß zwischen großer Flexibilität bei der Clusterform und Minimierung des Informationsverlustes dar.

Die Erzeugung von Klassifikationsregeln mit Hilfe von Fuzzy-Clustering zählt zu den nicht überwachten Lernverfahren, die auf Daten angewandt werden, die nicht a priori in Klassen eingeteilt sind. Die Anzahl der durch die Fuzzy-Clusteranalyse erzeugten Regeln ist identisch mit der Anzahl der Klassen und der Cluster. Diese Anzahl kann entweder fest vorgegeben werden oder besser mit einem der Clustergütemaße, die in Kapitel 6 vorgestellt werden, automatisch bestimmt werden.

Sind die gegebenen Daten a bereits in Klassen eingeteilt, muß das Verfahren zur Erzeugung von Klassifikationsregel modifiziert werden [38]. Als Konklusion einer durch ein Cluster induzierten Regel wird nicht mehr die Nummer oder der Name des Clusters verwendet, sondern die

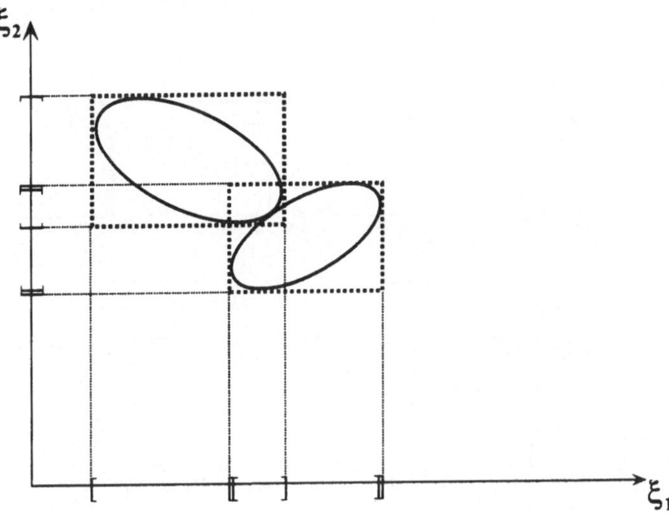

Abbildung 3.10: Informationsverlust durch Projektion zweier ellipsenförmiger Cluster

dem Clusterzentrum zugeordnete Klasse oder, falls diese nicht bekannt, die Klasse des Datums mit dem höchsten Zugehörigkeitsgrad zum Cluster. Offenbar benötigt man für die Lösung eines derartigen Klassifikationsproblems mindestens so viele Regel bzw. Cluster, wie Klassen vorhanden sind. Man verfährt daher so, daß man zunächst die Anzahl der Cluster gleich der Anzahl der Klassen wählt, eine Fuzzy-Clusteranalyse durchführt, Regeln erzeugt und die Daten mit diesen Regeln erneut klassifiziert. Ist die Anzahl der Fehlklassifikationen zu groß, muß die Anzahl der Regeln (Cluster) erhöht werden, so daß für einige Klassen mehrere Regeln nötig sind. Bevor die Clusteranzahl erhöht wird, sollten die Regeln bestimmt werden, die für die meisten Fehlklassifikationen verantwortlich sind. Offenbar müssen die zugehörigen Cluster weiter aufgespalten werden. Dies erreicht man am besten, indem man für die Initialisierung der Fuzzy-Clusteranalyse mit der erhöhten Anzahl von Clustern die alten Clusterzentren wählt und neue Clusterzentren in die Nähe der Cluster positioniert, die für Regeln verantwortlich sind, die viele Fehlklassifikationen erzeugen. Die Anzahl der Cluster wird solange erhöht, bis entweder eine maximale Anzahl von Regeln (Clustern) überschritten oder die Anzahl der Fehlklassifikationen genügend klein ist.

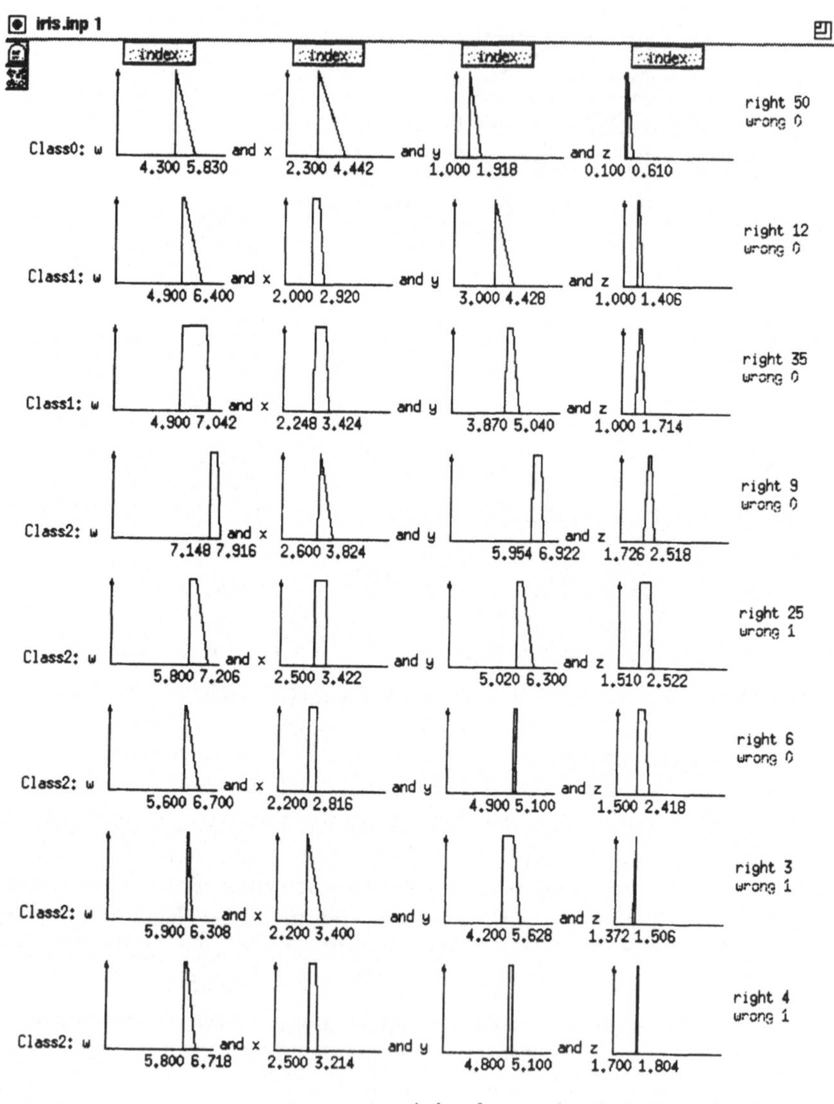

Abbildung 3.11: Durch Clusteranalyse erzeugte Klassifikationsregeln

Abbildung 3.11 zeigt die mit Hilfe dieses Verfahrens gewonnen acht Regeln für die Klassifikation eines Datensatzes mit 150 vierdimensionalen Daten, die a priori in drei Klassen eingeteilt waren. Dabei wurde 5% Fehlklassifikationen zugelassen und die achsenparallele Variante des Gath-Geva-Algorithmus verwendet. Die erzeugten Regeln klassifizieren drei der 150 Daten falsch und für drei weitere ist keine Regel anwendbar, so daß sie keiner Klasse zugeordnet werden können. Dieser Effekt entsteht dadurch, daß für die Regeln trapezförmige Fuzzy-Mengen zur Approximation der Projektionen der Cluster gewählt wurden. Diese Fuzzy-Mengen nehmen zwangsweise ab einer bestimmten Stelle den Zugehörigkeitsgrad Null an, so daß sich ein Abschneiden der Cluster-Ränder nicht vermeiden läßt. Daten, die dort liegen, werden von den Regeln nicht mehr erfaßt. Dieser Effekt wird vermieden, wenn man anstelle trapezförmiger Fuzzy-Mengen z.B. Gaußfunktionen verwendet oder beliebige konvexe Fuzzy-Mengen zuläßt.

Da sich durch die Projektionen der Fuzzy-Cluster bei der Erzeugung von Klassifikationsregeln ein gewisser Informationsverlust nicht vermeiden läßt, sollte man entweder anstelle der Erfüllungsgrade der Regeln direkt die Zugehörigkeitsgrade zu den Clustern verwenden und die Regeln nur als Veranschaulichung der Cluster verstehen oder die Fuzzy-Mengen in den Regeln nachträglich mit anderen Methoden – etwa mit Fuzzy-Neuro-Techniken, wie sie in [55] beschrieben werden – optimieren.

Bei der Verwendung von Fuzzy-Regeln für Klassifikationsprobleme spielt die Interpretierbarkeit der Lösung eine wesentliche Rolle. Dies sollte bei der Vorverarbeitung der Daten, bei der Auswahl der geeigneten Variablen für die Beschreibung der Daten und bei der Optimierung von Fuzzy-Mengen berücksichtigt werden. Liegen die Daten als hundert-dimensionale Vektoren vor, würden Klassifikationsregeln mit 100 Prämissen sicherlich nicht transparent sein. Eine Auswahl von Variablen ist in einem solchen Fall unvermeidlich. In [25] wird ein Ansatz zur Erzeugung von Klassifikationsregeln auf der Grundlage einer Fuzzy-Clusteranalyse mit Hilfe des Gath-Geva-Algorithmus beschrieben. Um den Informationsverlust bei der Projektion der Cluster möglichst gering zu halten, werden die Daten zuerst gemäß der in den Kovarianzmatrizen implizit kodierten Drehungen einer Koordinatentransformation unterzogen, so daß die Cluster nach der Transformation achsenparallel sind. Unter Umständen geht durch eine derartige Transformation zur Verbesserung der Klassifikationsgüte die Interpretierbarkeit der Regeln verloren, die nicht mehr auf den ursprünglichen Variablen, sondern auf lokal unterschiedlichen Transformationen definiert sind.

3.3 Erlernen von Regeln zur Funktionsapproximation

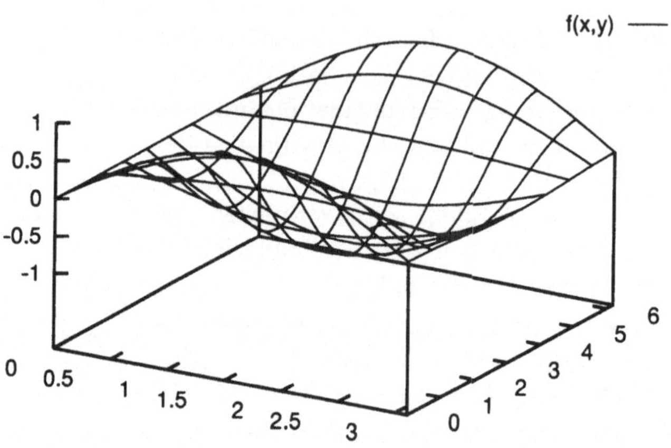

Abbildung 3.12: Die Funktion $f(x, y) = \sin(x) \cdot \cos(y)$

Bei Klassifikationsaufgaben besteht das Ziel in der Zuordnung von Daten zu geeigneten diskreten Klassen, d.h. in der Angabe einer Abbildung des $\mathbb{R}^p$, aus dem die Daten stammen, in eine endliche Menge von Klassen. Wesentlich ist dabei die Entscheidung für eine Klasse. Eine Mittelung oder Interpolation zwischen den Klassen ist nicht möglich. Soll dagegen ein funktionaler Zusammenhang beispielsweise in Form einer Abbildung von $\mathbb{R}^{p-1}$ nach $\mathbb{R}$ beschrieben werden, kann die Interpolation zwischen verschiedenen Funktionswerten einen wesentlichen Beitrag zur Konstruktion einer geeigneten Funktion leisten. Dieser Abschnitt beschäftigt sich mit der Übertragung der Techniken, die die Bestimmung von Klassifikationsregeln aus Fuzzy-Clustern erlaubten, zur Beschreibung funktionaler Zusammenhänge zwischen Daten mit Regeln, wie sie bei Fuzzy-Reglern üblich sind. Fuzzy-Regler erlauben die Darstellung des Übertragungsverhaltens eines Reglers, d.h., des funktionalen Zusammenhangs zwischen Eingangs- und Ausgangsgrößen des Reglers, mit Hilfe von Fuzzy-Regeln. Da es im Prinzip keine Rolle spielt, ob sich die Regeln auf Eingangs- und Ausgangsgrößen eines Reglers oder andere Variable beziehen, zwischen denen ein funktionaler Zusammenhang besteht, sprechen wir im folgenden nur noch von Funktionsapproximation und schließen damit auch das Anwendungsgebiet Fuzzy-Regelung ein.

Wir gehen davon aus, daß ein Datensatz $X \subseteq \mathbb{R}^p$ vorliegt, und vermuten einen funktionalen Zusammenhang zwischen den Variablen $\xi_1, \ldots, \xi_{p-1}$ und ξ_p. Ob die Daten einen regelungstechnischen Zusammenhang beschreiben, etwa wie ein „menschlicher Regler" eine Strecke beherrscht, oder einen Zusammenhang zwischen dem Bruttosozialprodukt, der Einkommenssteigerung und der Inflationsrate herstellen, ist dabei unwesentlich. Daß wir ausschließlich skalare Funktionen betrachten, stellt keine Einschränkung dar, da sich jede vektorwertige Funktion aus skalaren Funktionen zusammensetzt, die wir einzeln betrachten können.

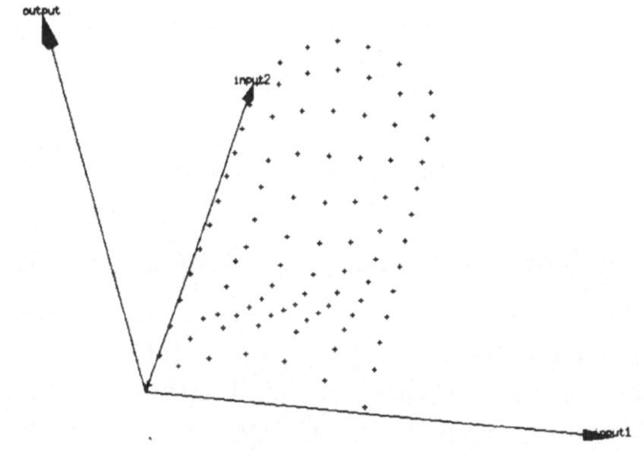

Abbildung 3.13: Der Datensatz für die Clusteranalyse

Soll der vermutete funktionale Zusammenhang mit Fuzzy-Regeln beschrieben werden, ist es naheliegend, die Regeln durch Fuzzy-Clusteranalyse zu erzeugen. In [36] wurde gezeigt, daß jede Regel eines Fuzzy-Reglers mit $(p-1)$ Eingangs- und einer Ausgangsgröße einen „charakteristischen" Punkt auf dem Graphen der Übertragungsfunktion im $\mathbb{R}^p$ repräsentiert. Der Fuzzy-Regler berechnet den unscharfen Ausgangswert für einen gegebenen Eingangsvektor dadurch, daß er den Eingangsvektor mit jedem möglichen Ausgangswert erweitert und dic Ähnlichkeitsgrade dieser Vektoren zu den mit den Regeln assoziierten „charakteristischen" Punkten der Übertragungsfunktion berechnet. Die Ähnlichkeitsgrade werden mittels Skalierungen der euklidischen Abstände auf den Koordinatenachsen bestimmt. Durch die anschließende Defuzzifizierung wird eine Interpolation zwischen den „charakteristischen" Ausgangswerten realisiert.

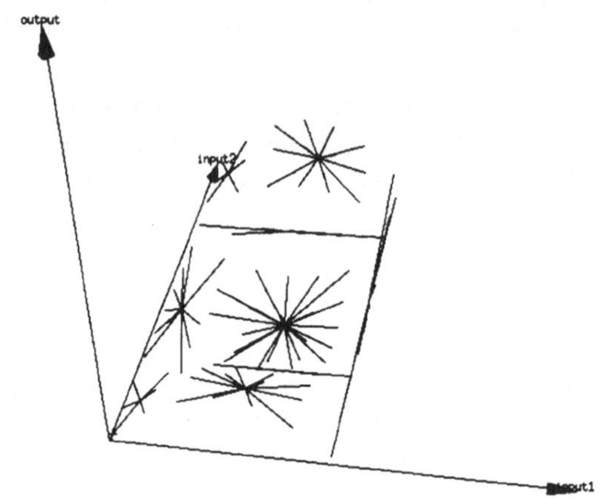

Abbildung 3.14: Das Ergebnis der Clusteranalyse

Wie bei den Klassifikationsregeln dienen daher auch für die Funktionsapproximation die Projektionen der Fuzzy-Cluster zur Erzeugung der Regeln. Allerdings werden nicht nur die $(p-1)$ in der Prämisse einer Regel auftretenden Fuzzy-Mengen durch Projektion gewonnen, sondern auch die den Ausgangswert unscharf charakterisierende Fuzzy-Menge mittels der Projektion der Ausgangsgröße.

Als Beispiel betrachten wir exemplarisch die Funktion $f(x,y) = \sin(x) \cdot \cos(y)$ für $0 \leq x \leq 3.1$ und $0 \leq y \leq 6.2$ (s. Abbildung 3.12). Für die Clusteranalyse verwenden wir 91 annähernd äquidistante Stützstellen (vgl. Abbildung 3.13). Die besten Ergebnisse erhält man mit der achsenparallelen Variante des Gath-Geva-Algorithmus [39]. Bei der Vorgabe von neun Clustern ergibt sich die in Abbildung 3.14 dargestellte Einteilung. Zur graphischen Veranschaulichung wurden die Daten mit den Clusterzentren verbunden, zu denen sie den höchsten Zugehörigkeitsgrad aufweisen. Aus diesen Fuzzy-Clustern erhält man durch Projektion und Approximation der Projektionen durch trapezförmige Fuzzy-Mengen die in Abbildung 3.15 angegebenen Regeln.

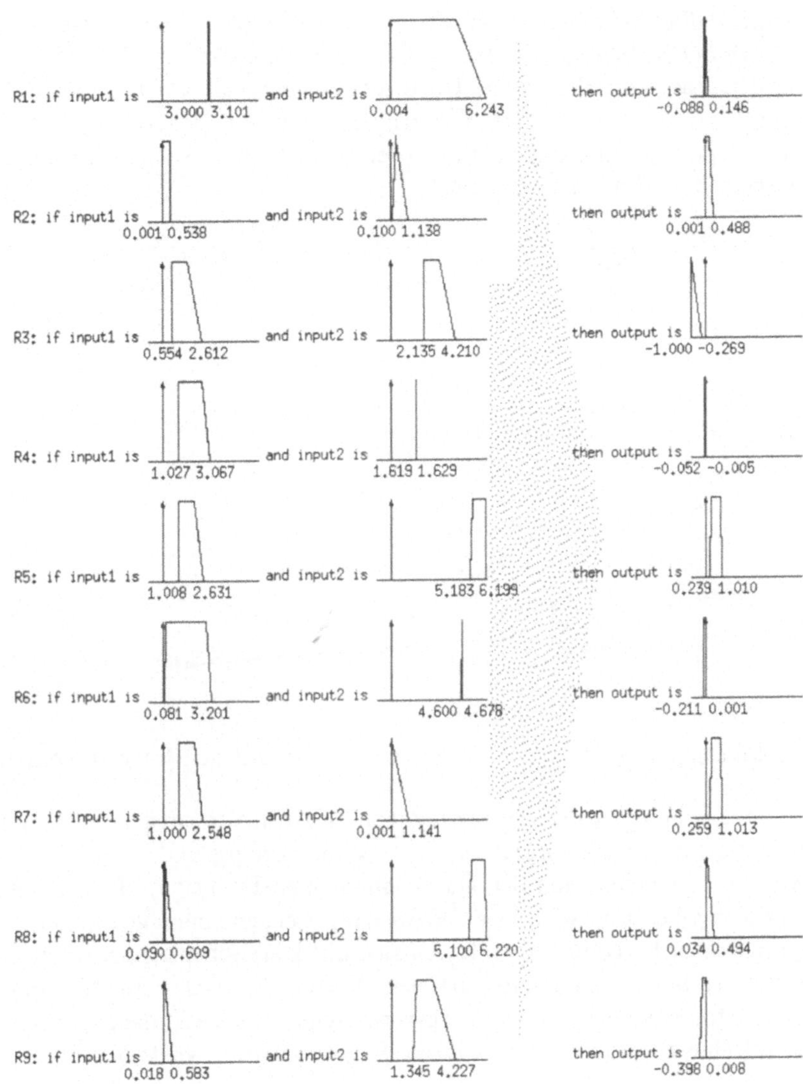

Abbildung 3.15: Die von den Clustern induzierten Regeln

Der Vergleich der Originaldaten mit den durch die Regeln bei der Defuzzifizierung mit der Schwerpunktsmethode erzeugten Ausgangswerte zeigt, daß größere Fehler vor allem in den Randbereichen auftreten. Die Länge der Striche in Abbildung 3.16 zeigt die Größe des Fehlers an. Da in den Randbereichen keine Überlappung mehrerer Cluster möglich ist, muß dort der Ausgangswert durch eine einzelne Regel festgelegt werden, ohne eine Interpolation mit (den nicht vorhandenen) benachbarten Regeln durchführen zu können.

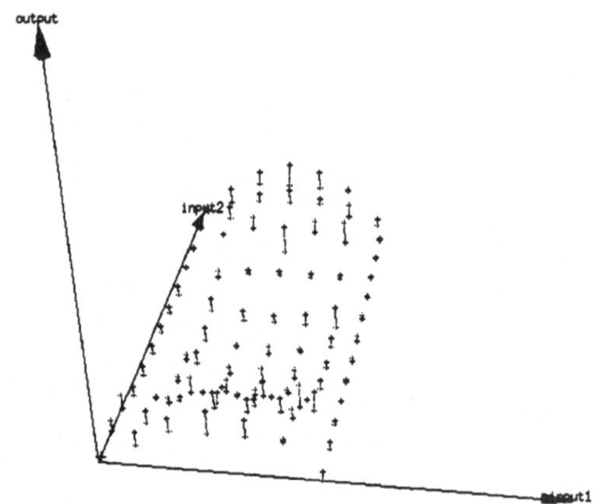

Abbildung 3.16: Vergleich der Originaldaten mit den Regelergebnissen

Wie schon bei der Erzeugung von Klassifikationsregeln steht auch hier die Interpretierbarkeit der Lösung im Vordergrund. Geht es allein um die Approximation der Daten durch eine Funktion, ohne daß eine Erklärung benötigt wird, wie der Ausgangswert zu einem gegebenen Eingangsvektor bestimmt wird, lassen sich mit klassischen Approximationstechniken bessere Ergebnisse erzielen. Wurden die Daten aus Messungen eines Prozesses und des Regelungsverhaltens eines Technikers gewonnen, bietet eine Beschreibung mit Fuzzy-Regeln mehrere Vorteile:

- Die Regeln können vom Techniker auf Plausibilität und Vollständigkeit überprüft werden.
- Die Ergänzung weiterer Regeln oder die Veränderung einzelner Regeln zur Verbesserung des Regelverhaltens läßt sich in transparenter Weise vornehmen.

- Wird der Fuzzy-Regler für die Automatisierung verwendet, läßt sich das Verhalten anhand der Regeln, die zu einer bestimmten Aktion führen, erklären.

- Soll eine mit Hilfe von Regeln beschriebene Steuerung oder Regelung auf einen Prozeß mit leicht veränderten Parametern übertragen werden, bieten die Regeln einen Rahmen, in dem auf die veränderten Parameter zugeschnittene Modifikationen in einfacher Weise vorgenommen werden können.

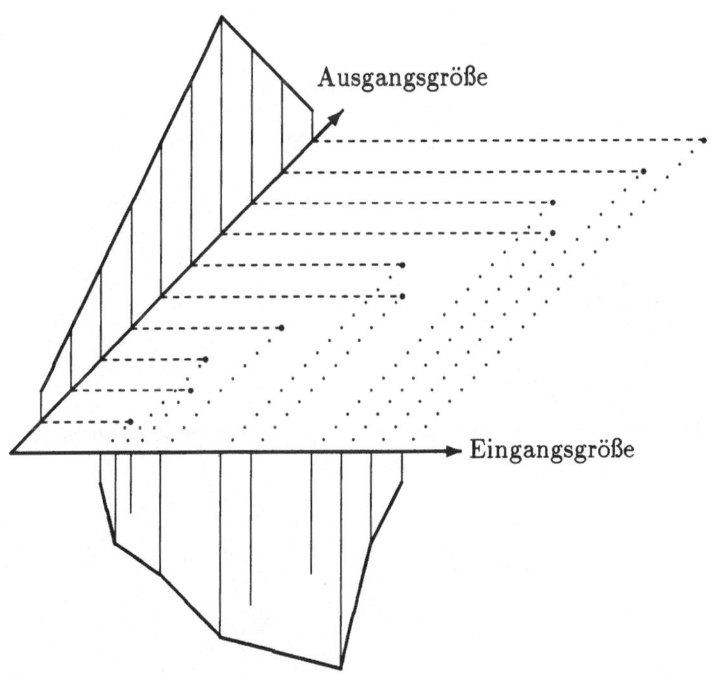

Abbildung 3.17: Bestimmung einer Eingangs-Fuzzy-Menge aus einem Ausgangscluster

In [61] wird vorgeschlagen, die Fuzzy-Clusteranalyse nur auf die Werte der Ausgangsgröße anzuwenden. Ein Fuzzy-Cluster, das auf diese Weise gewonnen wurde, induziert für jede Eingangsgröße ein Fuzzy-Cluster, indem man dem Eingangswert $x_{j,\alpha}$ in der α-ten Eingangsgröße den Zugehörigkeitsgrad des entsprechenden Ausgangswertes $x_{j,p}$ zum betrachteten Cluster zuordnet. Abbildung 3.17 veranschaulicht dieses Verfahren. Anschließend müssen aus den eindimensionalen Clustern wieder konvexe Fuzzy-Mengen erzeugt werden. Wie in der Abbildung 3.17 zu sehen ist, müssen unter Umständen bei der Eingangsgröße Werte eliminiert werden, um Konvexität zu garantieren, obwohl bei der Ausgangsgröße alle Werte für die Bildung der konvexen Fuzzy-Menge herangezogen werden. Es kann sogar sinnvoll sein, wie in Abbildung 3.18 ein Cluster in der Eingangsgröße in mehrere Cluster aufzuspalten. In diesem Fall induziert ein Cluster in der Ausgangsgröße mehrere Regeln.

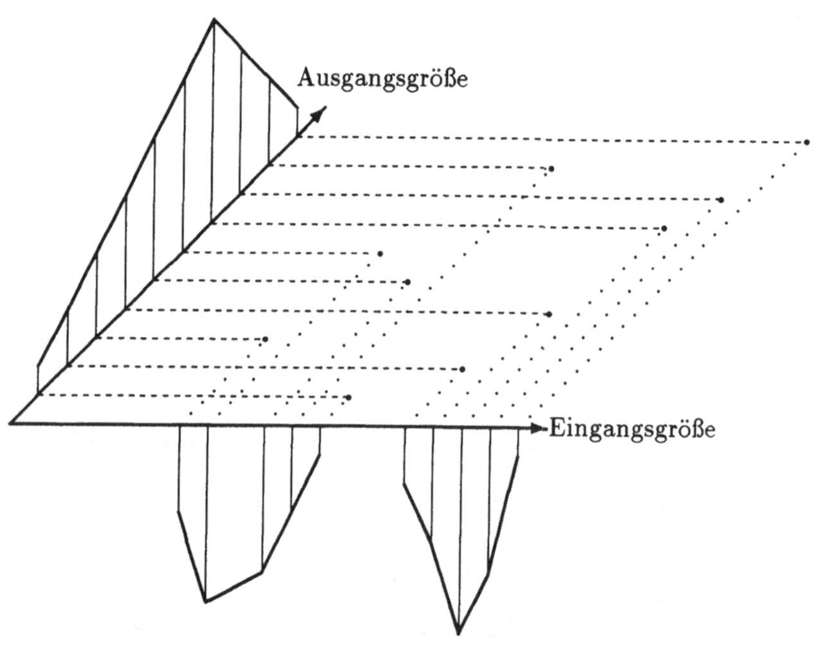

Abbildung 3.18: Bestimmung zweier Eingangs-Fuzzy-Mengen aus einem Ausgangscluster

Wie schon bei der Erzeugung von Klassifikationsregeln mittels Fuzzy-Clusteranalyse steht bei den Regeln zur Funktionsapproximation die Interpretierbarkeit im Vordergrund. Eine nachträgliche problemangepaßte Optimierung der Fuzzy-Mengen z.B. mit speziellen Neuro-Fuzzy-Methoden [55] führt im allgemeinen noch zu verbesserten Resultaten.

Die Ansätze zum Erlernen von Regeln zur Funktionsapproximation, die wir bisher betrachtet haben, ergeben ein System von Regeln, wie es bei Mamdani-Reglern üblich ist, die Fuzzy-Mengen zur Beschreibung der Eingangsgrößen und der Ausgangsgröße verwenden. Im Gegensatz dazu sind bei Takagi-Sugeno-Reglern Fuzzy-Mengen nur für die Eingangsgrößen zulässig, während der Wert der Ausgangsgröße durch eine im allgemeinen lineare Funktion beschrieben wird, d.h., die Regeln sind von der Art

$$\begin{aligned} R\text{: If } \xi_1 \text{ is } \mu_R^{(1)} \text{ and } \ldots \text{ and } \xi_{p-1} \text{ is } \mu_R^{(p-1)} \\ \text{then } \xi_p = f_R(\xi_1, \ldots, \xi_{p-1}), \end{aligned}$$

wobei die Funktionen f_R meistens in der Form

$$f_R(\xi_1, \ldots, \xi_{p-1}) = a_0 + \sum_{\alpha=1}^{p-1} a_\alpha \xi_\alpha$$

definiert werden. Der Ausgangswert ξ_p bei gegebenem Eingangsvektor $(\xi_1, \ldots, \xi_{p-1})$ bestimmt sich dann mit der Formel

$$\xi_p = \frac{\sum_R \mu_R(\xi_1, \ldots, \xi_{p-1}) f_R(\xi_1, \ldots, \xi_{p-1})}{\sum_R \mu_R(\xi_1, \ldots, \xi_{p-1})},$$

wobei

$$\mu_R(\xi_1, \ldots, \xi_{p-1}) = \min\{\mu_1(\xi_1), \ldots, \mu_{p-1}(\xi_{p-1})\}$$

der Erfüllungsgrad der Regel R ist.

In [57, 58] wird vorgeschlagen, den zur Erkennung von Hyberebenen verwendbaren Fuzzy-c-Elliptotypes-Algorithmus, den wir im Kapitel 4 (siehe Seite 99) vorstellen werden, für die Erzeugung von Regeln für Takagi-Sugeno-Regler zu verwenden. Die Fuzzy-Mengen werden wieder mittels Projektion der Cluster berechnet, während der durch das Cluster i induzierten Regel als Ausgabe die lineare Funktion f_{R_i} zugeordnet wird, die der linearen Mannigfaltigkeit entspricht, die dem jeweiligen Cluster durch den Fuzzy-c-Elliptotypes-Algorithmus zugeordnet wird. Als Dimension der linearen Mannigfaltigkeit ist bei $(p-1)$ Eingangsgrößen ebenfalls $(p-1)$ zu wählen. Im Prinzip stellt diese Methode eine Erweiterung der in [65] vorgestellten Technik dar, die mit Hilfe des Fuzzy-c-Elliptotypes-Algorithmus gegebene Daten lokal linear approximiert.

Die Arbeiten [1, 33] beschreiben ähnlich wie [54] ein Verfahren zur Erzeugung eines Takagi-Sugeno-Reglers mit Hilfe des Gustafson-Kessel-Algorithmus. Die linearen Funktionen f_{R_i} werden aus den Clusterzentren und den Matrizen S_i auf ähnliche Weise ermittelt wie bei der Erkennung von Geraden mit Hilfe des Gustafson-Kessel-Algorithmus (s. Abschnitt 4.3). Bei $(p-1)$ Eingangsgrößen wird die lineare Funktion, die in der Konklusion der vom Cluster i induzierten Regel auftritt, durch die lineare Mannigfaltigkeit festgelegt, die durch das Clusterzentrum v_i verläuft und von den Eigenvektoren der Matrix S_i zu den $(p-1)$ größten Eigenwerten aufgespannt wird.

Kapitel 4

Linear-Clustering-Verfahren

In diesem Kapitel werden Fuzzy-Clustering-Verfahren vorgestellt, die lineare Abhängigkeiten zwischen den Daten erkennen. Im Gegensatz zur herkömmlichen Regressionsanalyse können durch mehrere Cluster aber komplexere Zusammenhänge erfaßt werden, die beispielsweise zur Regelerzeugung und Funktionsapproximation herangezogen werden können (siehe Kapitel 3).

Zur Abschätzung der Leistungsfähigkeit dieser Algorithmen bedienen wir uns zweidimensionaler Beispiele aus der Bildverarbeitung, in denen wir Geraden erkennen wollen. Die geschlossenen Flächen eines aufgenommenen Objekts können durch Bildbearbeitungssoftware mit Hilfe von sogenannten *Konturoperatoren* auf die umrahmenden Linien reduziert werden. Für die weitere Verarbeitung auf höherer Ebene ist die Kenntnis dieser Rahmenlinien Voraussetzung. Die Detektion dieser Linien ist eine Anwendung für die Algorithmen aus diesem Kapitel.

4.1 Der Fuzzy-c-Varieties-Algorithmus

Der Fuzzy-c-Varieties-Algorithmus wurde von Bezdek [8, 7] zur Erkennung von Linien, Ebenen oder Hyperebenen entwickelt. Jedes Cluster stellt eine r-dimensionale Mannigfaltigkeit dar, $r \in \{0, \dots, p-1\}$, wobei p die Dimension des Datenraums ist. Das Cluster k_i wird im Punkt v_i durch die orthogonalen Einheitsvektoren $e_{i,1}, e_{i,2}, \dots, e_{i,r}$ aufgespannt.

Ein Cluster ist also ein affiner Teilraum

$$v_i + < e_{i,1}, e_{i,2}, ..., e_{i,r} > = \{y \in \mathbb{R}^p \mid y = v_i + \sum_{j=1}^{r} t_j e_{i,j},\ t \in \mathbb{R}^r\}.$$

Für $r = 1$ handelt es sich bei der Mannigfaltigkeit damit um eine Gerade, für $r = 2$ um eine Ebene und für $r = p - 1$ um eine Hyperebene. Im Fall $r = 0$ reduziert sich der Algorithmus auf die Erkennung von punktförmigen Clustern und degeneriert zum Fuzzy-c-Means. (Punktförmig bezieht sich hier auf die Menge der Punkte, die den Abstand Null zum Cluster aufweisen.) Dabei ist r für alle Cluster einmalig festgelegt, der Algorithmus bestimmt r nicht für jedes Cluster selbständig. Das verwendete Abstandsmaß ist $d^2(x, (v, (e_1, e_2, ..., e_r))) = ||x - v||^2 - \sum_{j=1}^{r}((x - v)^\top e_j)^2$. Es liefert den quadratischen Abstand eines Vektors x von der r-dimensionalen Mannigfaltigkeit. Für $r = 0$ verschwindet der Summenausdruck, so daß die FCV-Distanzfunktion identisch zur FCM-Distanzfunktion wird. Die Wahl der Cluster bei gegebenen Zugehörigkeiten geschieht nach Satz 4.3. Zuvor noch zwei Bemerkungen:

Bemerkung 4.1 (Invarianz bezüglich Orthonormalbasis) *Für jede Orthonormalbasis $E := \{e_1, e_2, \ldots, e_p\}$ des $\mathbb{R}^p$ und jeden Vektor $x \in \mathbb{R}^p$ gilt:*

$$||x||^2 = \sum_{j=1}^{p}(x^\top e_j)^2.$$

Beweis: Sei $S := \{s_1, s_2, \ldots, s_p\}$ die Standardbasis des $\mathbb{R}^p$, sei $E := \{e_1, e_2, \ldots, e_p\}$ eine beliebige Orthonormalbasis des $\mathbb{R}^p$. Da E eine Basis ist, finden wir für jedes $i \in \{1, 2, ..., p\}$ Faktoren $a_{1,i}, a_{2,i}, ..., a_{p,i}$ mit $\sum_{j=1}^{p} a_{j,i} e_j = s_i$. Aus der Normierung ($e_j^\top e_j = 1$) und der Orthogonalität ($e_j^\top e_i = 0$ für $i \neq j$) beider Basen folgt: $1 = ||s_i||^2 = s_i^\top s_i = (\sum_{j=1}^{p} a_{j,i} e_j)^\top (\sum_{j=1}^{p} a_{j,i} e_j) = \sum_{j=1}^{p} a_{j,i}^2 e_j^\top e_j = \sum_{j=1}^{p} a_{j,i}^2$. Also gilt auch $||x||^2 = \sum_{i=1}^{p}(x^\top s_i)^2 = \sum_{i=1}^{p}(\sum_{j=1}^{p} a_{j,i} x^\top e_j)^2 = \sum_{i=1}^{p}\sum_{j=1}^{p}(a_{j,i} x^\top e_j)^2 = \sum_{j=1}^{p}(x^\top e_j)^2 \sum_{i=1}^{p} a_{j,i}^2 = \sum_{j=1}^{p}(x^\top e_j)^2$. ∎

Bemerkung 4.2 (Bedeutung des maximalen Eigenwertes) *Sei $p \in \mathbb{N}$, $C \in \mathbb{R}^{p \times p}$ eine Matrix, deren normierte Eigenvektoren $e_1, e_2, \ldots, e_p$ mit den zugehörigen Eigenwerten $\lambda_1, \lambda_2, \ldots, \lambda_p$ eine Orthonormalbasis des $\mathbb{R}^p$ bilden. Dann gilt*

$$\max\{x^\top Cx \mid x \in \mathbb{R}^p,\ \|x\| = 1\} \;=\; \max\{\lambda_i \mid i \in \mathbb{N}_{\le p}\}.$$

Beweis: Die normierten Eigenvektoren $e_1, e_2, \ldots, e_p$ bilden eine Orthonormalbasis des $\mathbb{R}^p$. Sei $x \in \mathbb{R}^p$ mit $\|x\| = 1$. Dann findet man $\alpha_1, \alpha_2, ..., \alpha_p \in \mathbb{R}$ mit $\sum_{i=1}^p \alpha_i e_i = x$. Aus der Orthogonalität und Normierung der Eigenvektoren folgt dann $x^\top Cx = x^\top C(\sum_{i=1}^p \alpha_i e_i) = x^\top(\sum_{i=1}^p \alpha_i Ce_i) = (\sum_{i=1}^p \alpha_i e_i)^\top(\sum_{i=1}^p \alpha_i \lambda_i e_i) = \sum_{i=1}^p \alpha_i^2 \lambda_i$. Für die α-Faktoren folgt aus der Normierung von x: $1 = \|x\|^2 = x^\top x = (\sum_{i=1}^p \alpha_i e_i)^\top(\sum_{i=1}^p \alpha_i e_i) = \sum_{i=1}^p \alpha_i^2$. Da die Summe der α-Quadrate 1 ergibt, kann keiner der Faktoren α_i^2 selbst echt größer als 1 werden. Die Linearkombination der Eigenwerte mit den α_i^2-Faktoren wird maximal, wenn $\alpha_i = 1$ und i der Index des größten Eigenwertes ist. Also $x = e_i$. ■

Satz 4.3 (Prototypen des FCV) *Sei $p \in \mathbb{N}$, $r \in \mathbb{N}_{<p}$, $D := \mathbb{R}^p$, $X = \{x_1, x_2, \ldots, x_n\} \subseteq D$, $C := \mathbb{R}^p \times \{e \in (\mathbb{R}^p)^r \mid \|e_i\| = 1,\ e_i^\top e_j = 0$ für $i \neq j$ mit $i, j \in \mathbb{N}_{\le r}\}$, $c \in \mathbb{N}$, $E := \mathcal{P}_c(C)$, b nach (1.7) mit $m \in \mathbb{R}_{>1}$ und*

$$d^2 : D \times C \to \mathbb{R},\ (x, (v, e)) \mapsto \|x - v\|^2 - \sum_{l=1}^{r}((x - v)^\top e_l)^2.$$

Wird b bezüglich allen probabilistischen Clustereinteilungen $X \to F(K)$ mit $K = \{k_1, k_2, \ldots, k_c\} \in E$ bei gegebenen Zugehörigkeiten $f(x_j)(k_i) = u_{i,j}$ durch $f : X \to F(K)$ minimiert, so gilt mit $k_i = (v_i, (e_{i,1}, e_{i,2}, ..., e_{i,r}))$:

$$\begin{aligned} v_i &= \frac{\sum_{j=1}^n u_{i,j}^m x_j}{\sum_{j=1}^n u_{i,j}^m} \\ e_{i,l} &\ \text{ist } l\text{-ter normierter Eigenvektor von } C_i \quad \text{für } l \in \mathbb{N}_{\le r} \\ C_i &= \frac{\sum_{j=1}^n u_{i,j}^m (x_j - v_i)(x_j - v_i)^\top}{\sum_{j=1}^n u_{i,j}^m}, \end{aligned}$$

wobei die Eigenvektoren so sortiert sind, daß die ersten r Eigenvektoren die größten zugehörigen Eigenwerte besitzen.

Beweis: Die probabilistische Clustereinteilung $f : X \to F(K)$ minimiere die Bewertungsfunktion b. Sei also $r \in \mathbb{N}_{\leq p}$ und $k \in K$ mit $k = (v, (e_1, e_2, ..., e_r))$. Dann findet man eine Basiserweiterung $\{e_{r+1}, e_{r+2}, ..., e_p\}$ zu $\{e_1, e_2, ..., e_r\}$ so, daß $E := \{e_1, e_2, ..., e_p\}$ eine Orthonormalbasis des $\mathbb{R}^p$ ist. Der euklidische Abstand ist nach Bemerkung 4.1 invariant bezüglich der Orthonormalbasis, womit für die Distanz folgt

$$\begin{aligned} d^2(x, (v, (e_1, e_2, ..., e_r))) &= \|x - v\|^2 - \sum_{l=1}^{r}((x - v)^\top e_l)^2 \\ &= \sum_{l=1}^{p}((x - v)^\top e_l)^2 - \sum_{l=1}^{r}((x - v)^\top e_l)^2 \\ &= \sum_{l=r+1}^{p}((x - v)^\top e_l)^2 \quad . \end{aligned}$$

Da $b(f)$ minimal ist, folgt notwendig $\frac{\partial}{\partial v} b(f) = 0$. Mit $u_j = f(x_j)(k)$ folgt also für alle $\xi \in \mathbb{R}^p$

$$\begin{aligned} 0 &= \frac{\partial}{\partial v} \sum_{j=1}^{n} u_j d^2(x_j, (v, (e_1, e_2, ..., e_r))) \\ &= \frac{\partial}{\partial v} \sum_{j=1}^{n} u_j \sum_{l=r+1}^{p} ((x_j - v)^\top e_l)^2 \\ &= \sum_{j=1}^{n} u_j \sum_{l=r+1}^{p} \frac{\partial}{\partial v}((x_j - v)^\top e_l)^2 \\ &= \sum_{j=1}^{n} u_j \sum_{l=r+1}^{p} -2(x_j - v)^\top e_l \cdot \xi^\top e_l \\ &= \left(\sum_{l=r+1}^{p} \left(\sum_{j=1}^{n} u_j (x_j - v)^\top e_l \right) e_l^\top \right) \xi \quad . \end{aligned}$$

Da diese Gleichung für alle ξ gilt, muß der linke Ausdruck der letzten Gleichung identisch Null sein. Dieser Ausdruck ist jedoch eine Linearkombination von $p - r - 1$ orthonormalen Basisvektoren, so daß es nur eine triviale Nullsumme gibt. Also folgt für jedes $l \in \{r+1, r+2, ..., p\}$

$$\begin{aligned} 0 &= \sum_{j=1}^{n} u_j (x_j - v)^\top e_l \\ \Leftrightarrow \quad \sum_{j=1}^{n} u_j x_j^\top e_l &= \sum_{j=1}^{n} u_j v^\top e_l \\ \Leftrightarrow \quad v^\top e_l &= \frac{\sum_{j=1}^{n} u_j x_j^\top e_l}{\sum_{j=1}^{n} u_j}. \end{aligned}$$

Die letzte Gleichung sagt aus, daß sich die l-te Koordinate von v im E-System aus den l-ten Koordinaten der x_j im E-System ergibt. Führen wir also eine Koordinatentransformation $\psi : \mathbb{R}^p \to \mathbb{R}^p$ ein, die die Vektoren des $\mathbb{R}^p$ von den Standardkoordinaten in E-Koordinaten überführt, so liest sich diese Gleichung als

$$\psi(v)_l = \frac{\sum_{j=1}^{n} u_j \psi(x_j)_l}{\sum_{j=1}^{n} u_j}, \tag{4.1}$$

wobei mit y_l die l-te Koordinate eines Vektors y bezeichnet sei. Die Koordinaten $r+1, r+2, ..., p$ sind somit gegeben. Da die ersten r Basisvektoren unsere Mannigfaltigkeit aufspannen, können wir für sie beliebige Koordinaten annehmen, da wir stets innerhalb der Mannigfaltigkeit bleiben, d.h. die Distanz von Datum zu Mannigfaltigkeit nicht ändern. Wir wählen daher diese Koordinaten analog zu (4.1). Damit läßt sich v als

$$\psi(v) = \frac{\sum_{j=1}^{n} u_j \psi(x_j)}{\sum_{j=1}^{n} u_j} \tag{4.2}$$

schreiben. Da die Abbildung ψ als lineare Abbildung mit $\psi(\mathbb{R}^p) = \mathbb{R}^p$ ein Vektorraum-Isomorphismus ist (und damit auch ψ^{-1}), folgt aus (4.2):

$$\begin{aligned} v &= \psi^{-1}(\psi(v)) \\ &= \psi^{-1}\left(\frac{\sum_{j=1}^{n} u_j \psi(x_j)}{\sum_{j=1}^{n} u_j}\right) \\ &= \frac{\sum_{j=1}^{n} u_j \psi^{-1}(\psi(x_j))}{\sum_{j=1}^{n} u_j} \\ &= \frac{\sum_{j=1}^{n} u_j x_j}{\sum_{j=1}^{n} u_j} \quad . \end{aligned}$$

Es bleibt die Wahl der Richtungsvektoren der Mannigfaltigkeit. Ohne Beschränkung der Allgemeinheit sei nun der Positionsvektor der Mannigfaltigkeit der Nullvektor. Da die Richtungsvektoren nur in Ausdrücken vorkommen, die nicht-positiv in die Bewertungsfunktion einfließen, bedeutet die Minimalität der Bewertungsfunktion an der Stelle f, daß $\sum_{j=1}^{n} u_j (x_j^\top e_l)^2 = \sum_{j=1}^{n} u_j e_l^\top (x_j x_j^\top) e_l = e_l^\top \left(\sum_{j=1}^{n} u_j x_j x_j^\top\right) e_l$ für jedes $l \in \mathbb{N}_{\leq r}$ maximal ist. Mit Bemerkung 4.2 folgt dann, daß die e_l, $l \in \mathbb{N}_{\leq r}$, die r Eigenvektoren der Matrix $\sum_{j=1}^{n} u_j x_j x_j^\top$ mit den größten zugehörigen Eigenwerten sind. ■

Abbildung 4.1: FCV-Analyse

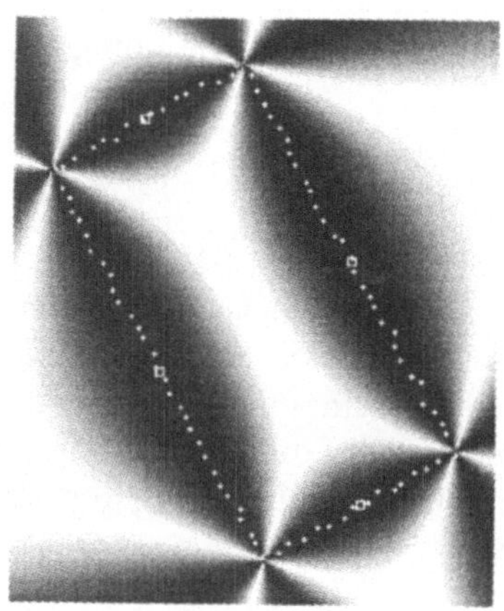

Abbildung 4.2: FCV-Analyse

Mit den Clustereinteilungen aus Abbildung 4.1 und 4.2 zeigt der Fuzzy-c-Varieties seine Eignung für die Erkennung von Linien. Die drei gekreuzten Linien wurden ebenso gut erkannt wie die vier Begrenzungen des gedrehten Rechtecks. Anhand der Zugehörigkeiten in diesen beiden Abbildungen läßt sich aber bereits erkennen, daß die Gebiete hoher Zugehörigkeit über die Geradenstücke hinausgehen. Für die Bildverarbeitung liegt das Interesse eigentlich gar nicht bei Geraden, sondern bei Geradenstücken, da die Begrenzungslinien abgebildeter Gegenstände immer von endlicher Länge sind. Eine eindimensionale Mannigfaltigkeit, eine Gerade, hat aber unendliche Ausdehnung. Bei den Abbildungen 4.1 und 4.2 liegen im weiteren Verlauf der Geraden keine Daten mehr, so daß die unendliche Ausdehnung der Cluster hier zu keinen unerwünschten Nebeneffekten führt. Dies ist in Abbildung 4.3 jedoch ganz anders.

Je zwei der vier Geradenstücke in diesem Beispiel liegen auf einer Geraden. Da jedes Cluster unendliche Ausdehnung hat, erkennt der Algorithmus je zwei Geradenstücke korrekt als eine Gerade. Für eine optimale Einteilung im Sinne der Minimierung der Bewertungsfunktion reichen dem FCV zwei Cluster. Die optimale Einteilung im Sinne der Bildverarbeitung bezieht sich aber auf Geradenstücke, also eine Einteilung in vier Cluster. Für den FCV sind zwei Cluster *zuviel* vorhanden. Die Zugehörigkeiten zu diesen Clustern sind allesamt sehr gering, weil die Daten bereits auf zwei Cluster verteilt wurden. Nur an den Stellen, an denen die *übrigen* Cluster wegen ihrer unendlichen Ausdehnung die anderen Cluster schneiden, gibt es auch für diese höhere Zugehörigkeiten. Im Extremfall werden dadurch aber nur zwei Daten (auf jedem Schnittpunkt eins) den überzähligen Clustern zugeordnet. Diese wenigen hohen Zugehörigkeiten sorgen dann für die Stabilisierung in dieser (willkürlichen) Lage, da keine weiteren Daten Einfluß auf die Lage der Cluster nehmen.

Abbildung 4.3: FCV-Analyse

In diesem Beispiel spielte auch die Initialisierung der Prototypen für das Clusterergebnis eine Rolle. Standardmäßig sind die Prototypen entlang der x-Achse äquidistant initialisiert. Mit dieser Vorgabe erkennt der Algorithmus vier beinahe parallele, senkrechte Linien in Abbildung 4.3. Die Initialisierung liegt also nahe einem lokalen Minimum . Daher wurde eine Fuzzy-c-Means-Initialisierung über 5 Iterationsschritte vorgeschaltet. Dadurch wandern die Prototypen aufgrund der recht weit auseinanderliegenden Cluster schon in die Nähe der intuitiven Prototypen. Dennoch sind durch die unendliche Ausdehnung der Geradencluster die kollinearen Geradenstücke wieder zusammengefaßt worden.

Abbildung 4.4: FCV-Analyse

Lokale Minima sind verstärkt zu beobachten, je mehr Cluster einzuteilen sind. Abbildung 4.4 zeigt so einen Fall. Werden im Verlauf des Algorithmus die Daten durch einige wenige Cluster fast unter sich aufgeteilt, so können durch die unendliche Ausdehnung der Cluster alle restlichen Daten – trotz großer Entfernung voneinander – von den übrigen Clustern abgedeckt werden. In Abbildung 4.4 sorgen die langen Kanten des unteren Rechtecks durch ihre hohe Zahl von Bildpunkten für eine schnelle Ausrichtung aller Cluster in dieser Richtung. Durch nur zwei Cluster wird nun ein Großteil der Daten erfaßt. Die restlichen Cluster decken den Rest der Daten durch ihre relativ große Anzahl und parallele Ausrichtung flächig ab. Mag dieses Analyseergebnis im Sinne der Bewertungsfunktion auch (lokal) optimal sein, im Sinne der Bilderkennung ist sie es jedenfalls nicht. Für die Bildverarbeitung ist der Algorithmus zur Erkennung von Geradenstücken nur bedingt zu gebrauchen.

Eine mögliche Lösung dieses Problems wurde von Bezdek [8] vorgeschlagen und beruht auf einer Änderung der Distanzfunktion. Um auch die Ausdehnung der Daten innerhalb des affinen Teilraums zu berücksichtigen, wird der euklidische Abstand der Daten zum Positionsvektor v des Prototypen (v, e) in einem bestimmten Verhältnis zur bereits bekannten Distanzfunktion addiert:

$$d^2_{FCE}(x,(v,e)) = \alpha d^2(x,(v,e)) + (1-\alpha)||x-v||^2.$$

Bei Wahl der Prototypen nach Satz 4.3 leistet der resultierende *Fuzzy-c-Elliptotypes-Algorithmus* im Sinne der Erkennung von Geradenstücken bessere Arbeit. Durch den Faktor α kann eine Deformation der Cluster von kugelförmig ($\alpha = 0$) bis linear ($\alpha = 1$) erfolgen. Für die Formen zwischen den Extremen schuf Bezdek den Begriff *Elliptotype* . Mit $\alpha = 0.9$ lassen sich einige der FCV-Problemfälle bereits erfolgreich clustern. Der α-Wert ist jedoch für alle Cluster einmalig zu wählen. (Siehe auch Abschnitt 4.2.)

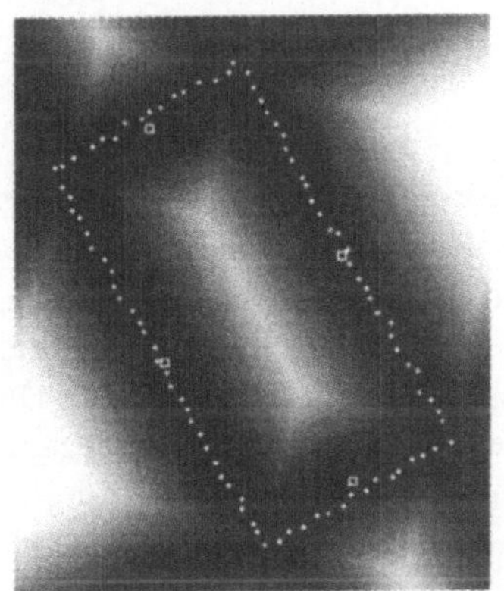

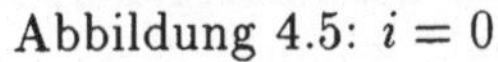

Abbildung 4.5: $i = 0$

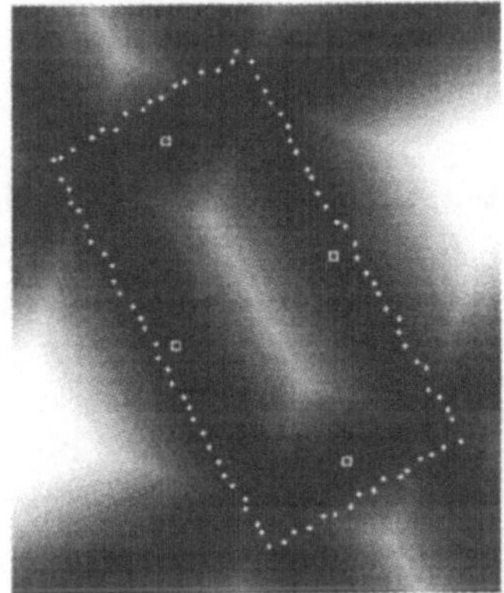

Abbildung 4.6: $i = 10$

Ein weiteres Problem ergibt sich beim Fuzzy-c-Varieties-Algorithmus bei dem Versuch, eine possibilistische Clustereinteilung vorzunehmen. Entlang einer Geraden sind die Abstände der Daten sehr gering, woraus hohe Zugehörigkeiten zu dieser Geraden folgen. Durch die Normierung der Zugehörigkeiten beim probabilistischen Clustering wurden automatisch die Zugehörigkeiten dieser Daten zu den anderen Clustern sehr gering. Dieser Zwang besteht beim possibilistischen Clustering nicht mehr. Bereits im ersten Schritt des possibilistischen Clustering wandern die beiden Cluster der kürzeren Geradenstücke aus Abbildung 4.5 ein Stück in Richtung Rechteckmittelpunkt. Das liegt daran, daß die Punkte der längeren Linien in der Nähe der kurzen Kanten nun eine höhere Zugehörigkeit zu den Clustern der kurzen Kanten bekommen. Der im Vergleich viel geringere Abstand zu den Clustern der längeren

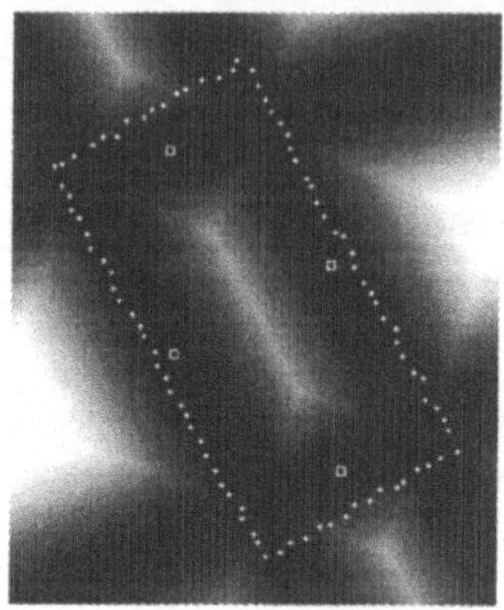

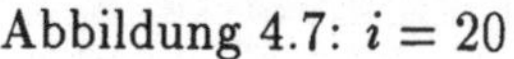

Abbildung 4.7: $i = 20$

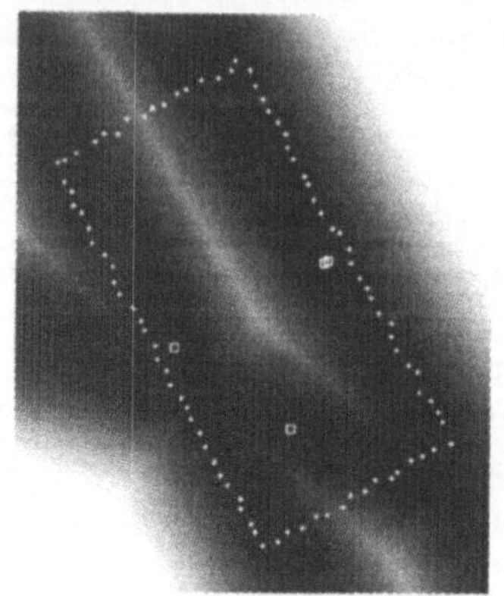

Abbildung 4.8: $i = 40$

Kanten wird bei der Vergabe der Zugehörigkeiten nicht berücksichtigt. So wandern die Cluster allesamt in Richtung Rechteckzentrum. Dabei können die kürzeren Kanten ein größeres Stück wandern, da die Cluster gegenüber den längeren Kanten von weniger Daten in ihrer Lage gehalten werden. Abbildung 4.6 zeigt den Zustand nach zehn Schritten. Durch die ungleichmäßige Verteilung der Daten auf den Rechteckbegrenzungen kann es passieren, daß eine Gerade nicht parallel zur ursprünglichen Geraden verschoben wird. Diese Tendenz ist nach 20 Iterationsschritten beim oberen Cluster schon zu beobachten, wie Abbildung 4.7 zeigt. Nach 40 Iterationsschritten, Abbildung 4.8, ist das Endergebnis abzusehen, beide Cluster der kürzeren Rechtecklinien wandern stark aus und drehen sich auf die Lage der längeren Linien. Das (ehemals) obere Cluster deckt sich bereits mit dem rechten Cluster, die Clustereinteilung ist unbefriedigend.

4.2 Der Adaptive-Fuzzy-Clustering-Algorithmus

Um Geradenstücke statt der Geraden erkennen zu können, wurde der Adaptive-Fuzzy-Clustering-Algorithmus entwickelt. Indem künstlich die *Ausdehnung* der Geraden berücksichtigt wird, werden weiter entfernt liegende Geradenstücke auch unterschiedlichen Clustern zugeordnet. Wie bereits im letzten Abschnitt erwähnt, wird gegenüber dem Fuzzy-c-

Varieties eine modifizierte Distanzfunktion verwendet. Mit den Bezeichnungen aus Satz 4.3 definieren wir

$$d^2 : D \times C \to \mathbb{R},$$

$$\begin{aligned}(x,(v,e)) &\mapsto \alpha\left(\|x-v\|^2 - \sum_{j=1}^{r}((x-v)^\top e_j)^2\right) + (1-\alpha)\|x-v\|^2 \\ &= \|x-v\|^2 - \alpha\sum_{j=1}^{r}((x-v)^\top e_j)^2 \quad .\end{aligned}$$

Durch die Wahl von α kann die Form von punktförmigen Clustern ($\alpha = 0$) über elliptische Formen ($\alpha \in]0,1[$) bis zu Geraden ($\alpha = 1$) verändert werden. Bei einem für alle Cluster konstanten Wert α ist diese Modifikation des Fuzzy-c-Varieties als Fuzzy-c-Elliptotypes bekannt [8]. Davé machte einen Vorschlag zur Wahl von α für jedes einzelne Cluster [16]. Sind mit den Bezeichnungen von Satz 4.3 für das Cluster k_i die Eigenwerte der Matrix C_i durch $\lambda_{i,1}, \lambda_{i,2}, \ldots, \lambda_{i,p}$ in absteigender Reihenfolge gegeben, so wähle für $i \in \mathbb{N}_{\le c}$:

$$\alpha_i = 1 - \frac{\lambda_{i,p}}{\lambda_{i,1}}.$$

Die Bestimmung der Prototypen k_i erfolgt weiterhin nach Satz 4.3.

Abbildung 4.9: AFC-Analyse

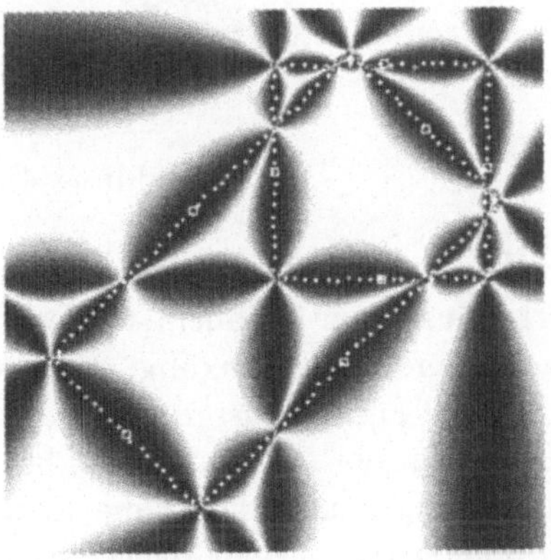

Abbildung 4.10: AFC-Analyse

Diese heuristisch begründete Verbesserung funktioniert nur für den zweidimensionalen Fall gut. Die Eigenwerte liefern eine Aussage über die Ausdehnung der Fuzzy-Streumatrix in Richtung der Eigenvektoren. Bei einem linearen Cluster ist eine der beiden Ausdehnungen Null, wodurch α den Wert Eins annimmt. In diesem Fall verhält sich das Cluster wie beim Fuzzy-c-Varieties-Algorithmus. Handelt es sich nicht um eine ideale Gerade, so bestimmt das Verhältnis von kürzerer zu längerer Ausdehnung den α-Wert. Je weiter sich die Eigenwerte aneinander annähern, desto kugelförmiger ist das Cluster. In diesem Fall nähert sich α dem Wert Null. Das Cluster verhält sich also wie beim Fuzzy-c-Means.

Bei Geraden im dreidimensionalen Raum funktioniert dieser Ansatz bereits nicht mehr. Liegen die Daten exakt in einer Ebene, so ist die Ausdehnung senkrecht zur Ebene Null. Also wird ein Eigenwert ebenfalls Null sein. Damit wird α automatisch Eins, es wird nach idealen Geraden gesucht, obwohl das Cluster innerhalb der Ebene kreisförmige Ausdehnung haben kann.

Abbildung 4.11: AFC-Analyse

Die Beschränkung auf den zweidimensionalen Fall und damit auf die Erkennung von Geraden(stücken) bedeutet für die Bildverarbeitung jedoch keine Einschränkung. So wird der Quader aus Abbildung 4.9 vom Adaptive-Fuzzy-Clustering-Algorithmus richtig erkannt. Und auch der Datensatz aus Abbildung 4.4, bei dem sich zwei Rechtecke gegenseitig durchdringen und damit die richtige Trennung der Daten erschweren, wird entsprechend der Intuition geclustert, wie Abbildung 4.10 zeigt.

Allerdings löst der Algorithmus das Problem aus Abbildung 4.3 nicht gänzlich. Die Abbildungen 4.11, 4.12 und 4.13 zeigen ähnliche Da-

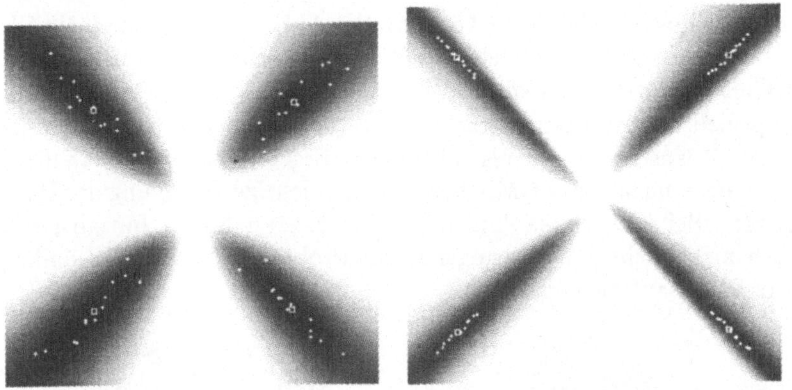

Abbildung 4.12: AFC-Analyse Abbildung 4.13: AFC-Analyse

tensätze. Dabei wurden offensichtlich nur die beiden letzten Abbildungen richtig erkannt, während bei der ersten Abbildung vom Fuzzy-c-Varieties-Algorithmus bekannte Probleme auftreten, die aus der Clusterausdehnung resultieren: Die Geradenstücke links unten und rechts oben wurden als ein Cluster erkannt. (Dies erkennt man an dem kleinen Quadrat etwa in der Mitte der beiden Cluster, welches den Positionsvektor des Clusters kennzeichnet. Würde das zu diesem Vektor gehörige Cluster nur eines der Geradenstücke approximieren, läge der Vektor etwa im Zentrum des jeweiligen Geradenstücks.) Der Adaptive-Fuzzy-Clustering-Algorithmus versucht durch die Wahl des α-Parameters für jedes Cluster die Ausdehnung der Geradencluster anzupassen. Der Datensatz aus Abbildung 4.12 weist nun eine größere Streuung der Daten entlang der Geraden auf. Mit der wachsenden Streuung wird der Eigenwert des zum Geradenvektor orthogonalen Eigenvektors größer. Dadurch wächst auch der Quotient der Eigenwerte, α wird kleiner, und der Algorithmus sucht nach kürzeren, elliptischen Clustern. Durch die Streuung wird direkt auf die α-Werte Einfluß genommen und damit auf die Clustereinteilung.

Auch durch das Auseinanderziehen der Cluster, wie in Abbildung 4.13 zu sehen, kann die ursprünglich schlechte Einteilung des Datensatzes aus Abbildung 4.11 verbessert werden. Abhängig von den α-Faktoren geht der euklidische Abstand der Daten vom Ursprung der Mannigfaltigkeit ein, so daß auch durch Variation der Clusterabstände unterschiedliche Einteilungen erreicht werden. Bei üblichen α-Werten nahe Eins müssen die Abstände zwischen den Clustern deutlich größer als die Abstände der Daten von der Geraden sein, um Einfluß auf die

Lage der Cluster nehmen zu können. Bei Abbildung 4.11 sind die Clusterabstände für die ermittelten α-Werte zu gering, um eine Trennung der Cluster bewirken zu können, bei Abbildung 4.13 reichen sie aus.

Speziell bei den eben betrachteten Datensätzen ließe sich durch eine Fuzzy-c-Means-Initialisierung ein besseres Ergebnis erzielen, da in diesen Datensätzen nach dem FCM schon fast eine richtige Einteilung der Daten vorliegt. Bei kreuzenden Linien ist eine Fuzzy-c-Means-Initialisierung jedoch nicht mehr gewinnbringend, das Problem kann dann in anderer Form erneut auftauchen.

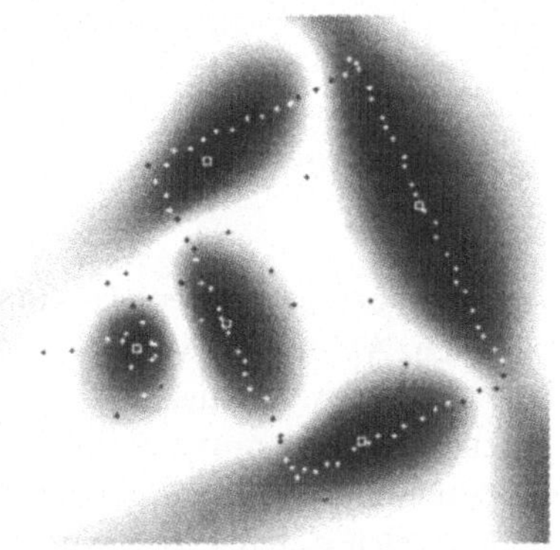

Abbildung 4.14: AFC-Analyse

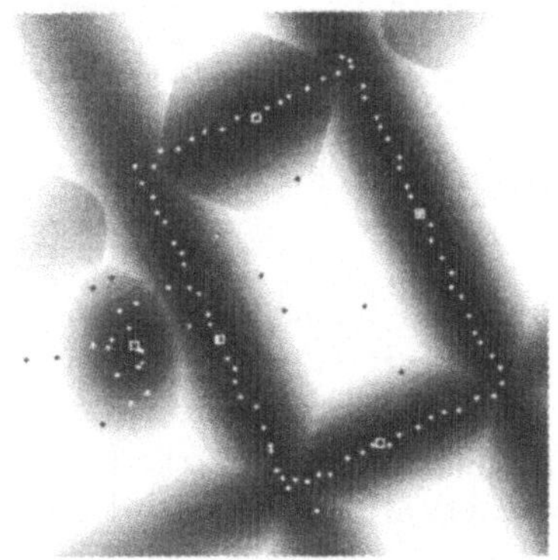

Abbildung 4.15: P-AFC-Analyse

Die bisherigen Beispiele hatten sämtlich die Erkennung von Geradenstücken zum Ziel, der Algorithmus ist aber auch in der Lage, elliptische oder kreisförmige Cluster zu erkennen. Einen gering verrauschten Datensatz aus vier Geradenstücken und einer Punktwolke zeigt Abbildung 4.14. Der Algorithmus erkennt die Formen gut. Interessanterweise ist beim Adaptive-Fuzzy-Clustering-Algorithmus auch possibilistisches Clustering durchführbar, wie Abbildung 4.15 zeigt. Beim FCV-Algorithmus war es der Einfluß der angrenzenden Rechteckkanten, der eine Degeneration der Einteilung bewirkte (siehe Abbildung 4.5). Durch die zusätzliche Berücksichtigung des euklidischen Abstandes zum Positionsvektor bekommen diese Daten nun ein etwas größeres Distanzmaß, was offenbar bereits ausreicht, die Degeneration zu verhindern.

Verschiebt man die Punktwolke des letzten Beispiels parallel zur linken Kante des Rechtecks nach unten, so gerät sie in den Einfluß des unteren Geradenclusters. Da die Zugehörigkeiten des unteren Clusters auch über das eigentliche Geradenstück hinaus sehr hoch sind, führt diese Modifikation zu einem Auswandern des Geradenclusters in Richtung Punktwolke, das auch von einem possibilistischen Durchlauf nicht mehr korrigiert wird. Zwar ist beim Adaptive-Fuzzy-Clustering-Algorithmus die Ausdehnung der Cluster nicht mehr grundsätzlich unendlich, aber bei Clustern in Geradenform immer noch sehr groß. So können die vom Fuzzy-c-Varieties bekannten Probleme ebenfalls auftauchen. Intuitiv sollten die Zugehörigkeiten mit Ende des Geradenstücks deutlich schneller abnehmen, als es auch beim Adaptive-Fuzzy-Clustering-Algorithmus der Fall ist.

Aus Sicht der Implementation ändert sich gegenüber dem Fuzzy-c-Varieties-Algorithmus kaum etwas, da die Eigenwerte für die Berechnung der Prototypen ohnehin herangezogen wurden. Der Mehraufwand zur Ermittlung der α-Werte ist vernachlässigbar gering.

4.3 Der Gustafson-Kessel- und der Gath-Geva-Algorithmus

Der Gustafson-Kessel- und der Gath-Geva-Algorithmus wurden bereits in den Abschnitten 2.2 und 2.3 vorgestellt. In den Beispieldaten der entsprechenden Abschnitte sind auch Linien enthalten, die von den Algorithmen gut erkannt wurden. Daher sollen diese Algorithmen in diesem Abschnitt erneut auf die Erkennung von Linien getestet werden, um einen Vergleich mit dem Fuzzy-c-Varieties- oder Adaptive-Fuzzy-Clustering-Algorithmus zu ermöglichen. Alle Beispiele dieses Abschnitts wurden ausschließlich mit dem Gustafson-Kessel-Algorithmus geclustert. Mit dem Gath-Geva-Algorithmus wurden ähnliche Ergebnisse erzielt, für einen Vergleich der Algorithmen siehe Abschnitt 2.3.

Wie die Abbildungen 4.16 und 4.17 zeigen, ist der Gustafson-Kessel-Algorithmus ebenfalls in der Lage, die Daten, mit denen der Fuzzy-c-Varieties Probleme hatte, korrekt einzuteilen. Berücksichtigt man den hohen Aufwand zur Ermittlung der Eigenwerte und Eigenvektoren, so ist der Gustafson-Kessel-Algorithmus vom Rechenaufwand her auch dem Adaptive-Fuzzy-Clustering-Algorithmus ebenbürtig. (Abbildung 4.17 wurde vom AFC ebenfalls korrekt geclustert, auch wenn die Einteilung nicht abgebildet wurde.)

Beim Datensatz aus Abbildung 4.14 liefert der Gustafson-Kessel ebenfalls ein gutes Ergebnis. Im Vergleich der possibilistischen Durchläufe (Abbildung 4.15 und 4.19) ist ein unterschiedliches Verhalten der beiden Algorithmen deutlich zu erkennen. Die Gustafson-Kessel-

Abbildung 4.16: GK-Analyse

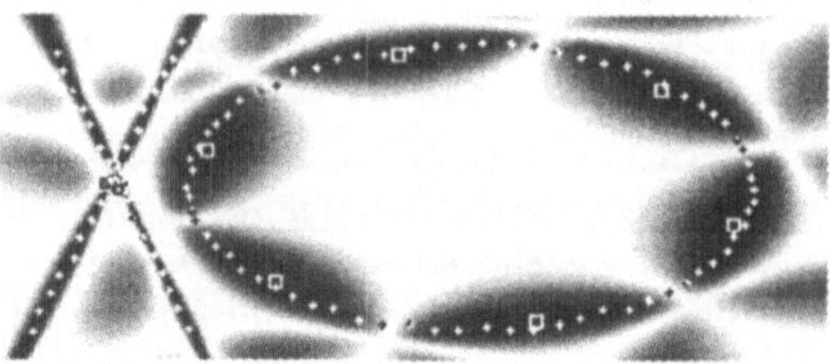

Abbildung 4.17: GK-Analyse

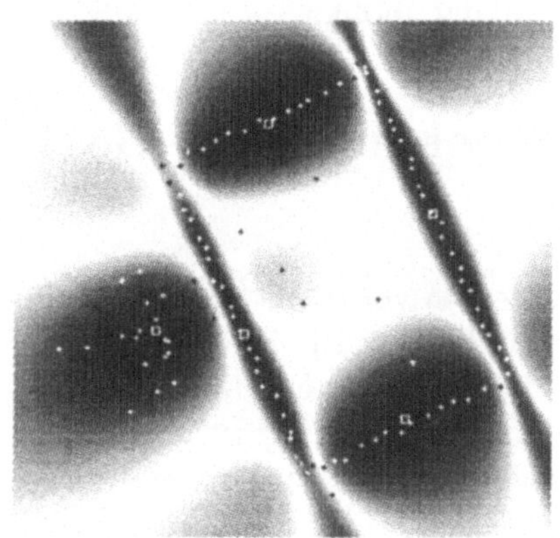

Abbildung 4.18: GK-Analyse

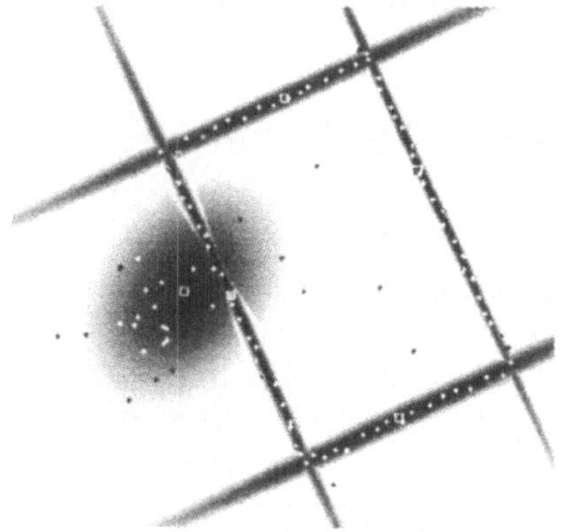

Abbildung 4.19: P-GK-Analyse

Cluster scheinen enger abgegrenzt, die Gebiete hoher Zugehörigkeit sind schmaler. Die Punktwolke wird von den beiden Algorithmen sehr unterschiedlich geclustert. Die extrem langgestreckten Ellipsen für die Geradencluster deformieren beim Gustafson-Kessel den Abstand senkrecht zur Gerade so stark, daß auch relativ nahe Punkte nur geringe Zugehörigkeiten bekommen. Diese werden dann dem haufenförmigen Cluster zugeordnet. Beim Adaptive-Fuzzy-Clustering-Algorithmus geschieht keine derartige Verzerrung, Punkte nahe der Geraden werden der Geraden auch zugeordnet.

Bei den drei Datensätzen aus Abbildung 4.11, 4.12 und 4.13 zeigt sich der Gustafson-Kessel überlegen. Bei vier zu erkennenden Clustern entsprach die resultierende Einteilung jedes Mal der intuitiven Vorstellung.

Die Variation der Streuung oder der Entfernung hatte keinen negativen Einfluß auf die Einteilung. Stattdessen waren die Analyseergebnisse für $c = 2$ schlechter als beim Adaptive-Fuzzy-Clustering-Algorithmus, es wurden jeweils die beiden linken beziehungsweise rechten Cluster zusammengefaßt.

Ist der Gustafson-Kessel- (oder Gath-Geva-) Algorithmus bereits implementiert worden, so ist aus Sicht der gezeigten Beispieldaten eine Verwendung der speziellen Linien-Algorithmen nicht unbedingt erforderlich. Bei einigen Beispielen scheinen die *klassischen* Algorithmen bei der Erkennung von Geradenstücken sogar etwas überlegen.

4.4 Rechenaufwand

Die Datensätze dieses Abschnitts enthielten zwischen 50 und 200 Daten. Bei den einfachen FCV-Beispielen benötigte der Algorithmus nur wenige ($\approx$ 10), im Problemfall 4.4 allerdings 87 Schritte. Die Analysen des AFC-Algorithmus wurden in 20 bis 50 Schritten berechnet, der GK-Algorithmus benötigte im Schnitt 50 (einzige Ausnahme Abbildung 4.17 mit 184 Schritten).

Der Vergleich der Zeitindizes bei den drei Linear-Clustering-Verfahren zeigt nur geringe Unterschiede – zumindest im zweidimensionalen Fall: $\tau_{FCV} = 1.46 \cdot 10^{-4}$, $\tau_{AFC} = 1.48 \cdot 10^{-4}$ und $\tau_{GK} = 1.47 \cdot 10^{-4}$. Der Aufwand zur Invertierung einer 2×2-Matrix war bei der verwendeten Implementation nahezu identisch mit dem Aufwand zur Suche nach den Eigenwerten und Eigenvektoren der Matrix. Diese Ausgeglichenheit muß bei höherdimensionalen Analysen jedoch nicht gegeben sein.

Kapitel 5

Shell-Clustering-Verfahren

Sind für die Solid-Clustering-Verfahren aus Kapitel 2 und die Linear-Clustering-Verfahren aus Kapitel 4 noch viele verschiedene Anwendungsgebiete denkbar, so kommen wir nun zu den recht speziellen Shell-Clustering-Verfahren. Statt nach elliptischen Clustern suchen wir nun nach deren Hülle (Shell) oder Kante. Natürlich sind Anwendungen denkbar, bei denen bestimmte Meßdaten auf der Hülle eines Hyperellipsoiden liegen, deren Parameter wir mit diesen Verfahren bestimmen können. Die Hauptanwendung dieser Verfahren liegt jedoch – auch wegen ihres hohen Rechenaufwandes in höheren Dimensionen – in der Bildverarbeitung.

Bevor diese Verfahren auf echte Aufnahmen angewendet werden können, ist jedoch eine Vorverarbeitung notwendig. Wir sind bisher immer von scharfen Datenmengen ausgegangen, die im Falle der Bilderkennung die Koordinaten aller gesetzten Bildpunkte enthalten. Wollen wir die Parameter einer kreisförmigen Platte in einem Bild bestimmen, so müssen wir die Bilddaten erst so behandeln, daß wir nur die Konturen der Platte in die Datenmenge übernehmen. Diese Aufgabe übernehmen sogenannte Konturoperatoren für uns, die die Pixelintensität aus dem Wechsel der Helligkeit neu bestimmen. Befinden wir uns mitten in einer einfarbigen Fläche, so gibt es keinen Helligkeitswechsel, das Pixel bekommt eine geringe Intensität. Eine Objektkante erkennen wir daran, daß links und rechts von der Kante unterschiedliche Helligkeiten vorliegen, je nach Kontrast bekommen wir so eine hohe Intensität für die

Pixel. In die Datenmenge für die Fuzzy-Clusteranalyse nehmen wir nun alle Punkte auf, die nach der Bearbeitung mit dem Konturoperator eine gewisse Mindestintensität besitzen. Auf diese Weise gehen natürlich Informationen über die Eindeutigkeit der abgebildeten Kanten verloren, weil wir nach der Anwendung des Schwellwertes die Intensität der Daten nicht weiter unterscheiden können. Auf der anderen Seite sind in echten Aufnahmen die wenigsten Pixel von gleicher Helligkeit, sondern aufgrund von Strukturen oder Reflexen gibt es auch in eigentlich geschlossenen Flächen gewisse Helligkeitsunterschiede. Entsprechend liefert der Konturoperator auch geringe Intensitätsschwankungen für fast alle Pixel. Wollten wir alle diese Daten als Grauwerte mit in die Analyse übernehmen, so besteht unser Datensatz sehr schnell aus mehreren hunderttausend Daten, die wir mit den vorgestellten Methoden nicht mehr in angemessener Zeit handhaben können. Die Anwendung eines Schwellwertverfahrens zur Reduzierung der Daten auf einige tausend Pixel ist anzuraten. Wir müssen die Information über ihre Intensität, d.h. Güte der dargestellten Kontur, aber nicht unbedingt ignorieren. Liegt die Intensität als ein Gewicht $w_j \in [0,1]$ für jedes $x_j \in X$ vor, läßt sich w_j als zusätzlicher Faktor in die Bewertungsfunktion einbringen: $\sum_{i=1}^{c}\sum_{j=1}^{n} w_j u_{i,j}^m d_{i,j}^2$. In den Ableitungen der Prototypen bleiben diese Faktoren unverändert erhalten, so daß sich mit geringem Aufwand auch eine Analyse von Grauwertbildern vornehmen läßt.

5.1 Der Fuzzy-c-Shells-Algorithmus

Der erste Algorithmus zur Erkennung von Kreis-Konturen (Fuzzy-c-Shells, FCS) wurde von Davé [14] angegeben. Jedes Cluster wird durch seinen Kreismittelpunkt v und Radius r charakterisiert. Der (euklidische) Abstand eines Datums x vom Kreis ergibt sich dann durch $|\,||x-v||-r\,|$. Dies führt zu

Satz 5.1 (Prototypen des FCS) *Sei $p \in \mathbb{N}$, $D := \mathbb{R}^p$, $X = \{x_1, x_2, \ldots, x_n\} \subseteq D$, $C := \mathbb{R}^p \times \mathbb{R}_{>0}$, $c \in \mathbb{N}$, $E := \mathcal{P}_c(C)$, b nach (1.7) mit $m \in \mathbb{R}_{>1}$ und*

$$d^2 : D \times C \to \mathbb{R},\ (x,(v,r)) \mapsto (||x-v||-r)^2.$$

Wird b bezüglich allen probabilistischen Clustereinteilungen $X \to F(K)$ mit $K = \{k_1, k_2, \ldots, k_c\} \in E$ bei gegebenen Zugehörigkeiten $f(x_j)(k_i) =$

$u_{i,j}$ durch $f : X \to F(K)$ minimiert, so gilt mit $k_i = (v_i, r_i)$:

$$0 = \sum_{j=1}^{n} u_{i,j}^m \left(1 - \frac{r_i}{||x_j - v_i||}\right)(x_j - v_i) \tag{5.1}$$

$$0 = \sum_{j=1}^{n} u_{i,j}^m (||x_j - v_i|| - r_i) \,. \tag{5.2}$$

Beweis: Die probabilistische Clustereinteilung $f : X \to F(K)$ minimiere die Bewertungsfunktion b. Sei $i \in \mathbb{N}_{\leq c}$ und $k_i = (v_i, r_i) \in K$. Dann ist die partielle Ableitung von b nach r_i und die Richtungsableitung von b nach v_i notwendig Null. Also gilt für alle $\xi \in \mathbb{R}^p$:

$$\begin{aligned}
0 &= \frac{\partial}{\partial v_i} b \\
&= \sum_{j=1}^{n} u_{i,j}^m \frac{\partial}{\partial v_i} (||x_j - v_i|| - r_i)^2 \\
&= 2\sum_{j=1}^{n} u_{i,j}^m (||x_j - v_i|| - r_i) \frac{\partial}{\partial v_i} \sqrt{(x_j - v_i)^\top (x_j - v_i)} \\
&= 2\sum_{j=1}^{n} u_{i,j}^m (||x_j - v_i|| - r_i) \frac{-\xi^\top (x_j - v_i) - (x_j - v_i)^\top \xi}{2\sqrt{(x_j - v_i)^\top (x_j - v_i)}} \\
&= -2\sum_{j=1}^{n} u_{i,j}^m (||x_j - v_i|| - r_i) \frac{1}{||x_j - v_i||} (x_j - v_i)^\top \xi \\
&= -2\left(\sum_{j=1}^{n} u_{i,j}^m \left(1 - \frac{r_i}{||x_j - v_i||}\right)(x_j - v_i)^\top\right)\xi \,.
\end{aligned}$$

Da der letzte Ausdruck für alle $\xi \in \mathbb{R}^p$ verschwindet, ist

$$0 = \sum_{j=1}^{n} u_{i,j}^m \left(1 - \frac{r_i}{||x_j - v_i||}\right)(x_j - v_i)$$

dazu äquivalent. Ebenso folgt für die Ableitung nach r_i:

$$\begin{aligned}
0 &= \frac{\partial}{\partial r_i} b \\
&= \sum_{j=1}^{n} u_{i,j}^m \frac{\partial}{\partial r_i} (||x_j - v_i|| - r_i)^2
\end{aligned}$$

$$\begin{aligned} &= -2\sum_{j=1}^{n} u_{i,j}^m(||x_j - v_i|| - r_i) \\ \Leftrightarrow \quad 0 &= \sum_{j=1}^{n} u_{i,j}^m(||x_j - v_i|| - r_i). \end{aligned}$$

Damit sind die Gleichungen (5.1) und (5.2) gezeigt. ■

Leider liefert Satz 5.1 keine explizite Berechnungsvorschrift für die Bestimmung der Prototypen. Die Gleichungen (5.1) und (5.2) bilden ein nicht-lineares, gekoppeltes $(p+1)$-dimensionales Gleichungssystem mit Unbekannten der Dimension $p+1$. Dieses kann zum Beispiel mit dem Newton-Verfahren iterativ gelöst werden. Dabei bietet es sich an, bei jeder Newton-Iteration als Startwert das Ergebnis des letzten FCS-Schrittes zu verwenden. Beim ersten Iterationsschritt des Fuzzy-c-Shells können die Kreismittelpunkte durch den Fuzzy-c-Means, die Radien für $i \in \mathbb{N}_{\leq c}$ durch

$$r_i = \frac{\sum_{j=1}^{n} u_{i,j}^m ||x_j - v_i||}{\sum_{j=1}^{n} u_{i,j}^m} \tag{5.3}$$

initialisiert werden. Dieser Ausdruck bestimmt den mittleren Abstand des Kreismittelpunktes zu den zugehörigen Daten.

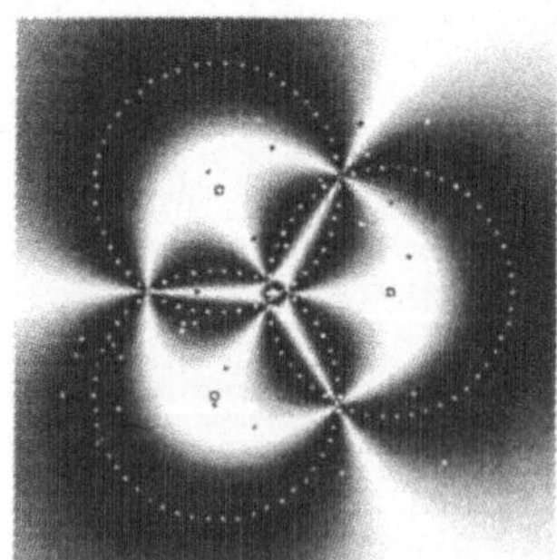

Abbildung 5.1: FCS-Analyse

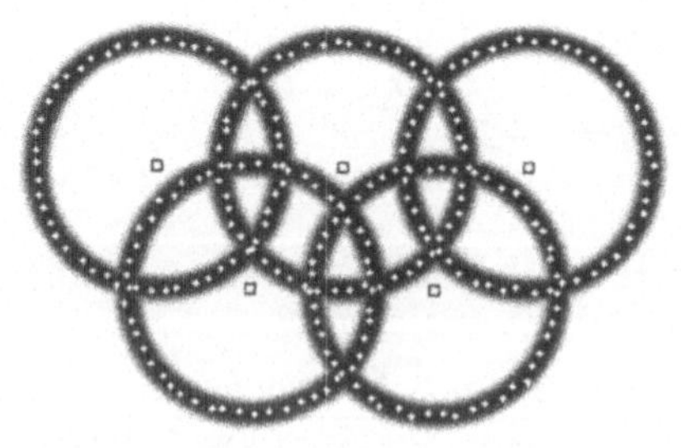

Abbildung 5.2: FCS-Analyse

Der Algorithmus liefert bei der Erkennung von Kreisen gute Ergebnisse. Die drei Kreise aus Abbildung 5.1 werden trotz 30 Stördaten bereits vom probabilistischen Algorithmus sehr gut erkannt. Und auch die Daten der fünf verschachtelten Ringe aus Abbildung 5.2 werden sauber getrennt. Bei dieser Abbildung wurde eine andere Darstellungsart gewählt. Die gewohnte Wiedergabe der Zugehörigkeiten wie in Abbildung 5.1 wird bei steigender Clusterzahl extrem unübersichtlich. In Abbildung 5.2 wurde die *probabilistische* Einteilung *possibilistisch* dargestellt, indem einfach alle Ausdehnungsfaktoren konstant gewählt wurden. Wir werden diese Art der Darstellung aufgrund der besseren Übersichtlichkeit ebenso für alle folgenden Kapitel beibehalten.

Auch wenn die Daten keinen Vollkreis beschreiben, erkennt der Fuzzy-c-Shells-Algorithmus die zugrundeliegenden Kreise recht gut, wie beim linken, unteren Cluster aus Abbildung 5.3. Beim oberen, linken Cluster erreicht das erkannte Cluster sicherlich geringe Distanzen zu den zugehörigen Daten, entspricht aber nicht der gewünschten intuitiven Einteilung. Ein Analyseergebnis wie in diesem Fall kann leicht resultieren, wenn das Kreissegment sehr klein ist. Hatte das Cluster zu Beginn eine ganz andere Lage, so bleiben an den Schnittpunkten mit anderen Kreisen immer ein paar Daten, die ihre hohe Zugehörigkeit behalten. Da sich durch diese Überbleibsel der alten Clusterform und den Daten des kurzen Kreissegments leicht ein Kreis legen läßt, der alle Daten gleichzeitig approximiert, entsteht ein Cluster wie in der Abbildung. Ein ähnliches Phänomen gibt es auch bei den Linear-Clustering-Algorithmen, die die Tendenz zeigen, kollineare Daten – ungeachtet ihres euklidischen Abstandes – in einem Cluster zusammenzufassen. Genauso ist auch bei Shell-Clustering-Algorithmen die gegenseitige Nähe der zusammengefaßten Daten nicht mehr Voraussetzung. Mit einem einzigen Kreiscluster können theoretisch drei beliebige Punkthäufungen minimiert werden. Die Anzahl der lokal minimalen Einteilungen steigt dadurch beträchtlich.

Bei den Daten aus Abbildung 5.4 ist der Algorithmus ebenfalls in einem lokalen Minimum hängengeblieben. Teile unterschiedlicher Kreise wurden jeweils zu einem Cluster zusammengefaßt. Die Tendenz in einem lokalen Minimum zu konvergieren, ist bei sich gegenseitig einschließenden Kreislinien deutlich größer als bei den relativ geringen Überlappungen der vorangegangenen Beispiele. Liegt ein Kreis *in* einem anderen Kreis, so kommt er im Laufe der Iteration aus ihm nur schwer wieder hinaus, da alle Punkte außerhalb einen kleineren Abstand zum umschließenden Kreis haben. Ebenso ist es mit der Überwindung eines lokalen Maximums verbunden, wenn zwei zunächst separat liegende Kreise sich anschließend umschließen sollen. Ob das endgültige Analyseergebnis die Intuition trifft, hängt stark von der Initialisierung ab.

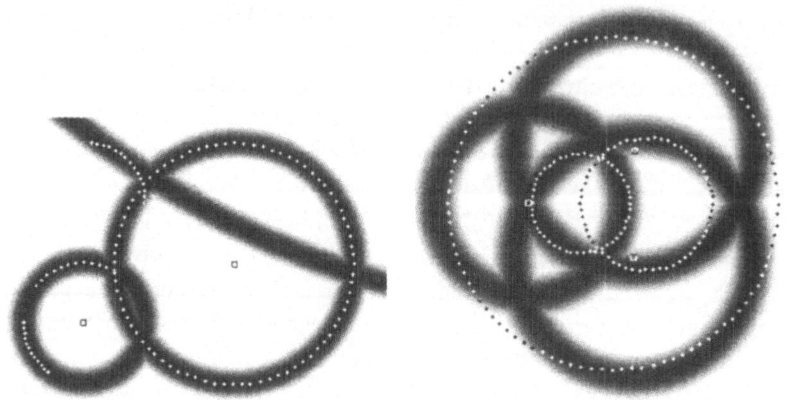

Abbildung 5.3: FCS-Analyse

Abbildung 5.4: FCS-Analyse

Wie bereits in Kapitel 1 erwähnt, bewirken hohe Werte für den Fuzzifier m eine Glättung der Bewertungsfunktion, so daß die Ausprägungen lokaler Minima verringert werden oder sogar ganz verschwinden. Mit Blick auf die letzten Bemerkungen sollte also eine Wahl des Fuzzifiers $m > 2$ gewinnbringend sein. Tatsächlich erkennt zum Beispiel ein FCS-Durchlauf mit $m = 8.0$ nach einer Fuzzy-c-Means-Initialisierung mit $m = 10.0$ alle Kreise korrekt. (Eine Fuzzifier-Erhöhung führt jedoch keinesfalls bei allen Beispielen zu einer besseren Einteilung.) In der Literatur [51] wird vorgeschlagen, Kreisalgorithmen bei ineinanderliegenden Kreisen so zu initialisieren, daß die Kreismittelpunkte um den Mittelpunkt aller Daten streuen. Dies ist genau das, was man beim FCM durch einen hohen Fuzzifier erreicht.

Der Fuzzy-c-Shells-Algorithmus ist rechnerisch recht aufwendig, da in jedem Iterationsschritt eine weitere (Newton-) Iteration durchgeführt werden muß. In der hier verwendeten Implementation des Algorithmus kommt ein modifiziertes Newton-Verfahren nach [20] zum Einsatz. Diese *Iteration in der Iteration* schlägt sich in der nötigen Rechenzeit nieder, da die einzelnen Schritte des Newton-Verfahrens selbst rechenintensiv sind – es muß zum Beispiel die Inverse der Jacobi-Matrix in (fast) jedem Schritt berechnet werden. Daher ist es auch empfehlenswert, jedes Cluster durch eine eigene Newton-Iteration mit $p + 1$ Gleichungen zu optimieren, statt das System von $c \cdot (p+1)$ Gleichungen in einer einzigen Iteration zu lösen. Im Fall der Bilderkennung bleiben die Rechnungen mit einer Dimension von $p+1=3$ dann in einem überschaubaren Rahmen.

Bezdek und Hathaway zeigten in [10], daß es nicht nötig ist, die Gleichungssysteme in jedem Schritt exakt zu lösen. Dadurch wird die Verweildauer innerhalb des Newton-Algorithmus herabgesetzt, aber unter Umständen die Anzahl der Fuzzy-c-Shells-Iterationen erhöht. In der verwendeten Implementierung wurde die Abbruchgenauigkeit in Abhängigkeit vom Fortschritt der Fuzzy-c-Shells-Iteration gewählt. Schließlich macht es wenig Sinn, die Clusterparameter besonders genau auszurechnen, wenn die Zugehörigkeiten noch sehr starken Schwankungen unterlegen sind. Stabilisieren sich jedoch die Zugehörigkeiten, so kommen wir dem endgültigen Analyseergebnis näher, und die Einteilung der Cluster sollte möglichst genau erfolgen. Ist δ die maximale Änderung der Zugehörigkeiten gegenüber dem letzten (Fuzzy-c-Shells-) Iterationsschritt und ε die zu erreichende (Fuzzy-c-Shells-) Genauigkeit, so wurde die Newton-Iteration bis zur Genauigkeit $\max\{\varepsilon, \frac{\delta}{10}\}$ durchgeführt. Eine deutliche Erhöhung der Fuzzy-c-Shells-Iterationsschritte konnte dabei nicht festgestellt werden. Bei Anwendung dieser Variante ist darauf zu achten, daß beim Newton-Verfahren *mindestens ein Iterationsschritt durchgeführt wird*, auch wenn schon der Startwert in der Norm unter dem Abbruchkriterium liegt. Unterbleibt dieser eine Schritt, so bleiben die Prototypen und damit auch die Zugehörigkeiten identisch, falls die aktuelle (Newton-) Abbruchgenauigkeit über der zuletzt erreichten Genauigkeit liegt. Da keine Änderung der Zugehörigkeiten vorliegt, endet das Programm dann regulär wegen Unterschreitung der Abbruchgenauigkeit ε, obwohl die erreichte Einteilung nicht minimal ist.

Darüber hinaus ist bei der Implementation darauf zu achten, daß die n Singularitäten der Gleichung (5.1) nicht zu einem Programmabbruch führen. Es kann natürlich passieren, daß ein Datum genau auf einem Kreismittelpunkt liegt, was zu einer Division durch Null führt. Nun ist das für diesen Fehler verantwortliche Datum sicher kein besonders typisches Datum des Kreises, auf dessen Mittelpunkt es liegt. Setzen wir in diesem Fall statt Null für die Distanz einen Wert nahe der Maschinengenauigkeit ein, so umgehen wir den Fehlerabbruch ohne das Gesamtergebnis des Fuzzy-c-Shells innerhalb der Rechengenauigkeit maßgeblich zu verfälschen.

5.2 Der Fuzzy-c-Spherical-Shells-Algorithmus

Das größte Manko des Fuzzy-c-Shells-Algorithmus ist sein hoher Rechenaufwand durch die implizite Angabe der Prototypen aus Satz 5.1. Unter Verwendung eines anderen Distanzmaßes, des sogenannten algebraischen Abstands, lassen sich die Prototypen explizit angeben [56, 44]. Dadurch wird die erforderliche Rechenzeit deutlich herabgesetzt.

Satz 5.2 (Prototypen des FCSS) *Sei* $p \in \mathbb{N}$, $D := \mathbb{R}^p$, $X = \{x_1, x_2, \dots, x_n\} \subseteq D$, $C := \mathbb{R}^p \times \mathbb{R}_{>0}$, $c \in \mathbb{N}$, $E := \mathcal{P}_c(C)$, *b nach (1.7) mit* $m \in \mathbb{R}_{>1}$ *und*

$$d^2 : D \times C \to \mathbb{R},\ (x, (v, r)) \mapsto (||x - v||^2 - r^2)^2.$$

Wird b bezüglich allen probabilistischen Clustereinteilungen $X \to F(K)$ *mit* $K = \{k_1, k_2, \dots, k_c\} \in E$ *bei gegebenen Zugehörigkeiten* $f(x_j)(k_i) = u_{i,j}$ *durch* $f : X \to F(K)$ *minimiert, so gilt mit* $k_i = (v_i, r_i)$*:*

$$\begin{aligned} v_i &= -\frac{1}{2}(q_{i,1}, q_{i,2}, \dots, q_{i,p})^\top \\ r_i &= \sqrt{v_i^\top v_i - q_{i,p+1}} \end{aligned}$$

und

$$\begin{aligned} q_i &= -\frac{1}{2} H_i^{-1} w_i \\ H_i &= \sum_{j=1}^{n} u_{i,j}^m\, y_j y_j^\top \\ w_i &= \sum_{j=1}^{n} u_{i,j}^m s_j \\ s_j &= 2(x_j^\top x_j) y_j \quad \textit{für alle } j \in \mathbb{N}_{\le n} \\ y_j &= (x_{j,1}, x_{j,2}, \dots, x_{j,p}, 1)^\top \quad \textit{für alle } j \in \mathbb{N}_{\le n}. \end{aligned}$$

Beweis: Die probabilistische Clustereinteilung $f : X \to F(K)$ minimiere die Bewertungsfunktion b. Die algebraische Distanz $d^2(x, (v, r)) = (||x - v||^2 - r^2)^2$ läßt sich als $d^2(x, (v, r)) = q^\top M q + s^\top q + b$ schreiben, wobei $q = (-2v_1, -2v_2, \dots, -2v_p, v^\top v - r^2)$, $M = yy^\top$, $y = (x_1, x_2, \dots, x_p, 1)$,

$s = 2(x^\top x)y$ und $b = (x^\top x)^2$. Alle unbekannten Größen tauchen ausschließlich in q auf. Fassen wir b als Funktion von q_i statt (v_i, r_i) auf, so folgt aus der Minimalität von b an der Stelle f notwendig $\frac{\partial}{\partial q_i} b = 0$ für alle $i \in \mathbb{N}_{\leq c}$. Also gilt für alle $\xi \in \mathbb{R}^{p+1}$:

$$\begin{aligned}
0 &= \frac{\partial}{\partial q_i} b \\
&= \sum_{j=1}^{n} u_{i,j}^m \frac{\partial}{\partial q_i} d^2(x_j, q_i) \\
&= \sum_{j=1}^{n} u_{i,j}^m (\xi^\top M_j q_i + q_i^\top M_j \xi + \xi^\top s_j) \\
&= \sum_{j=1}^{n} u_{i,j}^m (\xi^\top M_j q_i + (M_j q_i)^\top \xi + \xi^\top s_j) \quad (M_j \text{ symmetrisch}) \\
&= \sum_{j=1}^{n} u_{i,j}^m (\xi^\top M_j q_i + (\xi^\top M_j q_i)^\top + \xi^\top s_j) \quad (\xi^\top M_j q_i \in \mathbb{R}^{1\times 1}) \\
&= \xi^\top \left(\sum_{j=1}^{n} u_{i,j}^m (2 M_j q_i + s_j) \right).
\end{aligned}$$

Da der letzte Ausdruck für alle $\xi \in \mathbb{R}^{p+1}$ verschwindet, folgt

$$\begin{aligned}
0 &= \textstyle\sum_{j=1}^{n} u_{i,j}^m (2 M_j q_i + s_j) \\
\Leftrightarrow \quad -\textstyle\sum_{j=1}^{n} u_{i,j}^m s_j &= 2\left(\textstyle\sum_{j=1}^{n} u_{i,j}^m M_j\right) q_i \\
\Leftrightarrow \quad q_i &= -\tfrac{1}{2}\left(\textstyle\sum_{j=1}^{n} u_{i,j}^m M_j\right)^{-1}\left(\textstyle\sum_{j=1}^{n} u_{i,j}^m s_j\right) \\
&= -\tfrac{1}{2} H_i^{-1} w_i \,.
\end{aligned}$$

Die Matrix H_i ist invertierbar, sofern $(p+1)$ linear unabhängige Daten in der Datenmenge X enthalten sind. Aus q lassen sich dann direkt, wie im Satz angegeben, Kreismittelpunkt und Radius ermitteln. ■

Es liegen damit zwei Algorithmen zur Kreiserkennung vor, die sich durch ihre Distanzfunktion unterscheiden. Beim Fuzzy-c-Spherical-Shells-Algorithmus geht der Abstand der Daten vom Kreismittelpunkt quadratisch ein. Damit bekommen Daten innerhalb und außerhalb eines Kreises bei gleichem euklidischen Abstand von der Kreislinie unterschiedliche Distanzen zugewiesen. Zu einem Kreis mit Radius $\frac{1}{2}$ um den Ursprung hat das Datum $(1,0) \in \mathbb{R}^2$ die Distanz $(1-\frac{1}{4})^2 = \frac{9}{16} = 0.5625$ und das Datum $(0,0) \in \mathbb{R}^2$ die Distanz $(0-\frac{1}{4})^2 = \frac{1}{16} = 0.0625$. Der Fuzzy-c-Spherical-Shells reagiert damit auf Stördaten außerhalb des Kreises stärker als auf Daten innerhalb des Kreises. Das bedeutet aber auch, daß Daten, die zum Beispiel aufgrund weit entfernter Stördaten nun fälschlicherweise innerhalb des Kreisclusters liegen, die Kreisparameter kaum zu korrigieren vermögen. Die Distanzfunktion des Fuzzy-c-Shells-Algorithmus hingegen bewertet die Daten ungeachtet ihrer Lage gleich.

Dennoch sind die Ergebnisse der beiden Algorithmen - was die Erkennungsleistung betrifft - oft ähnlich. Bis auf eine Ausnahme wurden bei den Datensätzen aus Abschnitt 5.1 die gleichen Einteilungen vorgenommen. Die Ausnahme bildete der Datensatz aus Abbildung 5.3, bei dem auch das linke, obere Cluster entsprechend der Intuition eingeteilt wurde. Hier hat sich die veränderte Norm positiv ausgewirkt.

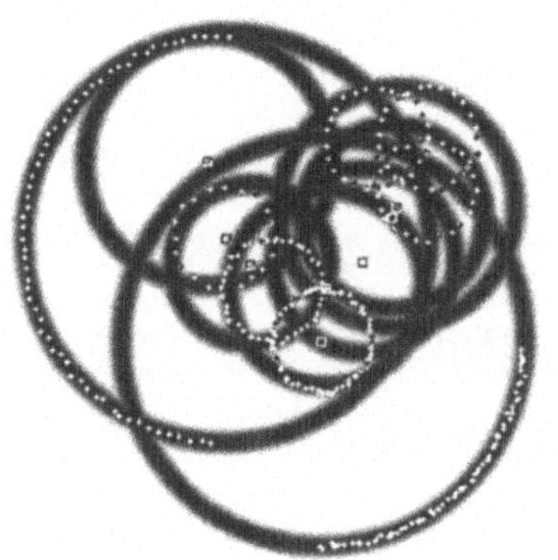

Abbildung 5.5: FCSS-Analyse

Abbildung 5.6: FCSS-Analyse

Durch die explizite Berechnungsvorschrift liefert der Fuzzy-c-Spherical-Shells das Analyseergebnis schneller als der Fuzzy-c-Shells. Dieser Zeitgewinn bedeutet jedoch nicht, daß jetzt in der gleichen Zeit kompliziertere Datensätze korrekt eingeteilt werden können. Wie schon bei den linearen Clustern besteht die Gefahr einer Einteilung, die flächendeckend hohe Zugehörigkeiten erwirkt, ohne jedoch der intuitiven Einteilung nahe zu kommen. So einen Fall zeigt die Abbildung 5.5, bei der der Fuzzy-c-Spherical-Shells-Algorithmus nur durch fünf Fuzzy-c-Means-Schritte initialisiert wurde. Durch 15 weitere FCM-Schritte bei der Initialisierung ergibt sich durch den FCSS schon eine deutlich bessere Einteilung, wie Abbildung 5.6 zeigt. Störend macht sich nur noch die Abdeckung des linken, oberen Halbkreises durch zwei Kreiscluster bemerkbar, weil im Bereich der drei kleinen Kreise oben rechts jetzt ein Cluster fehlt. Hier zeigt die höhere Anzahl der FCM-Schritte auch ihre Schattenseiten. Der Halbkreis ist wegen seines großen Radius durch den Fuzzy-c-Means auf zwei Cluster aufgeteilt worden, deren zugehörige Daten aber denselben Kreis beschreiben. Anstatt den Halbkreis nur durch ein Cluster zu approximieren, werden Halbkreis und Teile der drei kleinen, oberen Kreise nun durch zwei Cluster abgedeckt. Bereits mit der Anzahl der FCM-Iterationsschritte zur Initialisierung nimmt man also großen Einfluß auf das Analyseergebnis. Ein possibilistischer Durchlauf bewirkt (in beiden Fällen) kaum eine Veränderung. Die hohen Zugehörigkeiten zu den Daten nahe den Schnittpunkten der Kreiscluster verhindern große Veränderungen. Ebenso läßt sich mit einer Erhöhung des Fuzzifiers kaum etwas erreichen, vermutlich weil durch die nichtlineare, algebraische Distanzfunktion die Ausprägungen der lokalen Minima sehr stark sind.

Man und Gath haben einen weiteren Algorithmus zur Detektion von Kreisen angegeben, den *Fuzzy-c-Rings* (FCR) [51]. Zwar gehen sie von der euklidischen Distanzfunktion des FCS aus, leiten die FCR-Prototypen aber nicht in der Form ab, wie es für die vorgestellte Familie der Fuzzy-Clustering-Verfahren üblich ist. Bei der Berechnung der Prototypen gehen die alten Prototypen (aus dem vorangegangenen Iterationsschritt) ein. (Zum Beispiel wird der neue Radius durch Auflösen der Gleichung (5.2) nach r_i berechnet, wobei für v_i der alte Mittelpunkt eingesetzt wird.) Damit wird der neue Prototyp nicht optimal an die Daten angepaßt, sondern nur verbessert. Die allgemeinen Konvergenzbetrachtungen von Bezdek lassen sich für diesen Algorithmus nicht mehr anwenden. Es ließe sich allenfalls so argumentieren, daß bei der Verwendung des Newton-Verfahrens auch nicht bis zur Erreichung des exakten Minimums gerechnet werden muß, um eine Konvergenz zu erzielen. Da mit dem FCSS-Algorithmus jedoch ein einfach zu berechnender Algorithmus zur Erkennung von Kreisen verfügbar ist, verzichten wir auf die Vorstellung des FCR. Für die Erkennung von Ellipsen werden wir jedoch noch einmal auf diese Thematik beim FCE-Algorithmus zurückkommen (siehe Abschnitt 5.5).

5.3 Der Adaptive-Fuzzy-c-Shells-Algorithmus

Die Erkennung von Kreislinien allein ist unbefriedigend, da schon die Projektion von räumlichen Kreislinien auf eine (Bild-) Ebene zu elliptischen Formen führt. Davé und Bashwan [17] entwickelten daher einen Algorithmus zur Erkennung von Ellipsen.

Eine Ellipsenkontur ist durch ihren Mittelpunkt v und eine positiv-definite, symmetrische Matrix A als Lösung der Gleichung

$$(x-v)^\top A(x-v) = 1$$

gegeben. Folglich wählen wir als Distanzfunktion

$$d^2(x,(v,A)) = \left(\sqrt{(x-v)^\top A(x-v)} - 1\right)^2.$$

Die Matrix A beinhaltet sowohl die Längen der Achsen, als auch die Orientierung der Ellipse.

Satz 5.3 (Prototypen des AFCS) *Sei* $p \in \mathbb{N}$, $D := \mathbb{R}^p$, $X = \{x_1, x_2, \ldots, x_n\} \subseteq D$, $C := \mathbb{R}^p \times \{A \in \mathbb{R}^{p\times p} \mid A \text{ positiv-definit}\}$, $c \in \mathbb{N}$, $E := \mathcal{P}_c(C)$, *b nach (1.7) mit* $m \in \mathbb{R}_{>1}$ *und*

$$d^2 : D \times C \to \mathbb{R},\ (x,(v,A)) \mapsto \left(\sqrt{(x-v)^\top A(x-v)} - 1\right)^2.$$

Wird b bezüglich allen probabilistischen Clustereinteilungen $X \to F(K)$ mit $K = \{k_1, k_2, \ldots, k_c\} \in E$ bei gegebenen Zugehörigkeiten $f(x_j)(k_i) = u_{i,j}$ durch $f : X \to F(K)$ minimiert, so gilt mit $k_i = (v_i, A_i)$:

$$0 = \sum_{j=1}^{n} u_{i,j}^m d_{i,j}(x_j - v_i) \tag{5.4}$$

$$0 = \sum_{j=1}^{n} u_{i,j}^m d_{i,j}(x_j - v_i)(x_j - v_i)^\top \tag{5.5}$$

und

$$d_{i,j} := \frac{\sqrt{(x_j - v_i)^\top A_i (x_j - v_i)} - 1}{\sqrt{(x_j - v_i)^\top A_i (x_j - v_i)}}.$$

Beweis: Die probabilistische Clustereinteilung $f : X \to F(K)$ minimiere die Bewertungsfunktion b. Aus der Minimalität folgen notwendig Nullstellen der Richtungsableitungen. Für $i \in \mathbb{N}_{\le c}$ und $k_i = (v_i, A_i)$ folgt damit für alle $\xi \in \mathbb{R}^p$:

$$\begin{aligned}
0 &= \frac{\partial}{\partial v_i} b \\
&= \sum_{j=1}^{n} u_{i,j}^m \frac{\partial}{\partial v_i} \left(\sqrt{(x_j - v_i)^\top A_i (x_j - v_i)} - 1 \right)^2 \\
&= \sum_{j=1}^{n} u_{i,j}^m \frac{\sqrt{(x_j - v_i)^\top A_i (x_j - v_i)} - 1}{\sqrt{(x_j - v_i)^\top A_i (x_j - v_i)}} \frac{\partial}{\partial v_i} (x_j - v_i)^\top A_i (x_j - v_i) \\
&= -\sum_{j=1}^{n} u_{i,j}^m \, d_{i,j} \left((x_j - v_i)^\top A_i \xi + \xi^\top A_i (x_j - v_i) \right) \\
&= -2 \sum_{j=1}^{n} u_{i,j}^m \, d_{i,j} \xi^\top A_i (x_j - v_i) \\
&= -2 \xi^\top \left(\sum_{j=1}^{n} u_{i,j}^m \, d_{i,j} A_i (x_j - v_i) \right) .
\end{aligned}$$

Der letzte Ausdruck verschwindet für alle $\xi \in \mathbb{R}^p$, also muß $A_i(\sum_{j=1}^n u_{i,j}^m d_{i,j}(x_j - v_i)) = 0$ gelten. Da A_i positiv-definit und damit regulär ist, also $A_i x = 0 \Leftrightarrow x = 0$ gilt, folgt (5.4).

Für die Ableitung nach der Matrix A_i bereitet die Einschränkung auf positiv-definite Matrizen Probleme. Wir setzen daher voraus, daß ein Minimum der Bewertungsfunktion im Raum der positiv-definiten Matrizen auch ein Minimum im Raum aller Matrizen ist. (Diese Voraussetzung ist keinesfalls notwendig gültig. Allerdings deutet der Ausdruck $d_{i,j}$ darauf hin, daß sich jede Matrix zumindest für die konkret gegebenen Daten *positiv-definit verhalten muß*, um bei der Wurzelbildung reelle Werte liefern zu können.) Dann können wir sämtliche Richtungsableitung bilden, und es folgt für alle $\Delta \in \mathbb{R}^{p \times p}$:

$$\begin{aligned}
0 &= \frac{\partial}{\partial A_i} b \\
&= \sum_{j=1}^{n} u_{i,j}^m \frac{\partial}{\partial A_i} \left(\sqrt{(x_j - v_i)^\top A_i (x_j - v_i)} - 1 \right)^2 \\
&= \sum_{j=1}^{n} u_{i,j}^m \, d_{i,j} \frac{\partial}{\partial A_i} (x_j - v_i)^\top A_i (x_j - v_i) \\
&= \sum_{j=1}^{n} u_{i,j}^m \, d_{i,j} (x_j - v_i)^\top \Delta (x_j - v_i) \, .
\end{aligned}$$

Also $\nabla b(A) = \sum_{j=1}^{n} u_{i,j}^m \, d_{i,j} (x_j - v_i)(x_j - v_i)^\top = 0$, womit Gleichung (5.5) gezeigt ist. ■

Wie schon beim Fuzzy-c-Shells-Algorithmus liefert auch Satz 5.3 keine explizite Berechnungsvorschrift für die Prototypen. In ihrem Aufsatz erwähnen Davé und Bashwan nicht direkt, mit welchen Algorithmen die Lösung der Gleichungen (5.4) und (5.5) gefunden werden sollen. Sie verweisen nur auf ein Softwarepaket zur Minimierung, das allerdings auch wesentlich komplexere Optimierungsverfahren kennt als nur das Newton-Verfahren. In der Lösung dieser Gleichungen liegt bei diesem Algorithmus nämlich ein größeres Problem als beim Fuzzy-c-Shells, da die Prototypen aus einem Vektor und einer positiv-definiten Matrix bestehen. Die Suche mit dem normalen Newton-Verfahren führt aus dem Raum der positiv-definiten Matrizen heraus, so daß bereits nach ein oder zwei Iterationsschritten gar keine Ellipsen mehr gesucht werden. Eine naive Implementation, bei der alle Matrixelemente einzeln optimiert werden, führt nicht einmal zwingend zu symmetrischen Matrizen in jedem Iterationsschritt (und damit erst recht nicht zu positiv-definiten Matrizen). Die Suche nach einer symmetrischen Matrix läßt sich recht einfach durch Optimierung einer oberen oder unteren Dreiecksmatrix erreichen, die dann an der Diagonalen gespiegelt wird. Nicht-negative Diagonalelemente lassen sich auch recht leicht erreichen, indem die Elemente der Dreiecksmatrix auf der Diagonalen stets quadratisch in die endgültige Matrix eingehen. Damit ist der Suchraum für das Newton-Verfahren zwar eingeschränkt, aber bleibt immer noch eine echte Obermenge des Raumes der positiv-definiten Matrizen.

Um dennoch mit dem Newton-Verfahren Ergebnisse erzielen zu können, wurde in der hier verwendeten Implementation eine andere Darstellung der Matrizen gewählt. Eine Matrix ist positiv-definit genau dann, wenn alle Eigenwerte positiv sind. Für den zweidimensionalen Fall der Bilderkennung lassen sich die Einheits-Eigenvektoren einer Matrix $A \in \mathbb{R}^{2\times 2}$ durch einen einzigen reellen Wert darstellen. Die beiden Eigenvektoren stehen senkrecht aufeinander, also geben in Abhängigkeit eines Winkels $\varphi \in \mathbb{R}$ die Vektoren $e_1 = (\cos(\varphi), \sin(\varphi))^\top \in \mathbb{R}^2$ und $e_2 = (-\sin(\varphi), \cos(\varphi))^\top \in \mathbb{R}^2$ die Einheits-Eigenvektoren an. Für $\lambda_1, \lambda_2 \in \mathbb{R}\backslash\{0\}$ seien dann $\frac{1}{\lambda_1^2}$ und $\frac{1}{\lambda_2^2}$ die zugehörigen positiven Eigenwerte der Einheits-Eigenvektoren. Durch $(\varphi, \lambda_1, \lambda_2) \in \mathbb{R} \times (\mathbb{R}\backslash\{0\})^2$ läßt sich dann mit

$$A = \frac{1}{\lambda_1^2} e_1 e_1^\top + \frac{1}{\lambda_2^2} e_2 e_2^\top$$

jede positiv-definite Matrix beschreiben. Da das Newton-Verfahren für jeden Parameter stets ganz $\mathbb{R}$ als Suchraum ansieht, andererseits aber nur positive Eigenwerte erlaubt sind, lassen wir die λ-Werte quadratisch eingehen. Weil die Null als Eigenwert für *positiv*-definite Matrizen nicht in Frage kommt, wurde zusätzlich der Kehrwert gebildet. Auf diese Weise haben wir die Suche mit dem Newton-Verfahren genau auf den Bereich der positiv-definiten Matrizen eingeschränkt.

Ideal ist das Newton-Verfahren für diesen Algorithmus dennoch nicht. Versuchen wir jetzt Kreise zu erkennen, so bewirkt eine Änderung des Parameters φ keine Änderung in den Gleichungen, da ein Kreis rotationsinvariant ist. Im Newton-Verfahren macht sich das durch eine Null-Spalte in der Jacobi-Matrix bemerkbar. Damit ist die Jacobi-Matrix nicht invertierbar und das Verfahren bricht ab. Mit anderen Iterationsverfahren, zum Beispiel nach Levenberg-Marquardt [53, 59], können hier deutlich bessere Ergebnisse erzielt werden, da singuläre Jacobi-Matrizen nicht zu einem Abbruch führen. Dafür sind diese Verfahren auch deutlich aufwendiger zu implementieren als das vergleichsweise primitive Newton-Verfahren.

Die abgebildeten Analysen wurden in der beschriebenen Weise mit dem Newton-Verfahren berechnet. Für eine Anwendung in der Praxis ist die Verwendung eines leistungsfähigeren Verfahrens zur numerischen Lösung von Gleichungssystemen anzuraten, um die Leistungsfähigkeit des Algorithmus weiter zu steigern.

Verzichten wir auf Kreise in unseren Datensätzen und geben wir eine gute Initialisierung vor, so lassen sich dennoch brauchbare Ergebnisse erzielen, wie Abbildung 5.7 zeigt. Auch der Datensatz aus Abbildung

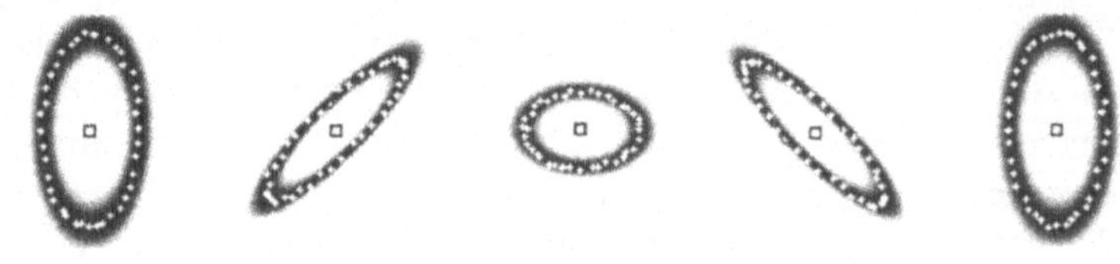

Abbildung 5.7: AFCS-Analyse

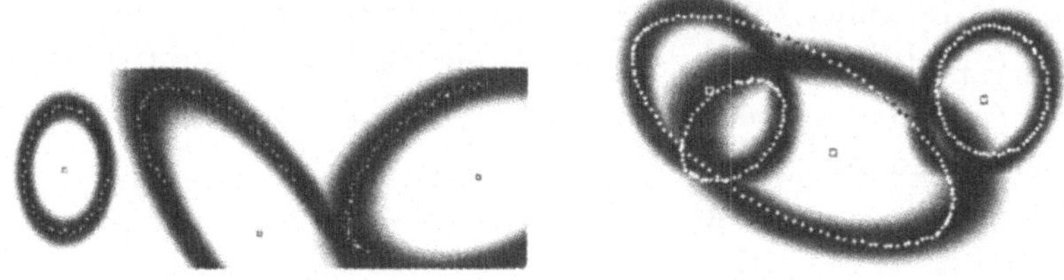

Abbildung 5.8: AFCS-Analyse

Abbildung 5.9: AFCS-Analyse

5.8 mit unvollständigen Ellipsenkonturen wurde gut erkannt. Bei beiden Abbildungen wurde ein Fuzzy-c-Means-Durchlauf vorangestellt, der bei den separat liegenden Ellipsen schon für eine recht gute Einteilung sorgte. Außerdem wurden mit dem Ausdruck (5.3) die Radien geschätzt und - etwas verändert, um Kreise zu vermeiden - als Länge für die Ellipsenachsen benutzt. Eine gute Initialisierung ist sehr wichtig, da sonst das Newton-Verfahren bereits im ersten Schritt nicht konvergiert.

Die steigende Zahl der lokalen Minima mit steigender Clusterzahl und die Tatsache, daß Konturen als Clusterform die Zahl der lokalen Minima ebenfalls erhöhen, betreffen natürlich auch den Adaptive-Fuzzy-c-Shells-Algorithmus. In so einem lokalen Minimum ist der Algorithmus bei Abbildung 5.9 konvergiert. Da elliptische Cluster flexibler sind als Kreise, kann es noch leichter passieren, daß sich ein Cluster Kontursegmente verschiedener Ellipsen zuordnet. Davon ist bei diesem Analyseergebnis jedes Cluster betroffen. Für eine intuitive Einteilung der Ellipsen ist folglich eine gute Initialisierung von großer Wichtigkeit. In diesem Beispiel bleibt das Analyseergebnis jedoch unabhängig von einer FCM- und einer kombinierten FCM/FCS-Initialisierung identisch. Bereits die Kreiscluster teilen die Daten etwa so ein, wie es auch durch den AFCS geschehen ist. (Man beachte, daß die Ellipse rechts oben kein Kreis ist, andernfalls wäre von der Kreiserkennung ein besseres Ergebnis zu erwarten gewesen). Verwenden wir den Fuzzy-c-Means zur Initialisierung, so werden die Ellipsenradien geschätzt, approximieren damit aber nur die nahe gelegenen Daten. Dies führt in unserem Fall wieder zu der abgebildeten, lokal minimalen Einteilung. Es scheint also sehr schwer zu sein, den Bedarf an einer guten Initialisierung mit den zur Verfügung stehenden Algorithmen zu decken. Bei langgezogenen Ellipsen lassen die Algorithmen von Gustafson-Kessel oder Gath-und-Geva bessere Ergebnisse erwarten, als sie durch den Fuzzy-c-Means oder Fuzzy-c-(Spherical)-Shells-Algorithmus zu erzielen sind. Dazu sollten aus den Analyseergebnissen nicht nur die Positionsvektoren, sondern über die Eigenwerte und -vektoren der Normmatrizen auch Lage und Radien der erkannten Cluster ermittelt werden. Von dieser Initialisierung kann man eine deutlich bessere Annäherung an das endgültige Analyseergebnis erwarten.

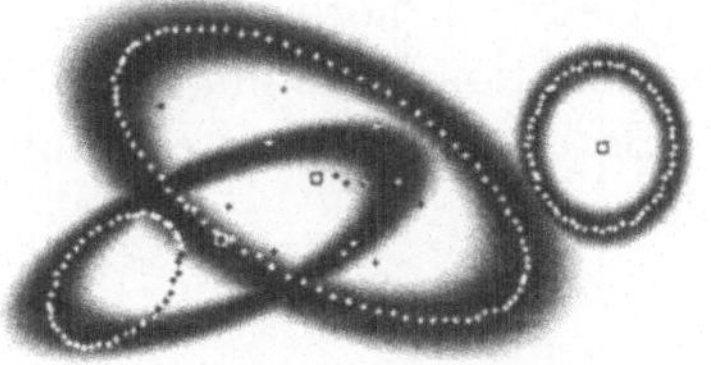

Abbildung 5.10: AFCS-Analyse

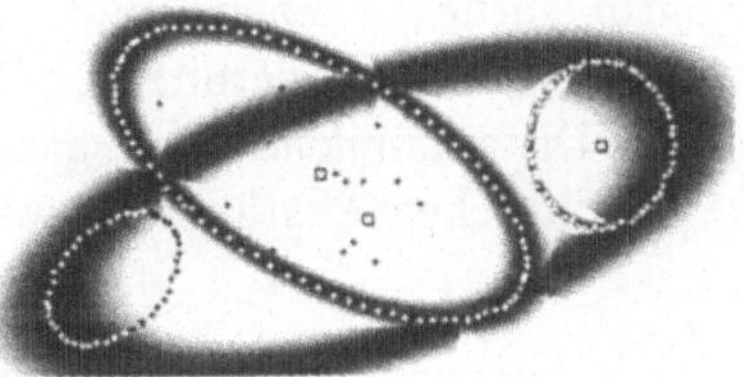

Abbildung 5.11: P-AFCS-Analyse

Liegen die Ellipsen etwas besser getrennt, so bereitet die richtige Einteilung dem Adaptive-Fuzzy-c-Shells-Algorithmus schon weniger Probleme. Die Ellipsen aus Abbildung 5.10 sind dieselben wie in Abbildung 5.9, nur ein wenig verschoben. Der AFCS-Algorithmus erkennt – ohne die Stördaten aus Abbildung 5.10 – diesen Datensatz korrekt (ohne Abbildung). Auf die eingefügten Stördaten reagiert der Algorithmus allerdings sehr empfindlich. Die große Ellipse, zu der die Stördaten den geringsten euklidischen Abstand haben, wird kaum beeinflußt. Das Cluster, das die kleinste Ellipse approximiert, versucht stattdessen Teile der Stördaten abzudecken. Dieses Verhalten resultiert aus der nicht-euklidischen Distanzfunktion des AFCS. Bei gleicher euklidischer Distanz zu den Daten liefert die Distanzfunktion bei größeren Ellipsen geringere Werte als bei kleineren Ellipsen. Zusätzlich wird die Distanz in Richtung der Ellipsenachsen je nach Ellipsenform unterschiedlich stark gestaucht oder gestreckt. Außerdem erhalten Daten, die innerhalb der Ellipse liegen, maximal die Distanz Eins. Alle diese Faktoren führen dazu, daß sich das kleinste Cluster, das mit der längeren Ellipsenachse in Richtung der Stördaten zeigt, der zusätzlichen Daten annimmt. Diese

Tendenz führt bei einer größeren Anzahl von Stördaten zu einer unerwünschten Ausrichtung fast aller Cluster, so daß die Einteilung unbrauchbar wird. Auch ein possibilistischer Durchlauf vermag keine Verbesserung an der Einteilung zu bewirken. In unserem letzten Beispiel überführt er das Analyseergebnis aus Abbildung 5.10 zu der Einteilung in Abbildung 5.11. Durch die lange Achse des *Problemclusters* aus Abbildung 5.10 ist die Distanz zum fast kreisförmigen Cluster (oben rechts) gegenüber dem euklidischen Abstand weiter geschrumpft. Im Vergleich zu den Stördaten haben die Daten des kreisförmigen Clusters aufgrund ihrer großen Anzahl ein hohes Gewicht. Die ursprünglichen Daten des Problemclusters bekommen wegen ihrer Lage innerhalb des Clusters dagegen nur ein recht geringes Gewicht. Diese *Kräfte* veranlassen das Problemcluster dazu, sich nicht wie gewünscht auf die intuitive Kontur zurückzuziehen, sondern sich im Gegenteil noch weiter auszudehnen. Die Minimierung der Bewertungsfunktion bekommt durch die AFCS-Distanzfunktion eine ganz andere Bedeutung, als wir es intuitiv bei euklidischen Abständen erwarten würden.

5.4 Der Fuzzy-c-Ellipsoidal-Shells-Algorithmus

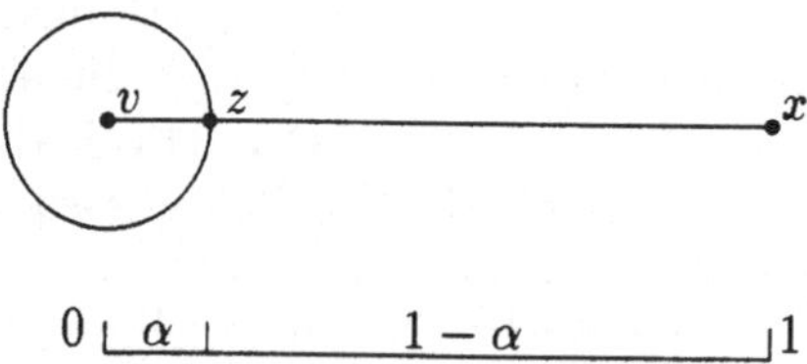

Abbildung 5.12: Distanzmaß beim FCES-Algorithmus

Ein weiteres Verfahren zur Detektion von ellipsenförmigen Clustern stammt von Frigui und Krishnapuram [21]. Durch eine Modifikation der Distanzfunktion versuchen sie dem euklidischen Abstand zu einer Ellipsenkontur näher zu kommen, um der Intuition entsprechende Analyseergebnisse zu erhalten. (Für Hinweise zur Anwendung des FCES auf den dreidimensionalen Fall siehe auch [22].) In der Abbildung 5.12 ist die Clusterkontur durch einen Kreis angedeutet, dessen Mittelpunkt mit v bezeichnet ist. Der euklidische Abstand eines Datums x von der

Clusterkontur ergibt sich aus der Länge der kürzesten Verbindung zwischen x und der Kontur. Die gesuchte Distanz des Datums x von der Kreiskontur entspricht dem Abstand der Daten z und x, wenn z durch den Schnittpunkt der Clusterkontur und der Geraden durch x und v definiert ist. Setzen wir anstelle des Kreises eine Ellipse ein, so entspricht $||z-x||$ nicht mehr genau dem euklidischen Abstand, weil die Gerade zwischen x und v die Clusterkontur nicht notwendig senkrecht schneidet, die Verbindung von Kontur und Datum also nicht mehr die kürzeste ist. Dennoch bedeutet der Ausdruck $||z-x||$ eine gute Näherung.

Da alle drei Punkte auf einer Geraden liegen, finden wir ein $\alpha \in [0,1]$ so, daß $(z-v) = \alpha(x-v)$. Da z auf der Ellipse liegt, gilt $(z-v)^\top A(z-v) = 1$, also $\alpha^2(x-v)^\top A(x-v) = 1$. Weiter gilt $x-z = x-z+v-v = (x-v)-(z-v) = (x-v)-\alpha(x-v) = (1-\alpha)(x-v)$ oder $||x-z||^2 = (1-\alpha)^2||x-v||^2$. Damit folgt zusammen mit $\alpha = \sqrt{\frac{1}{(x-v)^\top A(x-v)}}$ insgesamt

$$\begin{aligned} ||x-z||^2 &= \left(1 - \frac{1}{\sqrt{(x-v)^\top A(x-v)}}\right)^2 ||x-v||^2 \\ &= \frac{\left(\sqrt{(x-v)^\top A(x-v)} - 1\right)^2}{(x-v)^\top A(x-v)} ||x-v||^2. \end{aligned}$$

Dieser Ausdruck bildet die Distanzfunktion beim Fuzzy-c-Ellipsoidal-Shells-Algorithmus.

Satz 5.4 (Prototypen des FCES) *Sei* $p \in \mathbb{N}$, $D := \mathbb{R}^p$, $X = \{x_1, x_2, \ldots, x_n\} \subseteq D$, $C := \mathbb{R}^p \times \{A \in \mathbb{R}^{p\times p} \mid A \text{ positiv-definit}\}$, $c \in \mathbb{N}$, $E := \mathcal{P}_c(C)$, *b nach (1.7) mit* $m \in \mathbb{R}_{>1}$ *und*

$$d^2 : D \times C \to \mathbb{R},\ (x,(v,A)) \mapsto \frac{\left(\sqrt{(x-v)^\top A(x-v)} - 1\right)^2 ||x-v||^2}{(x-v)^\top A(x-v)}.$$

Wird b bezüglich allen probabilistischen Clustereinteilungen $X \to F(K)$ *mit* $K = \{k_1, k_2, \ldots, k_c\} \in E$ *bei gegebenen Zugehörigkeiten* $f(x_j)(k_i) = u_{i,j}$ *durch* $f : X \to F(K)$ *minimiert, so gilt mit* $k_i = (v_i, A_i)$*:*

$$0 = \sum_{j=1}^{n} \frac{u_{i,j}^m \left(\sqrt{d_{i,j}} - 1\right)}{d_{i,j}^2} \cdot \left[||x_j - v_i||^2 A_i + \left(\sqrt{d_{i,j}} - 1\right) d_{i,j} I \right] (x_j - v_i) \quad (5.6)$$

$$0 = \sum_{j=1}^{n} u_{i,j}^m (x_j - v_i)(x_j - v_i)^\top \left(\frac{||x_j - v_i||}{d_{i,j}} \right)^2 \left(\sqrt{d_{i,j}} - 1\right), \quad (5.7)$$

wobei I für die Identitätsmatrix des $\mathbb{R}^{p \times p}$ steht und

$$d_{i,j} := (x_j - v_i)^\top A_i (x_j - v_i)$$

für alle $j \in \mathbb{N}_{\leq n}$ und $i \in \mathbb{N}_{\leq c}$.

Beweis: Die probabilistische Clustereinteilung $f : X \to F(K)$ minimiere die Bewertungsfunktion b. Setze $f_{i,j} := \left(\sqrt{d_{i,j}} - 1\right)^2 ||x_j - v_i||^2$ und $g_{i,j} := \frac{1}{d_{i,j}}$ für alle $j \in \mathbb{N}_{\leq n}$ und $i \in \mathbb{N}_{\leq c}$. Dann ist also $b = \sum_{j=1}^{n} \sum_{i=1}^{c} u_{i,j}^m f_{i,j} \, g_{i,j}$. Aus der Minimalität folgt notwendig das Verschwinden der Richtungsableitungen. Also gilt für alle $i \in \mathbb{N}_{\leq c}$ und $\xi \in \mathbb{R}^p$:

$$\begin{aligned}
\frac{\partial f_{i,j}}{\partial v_i} &= \frac{\partial}{\partial v_i} \left(\sqrt{d_{i,j}} - 1\right)^2 (x_j - v_i)^\top I \, (x_j - v_i) \\
&= -\frac{2\left(\sqrt{d_{i,j}} - 1\right)}{2\sqrt{d_{i,j}}} 2\xi^\top A_i (x_j - v_i)\, (x_j - v_i)^\top I \, (x_j - v_i) \\
&\quad - \left(\sqrt{d_{i,j}} - 1\right)^2 2\xi^\top I \, (x_j - v_i) \\
&= -2\xi^\top \Bigg[A_i (x_j - v_i) ||x_j - v_i||^2 \frac{\sqrt{d_{i,j}} - 1}{\sqrt{d_{i,j}}} + \\
&\quad I \, (x_j - v_i) \left(\sqrt{d_{i,j}} - 1\right)^2 \Bigg].
\end{aligned}$$

$$\begin{aligned}
\frac{\partial g_{i,j}}{\partial v_i} &= \frac{\partial}{\partial v_i} \frac{1}{d_{i,j}} \\
&= \frac{1}{d_{i,j}^2} 2\xi^\top A_i (x_j - v_i).
\end{aligned}$$

$$\begin{aligned}
0 &= \frac{\partial b}{\partial v_i} = \sum_{j=1}^{n} u_{i,j}^m \left(\frac{\partial f_{i,j}}{\partial v_i} g_{i,j} + \frac{\partial g_{i,j}}{\partial v_i} f_{i,j} \right) \\
&= 2\xi^\top \sum_{j=1}^{n} u_{i,j}^m \Bigg[A_i(x_j - v_i)||x_j - v_i||^2 \cdot \\
&\quad \left(-\frac{\sqrt{d_{i,j}} - 1}{d_{i,j}\sqrt{d_{i,j}}} + \frac{\left(\sqrt{d_{i,j}} - 1\right)^2}{d_{i,j}^2} \right) - \frac{I\,(x_j - v_i)\left(\sqrt{d_{i,j}} - 1\right)^2}{d_{i,j}} \Bigg] \\
&= -2\xi^\top \sum_{j=1}^{n} \frac{u_{i,j}^m \left(\sqrt{d_{i,j}} - 1\right)}{d_{i,j}^2} \Bigg[A_i(x_j - v_i)||x_j - v_i||^2 \\
&\quad + I\,(x_j - v_i)\left(\sqrt{d_{i,j}} - 1\right) d_{i,j} \Bigg].
\end{aligned}$$

Da der letzte Ausdruck für alle $\xi \in \mathbb{R}^p$ verschwindet, muß

$$0 = \sum_{j=1}^{n} \frac{u_{i,j}^m \left(\sqrt{d_{i,j}} - 1\right)}{d_{i,j}^2} \left[||x_j - v_i||^2 A_i + \left(\sqrt{d_{i,j}} - 1\right) d_{i,j} I \right] (x_j - v_i)$$

gelten. Dies entspricht Gleichung (5.6). Bilden wir Richtungsableitungen im $\mathbb{R}^{p\times p}$, so folgt für alle $\Delta \in \mathbb{R}^{p\times p}$:

$$\begin{aligned}
\frac{\partial f_{i,j}}{\partial A_i} &= \frac{\partial}{\partial A_i} ||x_j - v_i||^2 \left(\sqrt{d_{i,j}} - 1\right)^2 \\
&= ||x_j - v_i||^2 \frac{\sqrt{d_{i,j}} - 1}{\sqrt{d_{i,j}}} (x_j - v_i)^\top \Delta (x_j - v_i)
\end{aligned}$$

$$\begin{aligned}
\frac{\partial g_{i,j}}{\partial A_i} &= \frac{\partial}{\partial A_i} \frac{1}{d_{i,j}} \\
&= -\frac{(x_j - v_i)\Delta(x_j - v_i)}{d_{i,j}^2}.
\end{aligned}$$

$$\begin{aligned}
0 &= \frac{\partial b}{\partial A_i} = \sum_{j=1}^{n} u_{i,j}^m \left(\frac{\partial f_{i,j}}{\partial A_i} g_{i,j} + \frac{\partial g_{i,j}}{\partial A_i} f_{i,j} \right) \\
&= \sum_{j=1}^{n} u_{i,j}^m \frac{(x_j - v_i)^\top \Delta (x_j - v_i)}{d_{i,j}} \Bigg[\frac{||x_j - v_i||^2 \left(\sqrt{d_{i,j}} - 1\right)}{\sqrt{d_{i,j}}} \\
&\quad - \frac{||x_j - v_i||^2 \left(\sqrt{d_{i,j}} - 1\right)^2}{d_{i,j}} \Bigg]
\end{aligned}$$

$$= \sum_{j=1}^{n} u_{i,j}^{m} (x_j - v_i)^{\top} \Delta (x_j - v_i) \left(\frac{||x_j - v_i||}{d_{i,j}} \right)^2 \left(\sqrt{d_{i,j}} - 1 \right).$$

Analog zu der Argumentation in Satz 5.3 erhält man daraus die Gleichung (5.7). ■

Wie schon beim Adaptive-Fuzzy-c-Shells liefert der Satz 5.4 keine explizite Form der Prototypen. Wieder ist ein Iterationsverfahren zur Lösung erforderlich. Aus denselben Gründen wie in Abschnitt 5.3 ist unter Verwendung eines einfachen Newton-Verfahrens nicht bei jedem Datensatz eine Konvergenz zu erzielen, da die Newton-Iteration bei singulären Matrizen abbricht. Solche Singularitäten können gerade kurz vor Erreichen des Endergebnisses leicht auftauchen, wenn in einer Komponente bereits das Minimum (oder ein Sattelpunkt) gefunden wurde.

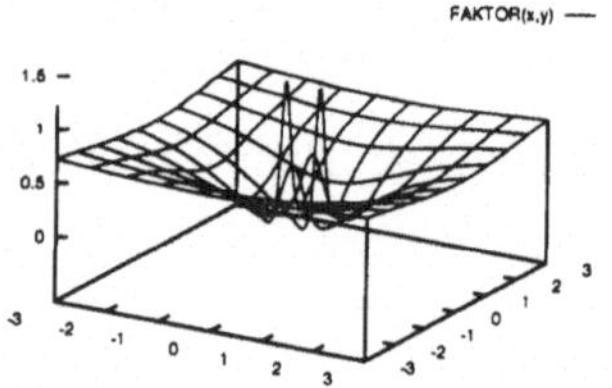

Abbildung 5.13: Distanzfunktion FCES ohne euklidischen Faktor

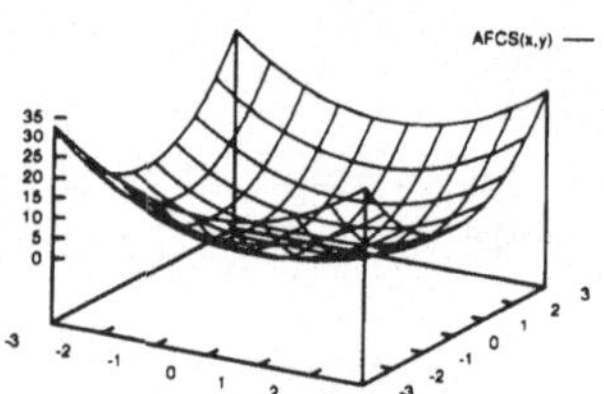

Abbildung 5.14: Distanzfunktion AFCS

Bezüglich der Komplexität stellt der FCES gegenüber dem AFCS keine Verbesserung dar; seine Existenzberechtigung liegt aber in der modifizierten Distanzfunktion. Bei langgestreckten Ellipsen werden von der AFCS-Distanzfunktion in Richtung der Ellipsenachsen sehr unterschiedliche Distanzen vergeben, genauso wie bei verschieden großen Ellipsen. Der Fuzzy-c-Ellipsoidal-Shells-Algorithmus leidet nicht unter diesen Unzulänglichkeiten. Abbildung 5.13 zeigt den Graphen von $\frac{(\sqrt{x^{\top}Ax}-1)^2}{x^{\top}Ax}$, also die FCES-Distanzfunktion ohne den Faktor der euklidischen Norm. Der Schnitt mit einer Ebene in der Höhe 0 gibt die Kontur der Ellipse an. Innerhalb dieser Ellipse wächst die Funktion gegen unendlich, außerhalb konvergiert sie gegen 1. Dort liefert die Multiplikation mit der euklidischen Norm dann annähernd euklidische Distanzen. Das bedeu-

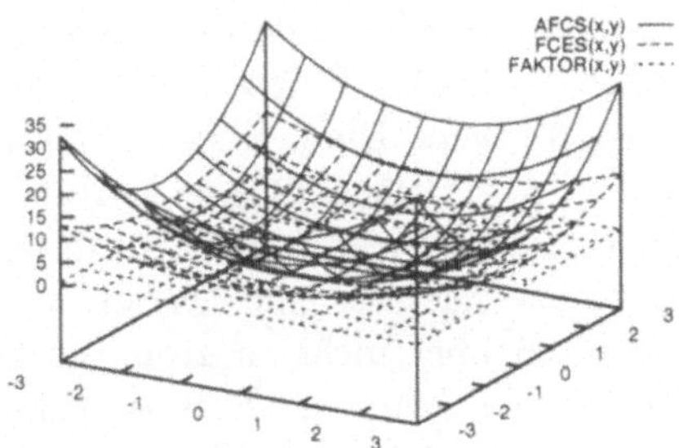

Abbildung 5.15: Distanzfunktion des AFCS und FCES, sowie der FCES-Faktor aus Abbildung 5.13

tet eine große Verbesserung gegenüber der Distanzfunktion des AFCS-Algorithmus, die Abbildung 5.14 zeigt. Innerhalb des kleinen dargestellten Bereichs liefert die Distanzfunktion schon Werte über 30, deutlich mehr als das Quadrat des euklidischen Abstands vom Ellipsenmittelpunkt ($3^2+3^2 = 18$), geschweige denn von der Ellipsenkontur. In diesem Maßstab ist die Ellipse selbst nicht mehr zu erkennen, da im Mittelpunkt der Ellipse die Distanzfunktion nur den Wert Eins annimmt. Abbildung 5.15 zeigt nun von oben nach unten die Distanzfunktion des AFCS, des FCES und die Funktion der Abbildung 5.13. Die Unterschiede zwischen AFCS- und FCES-Distanzfunktion sind beträchtlich. Der tatsächliche euklidische Abstand von der Ellipsenkontur liegt recht nahe der FCES-Distanzfunktion.

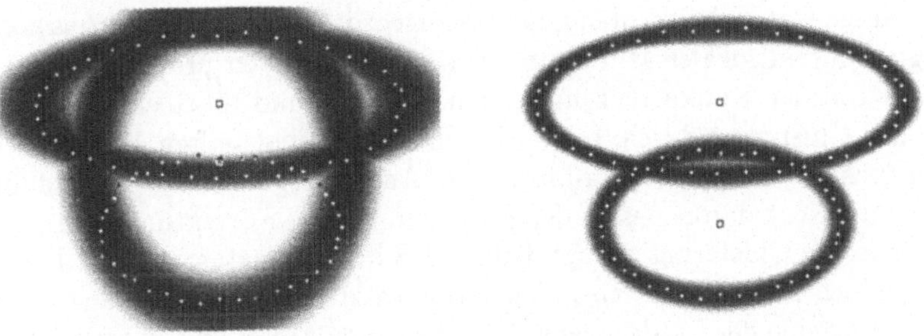

Abbildung 5.16: AFCS-Analyse

Abbildung 5.17: FCES-Analyse

Die Abbildungen 5.16 und 5.17 zeigen einen Datensatz, bei dem die veränderte Distanzfunktion zur besseren Einteilung geführt hat. Die Daten nahe des Schnittes der beiden Ellipsen werden vom AFCS komplett der oberen Ellipse zugeordnet. Diese Ellipse minimiert die Distanzen, indem sie zwischen den eigentlichen Ellipsenkonturen verläuft. Die Zugehörigkeiten dieser Daten sind jedoch auch für das Cluster der unteren Ellipse recht hoch, da sie maximal eine Distanz von 1 haben können. Damit sind die Distanzen aber nicht so groß, als daß sie das Cluster auf die richtige Form ziehen könnten. Dies ist jedoch bei dem FCES-Algorithmus der Fall, hier werden beide Ellipsen richtig erkannt. Daß es sich bei dem FCES-Ergebnis nicht um Zufall handelt, zeigt die Tatsache, daß ein FCES-Durchlauf mit der AFCS-Einteilung wieder zu Abbildung 5.17 führt. Die modifizierte Distanzfunktion hat in diesem Beispiel positiven Einfluß auf das Analyseergebnis. (Umgekehrt bleibt der AFCS-Algorithmus bei einer Initialisierung mit dem FCES-Algorithmus beim Ergebnis des FCES. Auch bei der AFCS-Distanzfunktion ist dieses Analyseergebnis also (wenigstens lokal) minimal.)

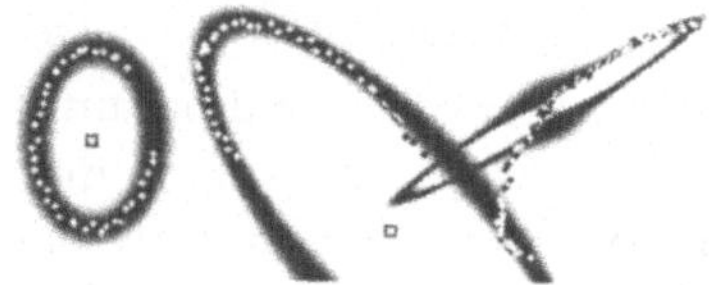

Abbildung 5.18: FCES-Analyse

Abbildung 5.19: P-FCES-Analyse

Daß der FCES damit grundsätzlich die intuitive Einteilung besser trifft, stimmt jedoch nicht. Der Datensatz aus Abbildung 5.18 wurde vom AFCS korrekt eingeteilt, wie Abbildung 5.8 zeigte. Beim FCES-Durchlauf ist offenbar das mittlere Cluster *schneller* gewesen und hat sich einige Daten des rechten Clusters zugeordnet. Der Algorithmus konvergiert in ein lokales Minimum. Entbindet man den probabilistischen FCES von der Konkurrenz unter den Clustern und führt ein possibilistisches Clustering durch, so werden die falsch eingeteilten Daten auch dem rechten Cluster zugeordnet. Das Analyseergebnis aus Abbildung 5.19 entspricht damit besser der Intuition. (Diese Korrektur durch possibilistisches Clustering gelingt dem AFCS bei den Daten aus Abbildung 5.16 jedoch nicht. Es ist also nicht grundsätzlich durch possibilistisches Clustering eine der Intuition eher entsprechende Einteilung zu erreichen.)

Bei langgestreckten Ellipsen ist in der Zugehörigkeit nahe der Hauptachsen eine kleine Ausbuchtung höherer Zugehörigkeiten sichtbar (siehe zum Beispiel Abbildung 5.18), die aus der Distanzfunktion herrührt. An diesen Stellen wird deutlich, daß es sich eben noch nicht um eine exakte euklidische Distanz handelt. Diese Tatsache mag bei der graphischen Darstellung etwas verwirrend scheinen, beeinflußt die Analyseergebnisse aber nicht merklich.

Eine Schwachstelle hat jedoch auch die Distanzfunktion des Fuzzy-c-Ellipsoidal-Shells-Algorithmus. In der Gleichung (5.7) wird durch $d_{i,j}^2$ dividiert. Durch positiv-definite Matrizen A mit sehr großen Elementen wächst $d_{i,j}^2$ stark an. Bei der Suche nach einer Nullstelle von (5.7) tendiert das Newton-Verfahren daher manchmal zu immer größer werdenden Matrizen, um im Unendlichen eine vermeintliche Lösung zu finden. Tatsächlich degeneriert das Cluster dabei zu einer sehr kleinen Ellipse und hat für die Bilderkennung keinen Wert.

5.5 Der Fuzzy-c-Ellipses-Algorithmus

Die bisher vorgestellten Algorithmen zur Ellipsendetektion erfordern den Einsatz numerischer Verfahren zur Bestimmung der Prototypen. Gath und Hoory stellen mit dem Fuzzy-c-Ellipses (FCE) [24] einen Algorithmus zur Erkennung von Ellipsen vor, der eine fast euklidische Distanzfunktion verwendet und explizite Berechnungsvorschriften für die Prototypen enthält. Allerdings minimieren die Prototypen nicht die Bewertungsfunktion bezüglich den gegebenen Zugehörigkeiten, allenfalls wird ein kleinerer Wert in der Bewertungsfunktion erreicht, aber kein (lokales) Minimum. Die von Bezdek relativ allgemein gehaltenen Voraussetzungen für eine Konvergenz der Fuzzy-Clustering-Verfahren werden damit nicht eingehalten, der FCE-Algorithmus weicht in diesem Punkt deutlich von den anderen Algorithmen ab. Allein schon der hohe Rechenaufwand von AFCS und FCES durch die impliziten Prototypen macht aber eine Betrachtung des FCE-Algorithmus interessant. Außerdem war für die Verwendung des Newton-Verfahrens gezeigt worden, daß auch dort (auf Kosten einiger weiterer Iterationsschritte) nicht bis zum Erreichen des Minimums gerechnet werden muß, um ein gutes Analyseergebnis zu bekommen [10]. (Dies bestätigt auch den subjektiven Eindruck, daß der FCE-Algorithmus mehr Iterationsschritte benötigt, als ein vergleichbarer AFCS- oder FCES-Durchlauf.)

Ein Ellipsen-Prototyp des FCE wird durch zwei Brennpunkte v^0, v^1 und einen Radius r charakterisiert. Die Distanzfunktion ermittelt den Abstand eines Datums x von der Ellipse durch $|\ ||x - v^0|| + ||x - v^1|| - r\ |$.

Die so definierte Distanzfunktion liegt nicht nur nahe am euklidischen Distanzmaß, sondern ist gegenüber dem FCES auch noch recht einfach strukturiert. Statt der vorher verwendeten Mittelpunktform wird hier die Brennpunktform verwendet, wie sie beispielsweise auch in den Kepler'schen Gesetzen Anwendung findet.

Bemerkung 5.5 (Prototypen des FCE) *Sei* $D := \mathbb{R}^2$, $X = \{x_1, x_2, \ldots, x_n\} \subseteq D$, $C := \mathbb{R}^2 \times \mathbb{R}^2 \times \mathbb{R}$, $c \in \mathbb{N}$, $E := \mathcal{P}_c(C)$, b *nach (1.7) mit* $m \in \mathbb{R}_{>1}$ *und*

$$d^2 : D \times C \to \mathbb{R}, \ (x, (v^0, v^1, r)) \mapsto (\ ||x - v^0|| + ||x - v^1|| - r\ )^2.$$

Wird b *bezüglich allen probabilistischen Clustereinteilungen* $X \to F(K)$ *mit* $K = \{k_1, k_2, \ldots, k_c\} \in E$ *bei gegebenen Zugehörigkeiten* $f(x_j)(k_i) = u_{i,j}$ *durch* $f : X \to F(K)$ *minimiert, so gilt mit* $k_i = (v_i^0, v_i^1, r_i)$ *und* $l \in \{0, 1\}$*:*

$$0 = -2 \sum_{j=1}^{n} u_{i,j}^m (||x_j - v_i^0|| + ||x_j - v_i^1|| - r_i), \tag{5.8}$$

$$0 = -2 \sum_{j=1}^{n} u_{i,j}^m \left[(x_j - v_i^l) + (||x_j - v_i^{1-l}|| - r_i) \frac{x_j - v_i^l}{||x_j - v_i^l||} \right] \tag{5.9}$$

Die Gleichungen (5.8) und (5.9) ergeben sich wieder direkt aus den partiellen Ableitungen nach dem Radius und den Vektorkomponenten. Und wieder legen die Ableitungen den Einsatz eines Iterationsverfahrens zur Lösung der Gleichungen nahe. Beim FCE-Algorithmus wird aber der neue Radius r_i berechnet, indem (5.8) nach r_i umgeformt wird und die alten Brennpunkte eingesetzt werden:

$$r_i = \frac{\sum_{j=1}^{n} u_{i,j}^m (||x_j - v_i^0|| + ||x_j - v_i^1||)}{\sum_{j=1}^{n} u_{i,j}^m}.$$

Anschließend wird die Gleichung (5.9) zu

$$v_i^l = \frac{\sum_{j=1}^{n} u_{i,j}^m \left(x_j + (||x_j - v_i^{1-l}|| - r_i) \frac{x_j - v_i^l}{||x_j - v_i^l||} \right)}{\sum_{j=1}^{n} u_{i,j}^m}.$$

umgestellt und mit dem soeben berechneten r_i und abermals den alten Brennpunkten ausgewertet. Ein solch unkonventionelles Vorgehen ist grundsätzlich natürlich auch bei anderen (bereits vorgestellten) Algorithmen denkbar und wurde für die FCS-Gleichungen durch Man und Gath (Fuzzy-c-Rings [51]) auch durchgeführt. Diese Vorgehensweise ist vom Standpunkt der Konvergenzbetrachtungen aber etwas kritisch.

Die Art und Weise, wie die jeweils neuen Prototypen berechnet werden, erfordert es, daß eine Initialisierung in Form von FCE-Prototypen vorgegeben wird – denn diese werden zur Ermittlung der Prototypen im nächsten Iterationsschritt benötigt. Eine Initialisierung allein durch Zugehörigkeiten, die etwa von einigen FCM-Schritten erzeugt wurden, ist nicht möglich. Gath und Hoory geben daher folgende Initialisierung vor: Nach zehn FCM-Schritten wird die Fuzzy-Kovarianzmatrix

$$S_i = \frac{\sum_{j=1}^{n} u_{i,j}^m (x_j - v_i)(x_j - v_i)^\top}{\sum_{j=1}^{n} u_{i,j}^m}$$

gebildet, wobei v_i der FCM-Mittelpunkt des Clusters i ist. Von S_i werden die Eigenvektoren e_i^0 und e_i^1 mit den zugehörigen Eigenwerten λ_i^0 und λ_i^1 bestimmt. Jeder Eigenwert entspricht dem Quadrat der Länge einer Ellipsenachse. Durch den Index 0 seien Eigenwert und Eigenvektor der Hauptachse bezeichnet. (Die Hauptachse hat den größeren Eigenwert.) Dann ergeben sich mit $f_i = \frac{\sqrt{\lambda_i^0 - \lambda_i^1}}{2}$ die Brennpunkte aus $v_i^0 = v_i + f_i \cdot e_i^0$ und $v_i^1 = v_i - f_i \cdot e_i^0$. Der Radius r_i wird mit der Länge der Ellipsenhauptachse $\sqrt{\lambda_i^0}$ initialisiert. Beim Datensatz aus Abbildung 5.7 reicht zur Erkennung der fünf Ellipsen bereits die Initialisierungsprozedur aus. Für separat liegende Ellipsen scheint das Vorgehen des FCE-Algorithmus in jedem Fall ausreichend zu sein. (Ist bekannt, daß die Ellipsencluster ineinander verschachtelt liegen, so raten Gath und Hoory c Kreiscluster mit unterschiedlichen Radien um den Schwerpunkt aller Daten zu streuen und dies als Initialisierung (statt FCM) zu verwenden.)

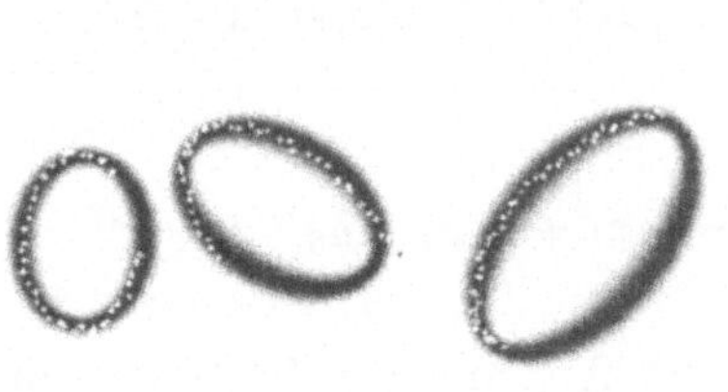

Abbildung 5.20: FCE-Analyse

Abbildung 5.21: P-FCE-Analyse

Aber auch bei Beispielen, die der AFCS- und FCES-Algorithmus nicht korrekt clustern konnten, schlägt sich der FCE-Algorithmus nicht schlechter, wie die Abbildungen 5.20 und 5.21 zeigen. Die Ellipsensegmente treffen die ursprünglichen Ellipsen zwar nicht ganz genau, aber besser als es die beiden anderen Algorithmen vorher vermochten. Den Datensatz aus Abbildung 5.9 clustert der FCE genauso (falsch), wie es vorher beim AFCS der Fall war (Abbildung 5.21). Die Ähnlichkeit der Ergebnisse ist angesichts der enorm vereinfachten Rechenvorschrift dennoch bemerkenswert. Zudem scheint der negative Einfluß der Stördaten beim FCE-Algorithmus aufgrund der Distanzfunktion nicht so stark wie beim AFCS ins Gewicht zu fallen, denn das Ausreißercluster wird durch zwei Daten auf der großen Kontur fixiert, nicht durch die weiter rechts liegenden Stördaten.

5.6 Der Fuzzy-c-Quadric-Shells-Algorithmus

Der Nachteil der letzten Algorithmen zur Erkennung von elliptischen Konturen liegt in der Notwendigkeit zur *numerischen* Lösung eines nicht-linearen Gleichungssystems oder einer zweifelhaften Methode zur Prototyp-Bestimmung. Der Fuzzy-c-Quadric-Shells-Algorithmus kommt ohne derartige Verfahren aus, die Prototypen können in einer geschlossenen Form angegeben werden. Darüber hinaus ist der Fuzzy-c-Quadric-Shells-Algorithmus [45, 46, 47] grundsätzlich in der Lage, neben Kreis- und Ellipsenkonturen zusätzlich Hyperbeln, Parabeln oder lineare Cluster zu erkennen. Die Prototypen sind Polynome zweiten Grades, deren Nullstellenmenge (affine Quadriken) die Cluster beschreiben. Im zweidimensionalen Fall der Bilderkennung geht die Distanz eines Datums (x_1, x_2) vom Prototypen $a = (a_1, a_2, \ldots, a_6) \in \mathbb{R}^6$ direkt aus dem quadratischen Polynom

$$a_1 x_1^2 + a_2 x_2^2 + a_3 x_1 x_2 + a_4 x_1 + a_5 x_2 + a_6$$

hervor, dessen Funktionswert Maß für den Abstand zur Nullstelle – und damit zur affinen Quadrik – ist. (Das quadratische Polynom wird in Satz 5.6 in Matrizenform notiert.) Im Falle des $\mathbb{R}^2$ sind die Quadriken gerade die Kegelschnitte.

Die Minimierung der Distanzfunktion führt unter anderem zur trivialen Lösung $a = 0$, die wir durch eine zusätzliche Nebenbedingung verhindern müssen. Krishnapuram, Frigui und Nasraoui [45, 46, 47] schlagen dazu $\|(a_1, a_2, a_3)\|^2 = 1$ vor. Obwohl diese Nebenbedingung im zweidimensionalen Fall lineare Cluster ausschließt, wird sie dennoch meistens verwendet, weil sie zu einer einfachen Berechnungsvorschrift führt. Geraden werden von diesem Algorithmus dann durch Hyperbeln oder Parabeln angenähert.

Satz 5.6 (Prototypen des FCQS) *Sei* $p \in \mathbb{N}$, $D := \mathbb{R}^p$, $X = \{x_1, x_2, \ldots, x_n\} \subseteq D$, $r := \frac{p(p+1)}{2}$, $C := \mathbb{R}^{r+p+1}$, $c \in \mathbb{N}$, $E := \mathcal{P}_c(C)$, b *nach (1.7) mit* $m \in \mathbb{R}_{>1}$,

$$\Phi : C \to \mathbb{R}^{p \times p},$$

$$(a_1, a_2, \ldots, a_{r+p+1}) \mapsto \begin{pmatrix} a_1 & \frac{1}{2}a_{p+1} & \frac{1}{2}a_{p+2} & \cdot & \cdot & \frac{1}{2}a_{2p-1} \\ \frac{1}{2}a_{p+1} & a_2 & \frac{1}{2}a_{2p} & \cdot & \cdot & \frac{1}{2}a_{3p-3} \\ \frac{1}{2}a_{p+2} & \frac{1}{2}a_{2p} & a_3 & \cdot & \cdot & \frac{1}{2}a_{4p-6} \\ \cdot & \cdot & \cdot & \cdot & \cdot & \cdot \\ \cdot & \cdot & \cdot & \cdot & \cdot & \frac{1}{2}a_r \\ \frac{1}{2}a_{2p-1} & \frac{1}{2}a_{3p-3} & \frac{1}{2}a_{4p-6} & \cdot & \frac{1}{2}a_r & a_p \end{pmatrix}$$

und

$$\begin{aligned} d^2 : D \times C &\to \mathbb{R}, \\ (x, a) &\mapsto \left(x^\top \Phi(a)\, x + x^\top (a_{r+1}, a_{r+2}, \ldots, a_{r+p})^\top + a_{r+p+1}\right)^2 . \end{aligned}$$

Wird b *bezüglich allen probabilistischen Clustereinteilungen* $X \to F(K)$ *mit* $K = \{k_1, k_2, \ldots, k_c\} \in E$ *bei gegebenen Zugehörigkeiten* $f(x_j)(k_i) = u_{i,j}$ *durch* $f : X \to F(K)$ *mit* $p_i = (k_{i,1}, k_{i,2}, \ldots, k_{i,p}, \frac{k_{i,p+1}}{\sqrt{2}}, \frac{k_{i,p+2}}{\sqrt{2}}, \ldots, \frac{k_{i,r}}{\sqrt{2}})$ *und* $q_i = (k_{i,r+1}, k_{i,r+2}, \ldots, k_{i,p+1})$ *unter der Nebenbedingung* $\|p_i\| = 1$ *minimiert, so gilt:*

$$p_i \quad \text{ist Eigenvektor zu } R_i - T_i^\top S_i^{-1} T_i \text{ mit minimalem Eigenwert} \tag{5.10}$$

$$q_i = -S_i^{-1} T_i p_i , \tag{5.11}$$

wobei

$$R_i = \sum_{j=1}^{n} u_{i,j}^m \tilde{R}_j, \quad S_i = \sum_{j=1}^{n} u_{i,j}^m \tilde{S}_j, \quad T_i = \sum_{j=1}^{n} u_{i,j}^m \tilde{T}_j$$

und für alle $j \in \mathbb{N}_{\leq n}$

$$\begin{aligned}
\tilde{R}_j &= r_j r_j^\top, \quad \tilde{S}_j = s_j s_j^\top, \quad \tilde{T}_j = s_j r_j^\top \\
r_j^\top &= (x_{j,1}^2, x_{j,2}^2, \ldots, x_{j,p}^2, \sqrt{2}x_{j,1}x_{j,2}, \sqrt{2}x_{j,1}x_{j,3}, \ldots, \sqrt{2}x_{j,1}x_{j,p}, \\
&\quad \sqrt{2}x_{j,2}x_{j,3}, \sqrt{2}x_{j,2}x_{j,4}, \ldots, \sqrt{2}x_{j,p-1}x_{j,p}) \\
s_j^\top &= (x_{j,1}, x_{j,2}, \ldots x_{j,p}, 1) \quad .
\end{aligned}$$

Beweis: Die probabilistische Clustereinteilung $f : X \to F(K)$ minimiere die Bewertungsfunktion b unter der Nebenbedingung $||p_i|| = 1$. Ähnlich wie beim Fuzzy-c-Spherical-Shells-Algorithmus läßt sich die Distanzfunktion umschreiben als $d^2(x_j, k_i) = k_i^\top \tilde{M}_j k_i$, wobei $\tilde{M}_j := \begin{pmatrix} \tilde{R}_j & \tilde{T}_j^\top \\ \tilde{T}_j & \tilde{S}_j \end{pmatrix}$ für alle $j \in \mathbb{N}_{\leq n}$. Bei Berücksichtigung der Nebenbedingung durch Einführung von Lagrangeschen Multiplikatoren bekommt die Bewertungsfunktion damit die Form $b = \sum_{j=1}^{n} \sum_{i=1}^{c} u_{i,j}^m \; k_i^\top \tilde{M}_j k_i - \lambda_i \left(||p_i|| - 1\right)$. Aus der Minimalität folgt notwendig eine Nullstelle der Richtungsableitung von b nach k_i. Es gilt also für alle $\xi \in \mathbb{R}^{r+p+1}$ mit $M_i := \sum_{j=1}^{n} u_{i,j}^m \tilde{M}_j$:

$$\begin{aligned}
0 &= \frac{\partial b}{\partial k_i} \\
&= \frac{\partial}{\partial k_i} \left(k_i^\top M_i k_i - \lambda_i \left(||p_i|| - 1 \right) \right) \\
&= -2\xi^\top M_i k_i - 2\lambda_i (\xi_1, \xi_2, \ldots, \xi_r)^\top p_i \\
&= -2\xi^\top \left(M_i k_i - \lambda_i \begin{pmatrix} p_i \\ 0 \end{pmatrix} \right).
\end{aligned}$$

Da der letzte Ausdruck für alle $\xi \in \mathbb{R}^{r+p+1}$ verschwindet, folgt weiter:

$$
\begin{aligned}
M_i k_i &= \lambda_i \begin{pmatrix} p_i \\ 0 \end{pmatrix} && (5.12) \\
\Leftrightarrow \quad \begin{pmatrix} R_i & T_i^\top \\ T_i & S_i \end{pmatrix} \begin{pmatrix} p_i \\ q_i \end{pmatrix} &= \lambda_i \begin{pmatrix} p_i \\ 0 \end{pmatrix} \\
\Leftrightarrow \quad \begin{pmatrix} R_i p_i + T_i^\top q_i \\ T_i p_i + S_i q_i \end{pmatrix} &= \lambda_i \begin{pmatrix} p_i \\ 0 \end{pmatrix} \\
\Leftrightarrow \quad \begin{pmatrix} R_i p_i + T_i^\top q_i \\ q_i \end{pmatrix} &= \begin{pmatrix} \lambda_i p_i \\ -S_i^{-1} T_i p_i \end{pmatrix} \\
\Leftrightarrow \quad \begin{pmatrix} \left(R_i - T_i^\top S_i^{-1} T_i\right) p_i \\ q_i \end{pmatrix} &= \begin{pmatrix} \lambda_i p_i \\ -S_i^{-1} T_i p_i \end{pmatrix} .
\end{aligned}
$$

Der untere Teil der letzten Gleichung ist identisch mit (5.11). Der obere Teil hat r Lösungen, nämlich die Eigenvektoren und zugehörigen Eigenwerte der Matrix $R_i - T_i^\top S_i^{-1} T_i$ für p_i und λ_i. Aus der Minimalität von b für f folgt aus der Ableitung nach λ_i die Gültigkeit der Nebenbedingung $||p_i|| = 1$. Daraus ergibt sich zusammen mit Gleichung (5.12) für die Bewertungsfunktion:

$$
b = \sum_{j=1}^{n} \sum_{i=1}^{c} u_{i,j}^m \, k_i^\top \lambda_i \begin{pmatrix} p_i \\ 0 \end{pmatrix} = \lambda_i \sum_{j=1}^{n} \sum_{i=1}^{c} u_{i,j}^m \, p_i^\top p_i = \lambda_i \sum_{j=1}^{n} \sum_{i=1}^{c} u_{i,j}^m .
$$

Aus den möglichen Eigenwert/Eigenvektor-Kombinationen wählen wir also diejenige aus, die bei normiertem Eigenvektor den kleinsten Eigenwert besitzt, womit auch (5.10) gezeigt ist. ■

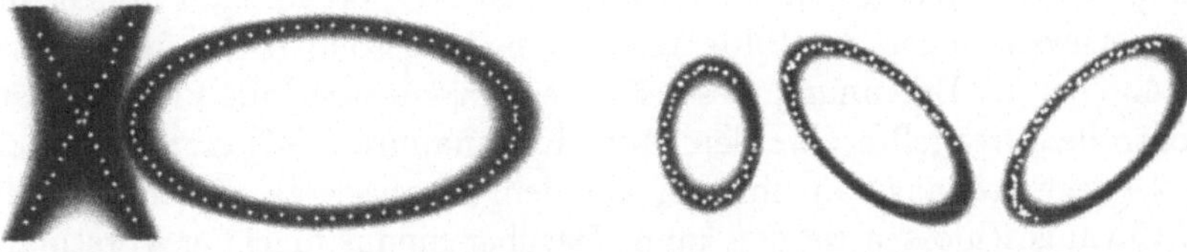

Abbildung 5.22: FCQS-Analyse

Abbildung 5.23: FCQS-Analyse

Krishnapuram, Frigui und Nasraoui [47] empfehlen eine Initialisierung des Fuzzy-c-Quadric-Shells-Algorithmus durch zehn Fuzzy-c-Means-Schritte mit $m = 3$, zehn Gustafson-Kessel-Schritte mit $m = 3$ und fünf Fuzzy-c-Shells-Schritte mit $m = 2$. Zwei Analyseergebnisse des FCQS bei bereits bekannten Datensätzen zeigen die Abbildungen 5.22 und 5.23. In beiden Fällen liefert die Initialisierung eine sehr gute Näherung für die endgültige Clustereinteilung. Entsprechend sind die Ergebnisse des Algorithmus sehr gut. Die beiden gekreuzten Linien aus Abbildung 5.22 werden durch eine einzige Quadrik (eine Hyperbel) geclustert. Versucht man diesen Datensatz auf drei Cluster einzuteilen, so bleiben die beiden abgebildeten Cluster bestehen, und das neue Cluster wird zu einer Parabel, die naturgemäß keine Daten einteilt, die nicht schon von den anderen beiden Clustern erfaßt worden wären.

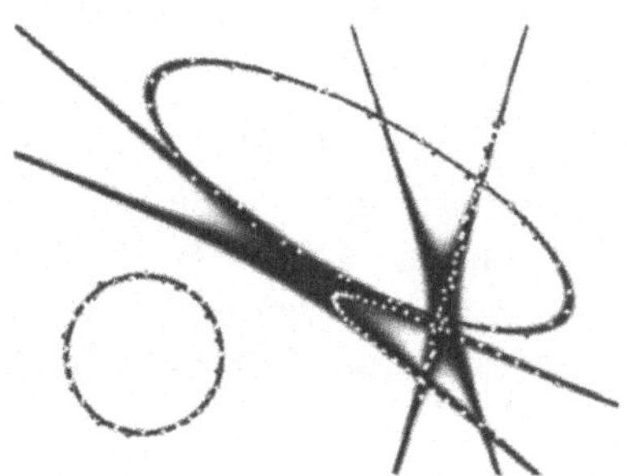

Abbildung 5.24: FCQS-Analyse

Abbildung 5.25: FCQS-Analyse

Abbildung 5.24 zeigt eine Ellipse, einen Kreis, eine Gerade und eine Parabel, die vom Fuzzy-c-Quadric-Shells-Algorithmus ebenfalls recht gut erkannt werden. Ginge es nur um die richtige Zusammenfassung der Daten in Clustern, so wäre das Ergebnis sogar sehr gut. Ein ähnliches Ergebnis zeigt Abbildung 5.25. In beiden Abbildungen werden Geraden- und Parabelformen durch Hyperbeln erkannt, so daß eine Nachbereitung des Analyseergebnisses notwendig ist. Hyperbeln sind in den meisten Anwendungen der Bilderkennung nicht besonders häufige Muster, so daß bei der Erkennung dieser Formen automatisch eine Plausibilitätskontrolle durchgeführt werden kann. Krishnapuram [47] gibt die Tabelle A.2 (siehe Anhang) an, mit der aus dem Analyseergebnis auf die Clusterform geschlossen werden kann. Darüber hinaus macht er Vorschläge, wie aus Hyperbeln, Parabeln oder extrem langgezogenen Ellipsen auf tatsächlich vorhandene Geradenstücke im Bild geschlossen werden kann.

Da der Fuzzy-c-Quadric-Shells-Algorithmus echte Geraden aufgrund seiner Definition nicht erkennen kann (das verhindert die Einhaltung der Nebenbedingung), gibt er einen weiteren Algorithmus an, der die Erkennung von Linien nachträglich durchführt.

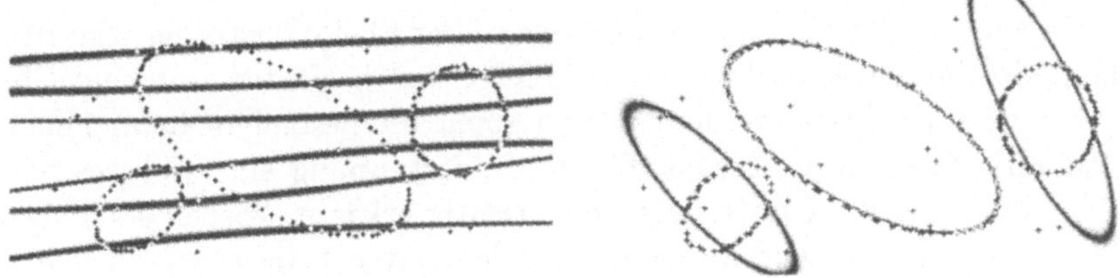

Abbildung 5.26: FCQS-Analyse Abbildung 5.27: FCQS-Analyse

Alle bisher verwendeten Testmuster wurden künstlich erzeugt. Die Daten eines durch Konturoperatoren nachbearbeiteten *echten* Bildes können eine etwas andere *Struktur* haben. Bei der künstlichen Erzeugung von Daten auf einem Ellipsenrand liegt es nahe, nach jeweils einem bestimmten Winkel einen Punkt in der Nähe des Randes zu setzen. Bei diesem Vorgehen entsteht an der Hauptachse der Ellipse eine größere Punktdichte als bei der kleineren Achse. Die Daten auf dem Ellipsenrand haben nicht den gleichen Abstand auf dem Ellipsenbogen. Bei einigen älteren Aufsätzen ist diese Unregelmäßigkeit ebenfalls zu beobachten [17]. Bei den Aufsätzen zum Fuzzy-c-Quadric-Shells-Algorithmus fällt auf, daß nun eher an der kurzen Achse die Punktdichte höher ist. Abbildung 5.26 zeigt einen Datensatz, der in der beschriebenen Weise erzeugt wurde. Abbildung 5.27 zeigt dieselben Ellipsen, jedoch wurden sie durch weitere Daten nahe der kurzen Ellipsenachsen verstärkt. Diese kleine - auf den ersten Blick nicht einmal auffallende - Veränderung bewirkt ein völlig unterschiedliches Analyseergebnis. Bei Abbildung 5.26 häufen sich viele Daten auf einem relativ kurzen Ellipsensegment. Diese Regionen hoher Datendichte können punktuell minimiert werden. Durch langgezogene Ellipsen oder Hyperbeln läßt sich der gesamte Datensatz flächig abdecken, wobei die Regionen hoher Datendichte von den Clusterkonturen direkt durchlaufen werden. Das Ergebnis hat für die Bilderkennung keinen Wert. Bei Abbildung 5.27 werden die Ellipsenkonturen deutlich besser erkannt, sie werden nur durch die umliegenden Stördaten verfälscht, vornehmlich von den außerhalb der Kontur liegenden. Der Fuzzy-c-Quadric-Shells-Algorithmus reagiert also sehr empfindlich auf die Verteilung der Daten entlang der Kontur. Dies ist bei der Aufbereitung von Bildern für den Algorithmus unter Umständen zu berücksichtigen, wenn die Analyseergebnisse nicht wie gewünscht ausfallen. Der Normalfall bei der Bilderkennung dürfte jedoch der sein, daß die Daten entlang der Ellipsenkonturen in gleichen Abständen vorliegen und nicht die Unregelmäßigkeit der künstlichen Datensätze besitzen.

In einigen älteren Veröffentlichungen über Shell-Clustering-Algorithmen wird in den Abbildungen nur gezeigt, welche Daten zu einem Cluster zusammengefaßt werden. Dabei spielt es, besonders beim Fuzzy-c-Quadric-Shells-Algorithmus, für die Bilderkennung eine viel wesentlichere Rolle, ob die Clusterparameter richtig erkannt worden sind. Daß aus einer richtigen Zusammenfassung der Daten keineswegs auch eine richtige Bestimmung dieser Parameter folgt, zeigt zum Beispiel Abbildung 5.27.

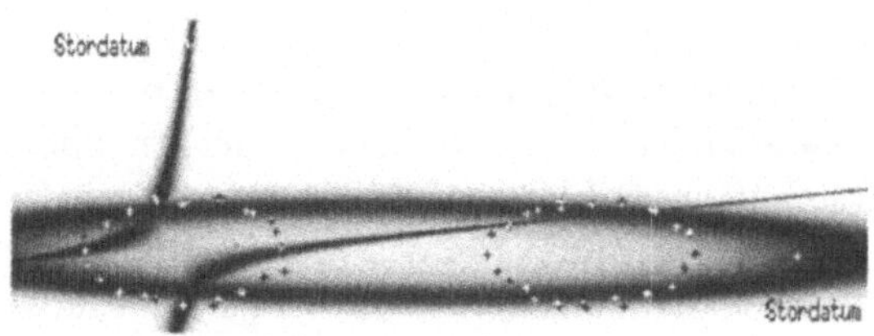

Abbildung 5.28: FCQS-Analyse

Possibilistisches Clustering ist auch mit dem Fuzzy-c-Quadric-Shells möglich, jedoch wird die gewünschte Wirkung nur erzielt, wenn die Cluster nicht zu stark von der intuitiven Einteilung abweichen. Außerdem kann der FCQS-Algorithmus durch seine Vielzahl von möglichen Clusterformen oft eine (völlig unerwünschte) Form finden, die sowohl das eigentliche Cluster als auch die Stördaten abdeckt – wie in Abbildung 5.28, bei der die Clusterform offensichtlich von (nur) zwei Stördaten maßgeblich beeinflußt wurde. In diesem Fall bringt auch ein possibilistischer Durchlauf keine Verbesserung.

Die Distanzfunktion des FCQS-Algorithmus ist leider wieder hochgradig nicht-linear, wie es schon beim AFCS-Algorithmus der Fall war. Bei gleichem euklidischen Abstand liefert die Distanzfunktion bei kleineren Quadriken größere Werte als bei größeren Quadriken und innerhalb einer Quadrik kleiner Distanzen als außerhalb. Da sich die intuitive Einteilung aus euklidischen Abstandbetrachtungen ergibt, ist der Grund für Fehleinteilungen auch bei der Distanzfunktion zu suchen.

5.7 Der modifizierte Fuzzy-c-Quadric-Shells-Algorithmus

Aufgrund der Unzulänglichkeiten der FCQS-Distanzfunktion liegt es nahe, eine Modifikation einzuführen, wie sie schon am AFCS-Algorithmus vorgenommen wurde. Wieder bezeichnen wir mit z den Punkt, der sich aus dem Schnittpunkt von Quadrik und der Geraden zwischen Datum x und Quadrikmittelpunkt ergibt (siehe auch Abbildung 5.12). Insbesondere ist die Distanz des Punktes z von der Quadrik Null. Im zweidimensionalen Fall gilt also für $k \in \mathbb{R}^6$:

$$z^\top Az + z^\top b + c = 0 \quad \text{mit} \quad A = \begin{pmatrix} k_1 & \frac{1}{2}k_3 \\ \frac{1}{2}k_3 & k_2 \end{pmatrix}, \, b = \begin{pmatrix} k_4 \\ k_5 \end{pmatrix}, \, c = k_6.$$

Um die Berechnung von z zu vereinfachen, führen wir zunächst eine Rotation der Quadrik um einen Winkel α durch, so daß ihre Achsen parallel zu den Koordinatenachsen liegen, also A zur Diagonalmatrix wird. Durch die Rotation ändert sich der Abstand der (ebenfalls rotierten) Punkte x und z nicht.

Sei also $R = \begin{pmatrix} \cos(\alpha) & \sin(\alpha) \\ -\sin(\alpha) & \cos(\alpha) \end{pmatrix}$, $\tilde{A} = \begin{pmatrix} a_1 & a_3 \\ a_3 & a_2 \end{pmatrix} = R^\top AR$, $\tilde{b} = \begin{pmatrix} a_4 \\ a_5 \end{pmatrix} = R^\top b$ und $\tilde{c} = a_6 = c$. Aus der Forderung nach einer Diagonalmatrix folgt zusammen mit den trigonometrischen Additionstheoremen:

$$\begin{aligned}
0 &= a_3 \\
&= \cos(\alpha)\sin(\alpha)(k_1 - k_2) + \frac{k_3}{2}(\cos^2(\alpha) - \sin^2(\alpha)) \\
\Leftrightarrow \quad (k_1 - k_2)\sin(2\alpha) &= -\frac{k_3}{2}\, 2\cos(2\alpha) \\
\Leftrightarrow \quad \frac{\sin(2\alpha)}{\cos(2\alpha)} &= \frac{-k_3}{k_1 - k_2} \\
\Leftrightarrow \quad \alpha &= \frac{1}{2}\operatorname{atan}\left(\frac{-k_3}{k_1 - k_2}\right).
\end{aligned}$$

Wir bezeichnen mit $\tilde{z} = R^\top z$ und $\tilde{x} = R^\top x$ die ebenfalls rotierten Punkte z und x. Der Abstand von $\tilde{z}$ zu $\tilde{x}$ läßt sich als Minimierung des Abstands $||\tilde{x} - \tilde{z}||^2$ unter der Nebenbedingung $\tilde{z}^\top \tilde{A}\tilde{z} + \tilde{z}^\top \tilde{b} + \tilde{c} = 0$ formulieren.

Mit Hilfe eines Lagrangeschen Multiplikators λ folgt also notwendig für alle $\xi \in \mathbb{R}^2$:

$$\begin{aligned} 0 &= \frac{\partial}{\partial \tilde{z}} \left[(\tilde{x} - \tilde{z})^\top (\tilde{x} - \tilde{z}) - \lambda(\tilde{z}^\top \tilde{A} \tilde{z} + \tilde{z}^\top \tilde{b} + \tilde{c}) \right] \\ &= -2\xi^\top (\tilde{x} - \tilde{z}) - 2\lambda \xi^\top \tilde{A} \tilde{z} - \lambda \xi^\top \tilde{b} \\ &= \xi^\top \left[-2\tilde{x} - \lambda \tilde{b} + 2(\tilde{z} - \lambda \tilde{A} \tilde{z}) \right] . \end{aligned}$$

Da der letzte Ausdruck für alle $\xi \in \mathbb{R}^2$ verschwindet, folgt weiter

$$\begin{aligned} 2\tilde{x} + \lambda \tilde{b} &= 2(I - \lambda \tilde{A})\tilde{z} \\ \Leftrightarrow \quad \tilde{z} &= \frac{1}{2}(I - \lambda \tilde{A})^{-1}(2\tilde{x} + \lambda \tilde{b}) . \end{aligned}$$

Da $\tilde{A}$ eine Diagonalmatrix ist, kann $(I + \lambda \tilde{A})$ leicht invertiert werden, so daß sich für $\tilde{z}$ ergibt:

$$\tilde{z}^\top = \left(\frac{\lambda a_4 + 2\tilde{x}_1}{2(1 - \lambda a_1)}, \frac{\lambda a_5 + 2\tilde{x}_2}{2(1 - \lambda a_2)} \right) .$$

Setzen wir diesen Ausdruck für $\tilde{z}$ in die Nebenbedingung ein, erhalten wir ein Polynom vierten Grades in dem Lagrangeschen Multiplikator λ, das geschlossen lösbar ist:

$$C_4\lambda^4 + C_3\lambda^3 + C_2\lambda^2 + C_1\lambda + C_0 = 0 .$$

Die Koeffizienten ergeben sich zu:

$$\begin{aligned} C_4 &= a_1 a_2(4a_1 a_2 a_6 - a_2 a_4^2 - a_1 a_5^2), \\ C_3 &= 2a_1 a_2(a_4^2 + a_5^2) + 2(a_1^2 a_5^2 + a_2^2 a_4^2) - 8a_1 a_2 a_6(a_1 + a_2), \\ C_2 &= 4a_1 a_2(a_2 \tilde{x}_1^2 + a_1 \tilde{x}_2^2) - a_1 a_4^2 - a_2 a_5^2 \\ &\quad +4a_2 a_4(a_2 \tilde{x}_1 - a_4) + 4a_1 a_5(a_1 \tilde{x}_2 - a_5) + 4a_6(a_1^2 + a_2^2 + 4a_1 a_2), \\ C_1 &= -8a_1 a_2(\tilde{x}_1^2 + \tilde{x}_2^2) + 2(a_4^2 + a_5^2) \\ &= -8(a_2 a_4 \tilde{x}_1 + a_1 a_5 \tilde{x}_2) - 8a_6(a_1 + a_2), \\ C_0 &= 4(a_1 \tilde{x}_1^2 + a_2 \tilde{x}_2^2 + a_4 \tilde{x}_1 + a_5 \tilde{x}_2 + a_6) . \end{aligned}$$

Für jede der maximal vier reellen Lösungen λ_i, $i \in \mathbb{N}_{\leq 4}$, erhalten wir ein mögliches $\tilde{z}_i$. Die Minimierungsaufgabe reduziert sich dann zu $d = \min\{||x - z_i||^2 \mid i \in \mathbb{N}_{\leq 4}\}$.

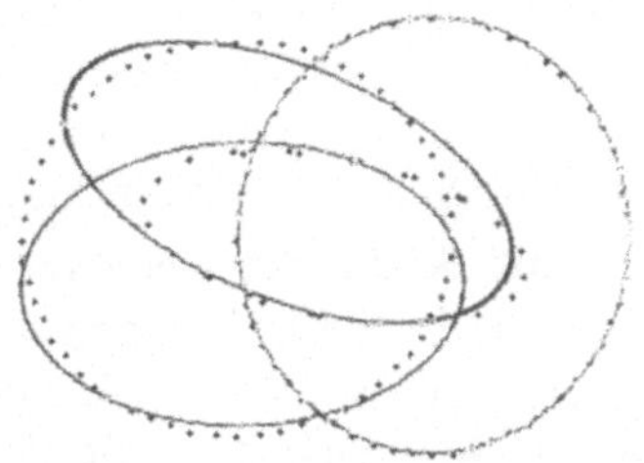

Abbildung 5.29: FCQS-Analyse

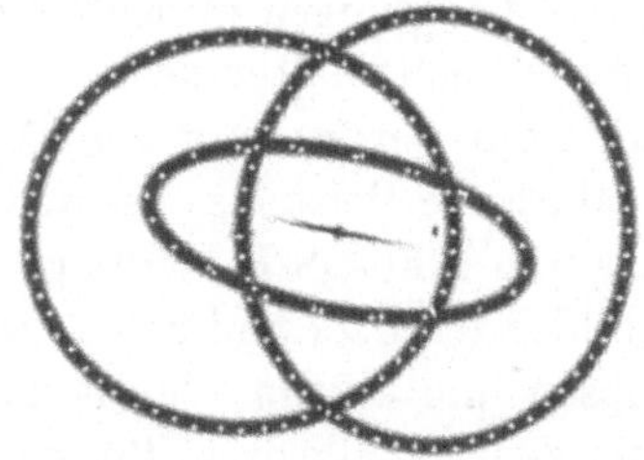

Abbildung 5.30: MFCQS-Analyse

Die Minimierung der Bewertungsfunktion mit dieser modifizierten Distanz kann nur mit numerischen Verfahren erfolgen. Um diesen Aufwand zu vermeiden, berechnen wir trotz der veränderten Distanzfunktion die Prototypen weiter nach Satz 5.6, in der Hoffnung, daß ein Minimum des FCQS auch zu einem Minimum der modifizierten Bewertungsfunktion führt. Dies kann wegen der großen Unterschiede der Bewertungsfunktionen nur gelten, wenn die Daten alle einigermaßen dicht an der Quadrik liegen, da dann die Unterschiede der Distanzfunktionen nicht so groß sind. Die Kombination der modifizierten Distanz zusammen mit der Ermittlung der Prototypen nach Satz 5.6 ergibt den Modified-Fuzzy-c-Quadric-Shells-Algorithmus [47]. (Es hat sich allerdings in der Praxis gezeigt, daß bei großer Datenanzahl die Hoffnung auf eine Konvergenz nicht immer erfüllt wird.)

Abbildung 5.31: MFCQS-Analyse

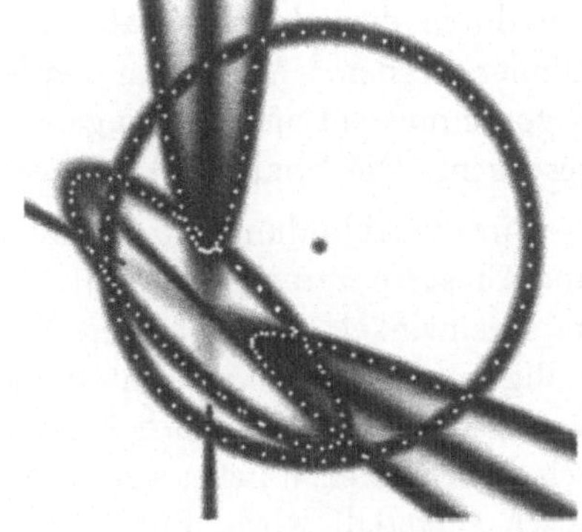

Abbildung 5.32: MFCQS-Analyse

Die Änderungen in den Clustereinteilungen gegenüber dem Fuzzy-c-Quadric-Shells halten sich in Grenzen. Nicht alle falschen Einteilungen des FCQS werden nun vom MFCQS richtig eingeteilt. Dennoch gibt es zahlreiche Beispiele, bei denen eine nur mäßige FCQS-Einteilung einer guten MFCQS-Einteilung gegenübersteht. So ein Beispiel zeigen die Abbildungen 5.29 und 5.30. Der FCQS vermischt hier die Daten zweier Ellipsen und erkennt damit nur ein Cluster korrekt. Der MFCQS erkennt dagegen alle drei Ellipsen. Das kleine Kreuz hoher Zugehörigkeiten im Zentrum der langgestreckten Ellipse zeigt, daß die Distanzfunktion eben nur eine Annäherung an den euklidischen Abstand ist. Normalerweise ist aus der euklidischen Distanz eine erhöhte Zugehörigkeit nahe des Ellipsenmittelpunktes nicht zu begründen. Auch die beiden Kreiscluster haben hohe Zugehörigkeiten in ihrem Mittelpunkt, die jedoch in der Abbildung nicht so gut zu erkennen sind, weil dort die jeweils andere Kreiskontur verläuft. Besonders extrem fallen euklidisch nicht erklärbare Regionen hoher Zugehörigkeit in Abbildung 5.32 auf, dort insbesondere bei den beiden Parabeln. Diese besitzen deutlich außerhalb der Kontur, in Verlängerung der Hauptachse, eine schmale Region hoher Zugehörigkeit, die beim FCQS nicht auftritt. In manchen Fällen können solche Gebiete für eine falsche Einteilung des MFCQS verantwortlich sein. Die modifizierte Distanzfunktion liefert entlang der Hauptachsen der Quadrik euklidische Distanzen, aber abseits der Hauptachsen größere Werte. Auf diese Weise entstehen die Regionen höherer Zugehörigkeiten in der Clustermitte.

Die Konturen bei Abbildung 5.30 sind dicker als bei Abbildung 5.29, weil bei der possibilistischen Darstellung in beiden Abbildungen für die Ausdehnungsfaktoren η der Wert $\frac{1}{10}$ angenommen wurde und somit durch die schneller wachsende Distanz beim FCQS die Konturen dünner werden. Außerdem werden die Ellipsenkonturen beim FCQS-Algorithmus entlang der längeren Achse dicker, der Abstand wird hier gestaucht. Die Konturdicke ändert sich beim MFCQS hingegen kaum.

Für die Abbildungen 5.31 und 5.32 wurden dieselben Initialisierungs- und Clusterparameter gewählt. Die Datensätze unterscheiden sich nur im Drehwinkel einer einzigen Ellipse, dennoch führt der MFCQS zu völlig unterschiedlichen Einteilungen. Derartige Phänomene treten sowohl beim FCQS als auch beim MFCQS auf, ohne daß sich anschaulich nachvollziehen ließe, welche Art von Datensätzen richtig und welche falsch eingeteilt wird. Führt die Initialisierung der Algorithmen nicht nahe genug an die intuitive Einteilung, so ist bei den Quadric-Shells-Algorithmen durch die vielfältigen Clusterformen die Gefahr der Konvergenz in einem lokalen Minimum sehr groß. In solchen Fällen ist auch die modifizierte Distanzfunktion kein Garant für ein besseres Analyseergebnis, die mangelnde Qualität der Initialisierung kann auch sie nicht kompensieren.

Abbildung 5.33: FCQS-Analyse

Abbildung 5.34: MFCQS-Analyse

Abbildung 5.33 zeigt einen Datensatz, der vom FCQS mit $m = 4$ eingeteilt wurde. Bis auf den inneren Kreis wurden die Konturen gut erkannt. Die schlecht abgedeckten Daten des inneren Kreises können das zugehörige Cluster nicht auf die Kreiskontur ziehen, dazu sind die FCQS-Zugehörigkeiten zur Kontur zu gering. Setzt man den MFCQS-Algorithmus auf das Ergebnis des FCQS an, so bewirken die modifizierten Distanzen und daraus resultierenden Zugehörigkeiten, daß die Daten des Innenkreises an der Ellipsenkontur mit einer *größeren Kraft* ziehen. Das Analyseergebnis zeigt Abbildung 5.34; alle Cluster sind korrekt erkannt worden. Initialisiert man den MFCQS jedoch nicht mit dem FCQS-Analyseergebnis, sondern mit der zuvor für den FCQS verwendeten Initialisierung, so gelingt dem MFCQS die Erkennung der intuitiven Einteilung nicht. Wesentlicher Unterschied in diesen beiden Fällen ist, daß es im ersten Beispiel jeweils ein Cluster gab, zu dem sowohl die FCQS- als auch die MFCQS-Distanzen gering waren, weil die Prototypen die Daten bereits gut approximierten. Der FCQS ließ sich mit den daraus resultierenden Zugehörigkeiten *betrügen* und lieferte dadurch die bessere Einteilung. Der Einfluß der Modifikation ist in diesem Fall lokal begrenzt und führt zum gewünschten Ergebnis. Liegt eine gute Approximation aber nicht vor, so spiegeln sich die deutlich verschiedenen MFCQS-Distanzen entsprechend in allen Zugehörigkeiten wider. In diesem Fall sinkt die Wahrscheinlichkeit, den FCQS mit den modifizierten Zugehörigkeiten zur Erkennung der richtigen Konturen zu bewegen. Der MFCQS eignet sich offenbar gut zum *Feintuning* von FCQS-Einteilungen, versagt aber oft, wenn die Initialisierung noch sehr weit von der richtigen Einteilung entfernt ist. Dann erschweren die Regionen hoher Zugehörigkeiten nahe der Hauptachsen der MFCQS-Cluster zusätzlich eine korrekte Erkennung, weil durch sie eine flächige Abdeckung der Daten weiter unterstützt wird. Unter ungünstigen Voraussetzungen kann dann auch mal ein Ergebnis wie in Abbildung 5.35 resultieren.

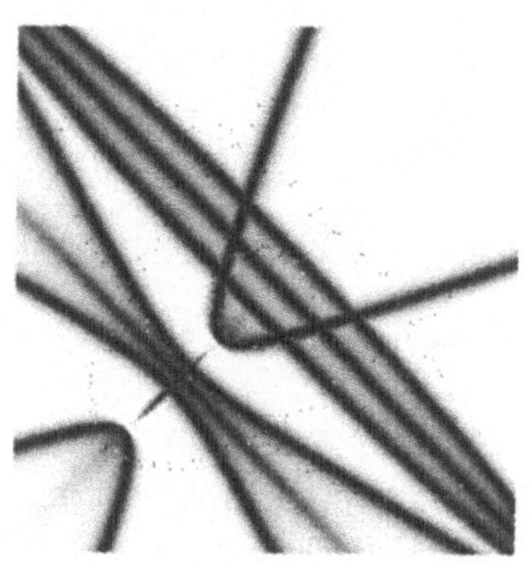

Abbildung 5.35: MFCQS-Analyse

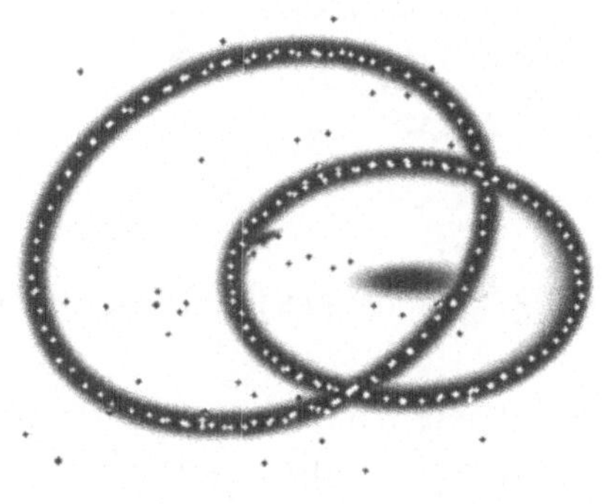

Abbildung 5.36: P-MFCQS-Analyse

Abbildung 5.37: P-MFCQS-Analyse

Auch possibilistisches Clustering ist mit dem MFCQS möglich. Allerdings ist ein *ausgewogenes Verhältnis* von Störpunkten zu *echten* Daten erforderlich. So optimiert der MFCQS den Datensatz aus Abbildung

5.37, indem ein Hyperbelast beinahe ausschließlich die beiden Stördaten abdeckt. Die Perfektion, mit der hier die Bewertungsfunktion minimiert wird, ist bemerkenswert, leider wird so die Detektion der beiden Ellipsen verhindert. Im Normalfall werden aber nicht nur zwei Stördaten vorkommen, sondern eher ein Verhältnis wie in Abbildung 5.36. Hier sind 50 Stördaten gleichmäßig über etwa 190 *echte* Daten verteilt. Der Algorithmus erkennt die Ellipsen einwandfrei. Problematisch wird possibilistisches Clustering jedoch, wenn sich die Stördaten in bestimmten Formationen – Geraden, Punktwolken oder ähnlichem – gruppieren. Dann ist wieder mit einer Ausrichtung der Cluster auf die Stördaten zu rechnen, ähnlich wie in Abbildung 5.37.

Der gestiegene Rechenaufwand durch die modifizierte Distanz ist nicht zu unterschätzen. Bei einem Datensatz aus n Daten, die in c Cluster eingeteilt werden sollen, sind nach i Iterationsschritten $n \cdot c \cdot i$ Gleichungen vierten Grades zu lösen. Bei 300 Daten, 5 Clustern und 100 Iterationsschritten macht das immerhin 150000 (!) Gleichungen.

Bei der Implementierung ist für die Ermittlung des Winkels α zur Berechnung der modifizierten Distanz sinnvollerweise die `atan2`-Funktion zu verwenden, da die einfache `atan`-Funktion bei Werten $k_1 - k_2$ nahe Null wegen der Division ungenaue Ergebnisse liefert. Des weiteren ist der Fall einer skalierten Identitätsmatrix zu berücksichtigen, bei dem sowohl k_3 als auch $k_1 - k_2$ Null sind. Falls aber $k_3 = 0$ gilt, kann $\alpha = 0$ gesetzt werden, da es sich dann bereits um eine Diagonalmatrix handelt.

Die Verfahren zur Lösung eines Polynoms vierten Grades gehen von einem normierten Polynom aus, d.h., der Faktor vor dem höchsten Exponenten ist Eins. Dies läßt sich natürlich leicht erreichen, indem man als Koeffizienten $\frac{C_3}{C_4}$, $\frac{C_2}{C_4}$, $\frac{C_1}{C_4}$ und $\frac{C_0}{C_4}$ annimmt. Dabei entsteht bei kleinem C_4 die Gefahr eines Überlaufes, die Lösung wird dann stark fehlerbehaftet. Hier kann eine Skalierung der Unbekannten λ weiterhelfen, die die Koeffizienten wieder in einen besser konditionierten Bereich bringt. Hierfür sollte eine flexible Wahl der Skalierung vorgesehen werden. Eine weitere Möglichkeit besteht darin, daß man bei sehr kleinem Koeffizienten C_4 von einem degenerierten Polynom vierten Grades ausgeht, d.h. diesen Koeffizienten als Null annimmt. Es sind dann nur noch die Lösungen eines Polynoms dritten Grades (bzw. zweiten Grades, falls auch der Koeffizient C_3 Null ist,) zu finden. (Ein Verfahren zur Lösung von Polynomen dritten Grades wird durch das Verfahren zur Lösung von Polynomen vierten Grades ohnehin benötigt. Es handelt sich also um keinen Mehraufwand bei der Programmierung.) Man sollte sich bei dieser Variante allerdings darüber im klaren sein, daß bereits durch Lösungen in der Größenordnung von $\lambda = 10$ ein Koeffizient $C_4 = 0.0001$ im Ausdruck $C_4\lambda^4$ einen Fehler von 1.0 ergibt, wenn man das Problem auf ein Polynom dritten Grades reduziert. In der hier verwendeten Implementierung sind damit dennoch recht gute Erfahrungen gemacht worden. Dies muß bei anderen Datensätzen nicht unbedingt der Fall sein. Es lohnt sich also, den Fehler, der bei der Ermittlung der Nullstellen des Polynoms gemacht wird, im Auge zu behalten. In jedem Fall sollte für den Modified-Fuzzy-c-Quadric-Shells-Algorithmus auf doppelte Genauigkeit bei der Fließkommaarithmetik geschaltet werden, um Rechenungenauigkeiten weitestgehend zu vermeiden. Werden die Abstände durch Rundungsfehler ständig verfälscht, so ist eine Konvergenz unmöglich.

Bei höheren Dimensionen führt die modifizierte Distanz auf Polynome höheren Grades, die nicht mehr geschlossen lösbar sind. In diesem Fall ist ein numerisches Verfahren zur Ermittlung der Nullstellen zu verwenden.

5.8 Rechenaufwand

Es sei noch einmal darauf hingewiesen, daß die Algorithmen nicht auf minimale Ausführungsgeschwindigkeit optimiert wurden. Betrachtet man das Verhältnis der Iterationsschritte zur benötigten Rechenzeit beim FCS-, AFCS- und FCES-Algorithmus, so wird der hohe Zeitaufwand bei Verwendung von Näherungsverfahren deutlich: $\tau_{FCS} = 6.58 \cdot 10^{-4}$, $\tau_{AFCS} = 2.24 \cdot 10^{-3}$, $\tau_{FCES} = 4.36 \cdot 10^{-3}$. Der deutliche Sprung im Zeitindex zwischen FCS und AFCS/FCES spiegelt die Dimension der zu lösenden Gleichungssysteme wider. Hier ist auch bei anderen Iterationsverfahren zur Lösung der Gleichungssysteme nicht mit wesentlich kürzeren Ausführungszeiten zu rechnen, da diese Algorithmen rechnerisch meistens noch komplizierter werden. (Beim Algorithmus von Levenberg-Marquardt erfolgt innerhalb jedes Iterationsschrittes eine weitere Iteration, so daß dann bereits drei geschachtelte Iterationsverfahren ausgeführt werden.)

Deutlich besser sehen die Zeiten bei den Verfahren mit direkter Prototyp-Bestimmung aus: $\tau_{FCSS} = 1.03 \cdot 10^{-4}$, $\tau_{FCE} = 2.40 \cdot 10^{-4}$, $\tau_{FCQS} = 1.58 \cdot 10^{-4}$. Der MFCQS bricht gegenüber dem FCQS deutlich ein, weil der Aufwand zur Lösung der vielen Polynome vierten Grades erheblich Rechenaufwand fordert: $\tau_{MFCQS} = 1.12 \cdot 10^{-3}$.

Die Datensätze enthielten zwischen 62 und 315 Daten und wurden (bis auf wenige Ausnahmen) in deutlich unter 100 Iterationsschritten geclustert. Die verwendete Initialisierung für die jeweiligen Beispiele ist dem Text zu entnehmen. Ein Vergleich der Erkennungsleistungen verschiedener Ellipsen-Erkennungs-Algorithmen findet man auch in [22].

Kapitel 6

Cluster-Validity – Gütemaße für Fuzzy-Clustereinteilungen

Viele Clustering-Verfahren wurden gerade deshalb entwickelt, um in höherdimensionalen Räumen Strukturen in Daten zu erkennen. Sobald die Daten sich nämlich nicht mehr zwei- oder dreidimensional graphisch darstellen lassen, fällt es dem Betrachter sehr schwer, ohne visuelle Unterstützung eine Einteilung der Daten vorzunehmen. Sobald es keine letzte Instanz mehr gibt, die die Entscheidung über richtig oder falsch fällen kann, stellen sich zahlreiche Probleme und Fragen:

- Wenn man alle existierenden Clustering-Algorithmen auf eine Datenmenge anwendet, so wird man eine Vielzahl unterschiedlicher Einteilungen bekommen. Welche Zuordnung ist richtig? (Beispiel 6)
- Wenn die Anzahl der Cluster nicht a priori bekannt ist, so läßt sich nur für jede mögliche Clusterzahl eine Einteilung ermitteln. Welche Einteilung (oder Clusterzahl) ist richtig? (Beispiel 7)
- Die meisten Algorithmen nehmen eine Einteilung aufgrund eines vorausgesetzten Modells vor; jedoch ohne Rücksicht darauf, ob diese Struktur in den Daten tatsächlich vorhanden ist. Rechtfertigt das Ergebnis eines bestimmten Verfahrens seine Anwendung? Lag die vorausgesetzte Struktur wirklich vor? (Beispiel 8)

Bei diesen Entscheidungen sollen Cluster-Gütemaße helfen. Dabei ist es unmöglich, ohne jedes Wissen über die Daten alle Fragen zu beantworten. Vielmehr ist individuell für jedes Problem festzustellen, welche Form von Clustern gesucht wird, wodurch sich gute von schlechten Clustern unterscheiden und ob es Fälle von strukturlosen Daten geben kann. Mit einer teilweisen Beantwortung dieser Fragen lassen sich dann auch Schlüsse für die Beantwortung der anderen Fragen ziehen, wie zunächst an Beispielen illustriert werden soll.

Abbildung 6.1: Intuitive Einteilung

Abbildung 6.2: Cluster-Splitting

Beispiel 6 Abbildung 6.1 zeigt einen Datensatz mit 29 Daten, die augenscheinlich in zwei Cluster einzuteilen sind [19, 8]. (Die harte Einteilung ist durch unterschiedliche Markierung der Daten angedeutet. Alle horizontal und vertikal benachbarten Daten haben den Abstand Eins.) Abbildung 6.2 zeigt dieselben Daten, jedoch wurde die linke Spalte des großen Clusters dem kleineren Cluster zugeordnet. Für $d < 5.5$ ergibt die Bewertungsfunktion des HCM-Algorithmus nun einen kleineren Wert als bei der Einteilung aus Abbildung 6.1. Das globale Minimum führt in diesem Fall zu einer unerwünschten Einteilung. Der HCM-Algorithmus neigt zum *Cluster-Splitting*. (Wir haben bereits in Abschnitt 2.1 gesehen, daß die Einteilung unterschiedlich großer Cluster mit dem HCM oder FCM Probleme bereitet.)

Um festzustellen, ob ein Algorithmus für bestimmte Clusterarten einsetzbar ist, sollten daher Testdaten erzeugt werden, an denen die Leistungsfähigkeit des Verfahrens für charakteristische Fälle beobachtet werden kann. Dunn definiert seine Vorstellung von *guten Clustern* abhängig von einer Distanzfunktion wie folgt [19]: Eine Klasseneinteilung enthält kompakte, gut getrennte (CWS; compact, well separated) Cluster genau dann, wenn je zwei Daten aus der konvexen Hülle einer Klasse einen geringeren Abstand haben als zwei Daten

der konvexen Hülle verschiedener Klassen.
Für das Beispiel der Abbildung 6.1 läßt sich ein Mindestabstand berechnen, ab dem die beiden Cluster die CWS-Eigenschaft erfüllen. Dunn führt ein Cluster-Gütemaß ein, das genau dann größer als Eins ist, wenn die eingeteilten Cluster der CWS-Bedingung genügen. Die bezüglich dieses Gütemaßes mangelhaften Einteilungen des HCM führten Dunn schließlich zur Entwicklung des fuzzifizierten HCM oder auch FCM [19]. Dunn zeigte anhand seiner Untersuchungen (ohne Beweis), daß kompakte, gut getrennte Cluster vom FCM wesentlich besser erkannt werden. (Genau genommen haben also Untersuchungen über die Güte von Clustereinteilungen zu der Entwicklung des Fuzzy-c-Means geführt.)

Wenn man sich für eine Clusterart und damit für einen Algorithmus, der nach den entsprechenden Strukturen sucht, entschieden hat, bleibt meistens noch die Frage nach der Anzahl der Cluster im Datensatz. Alle bisher vorgestellten Algorithmen sind nur durchführbar, wenn man die Anzahl der Cluster a priori kennt. Wie schon in Abschnitt 1.7 angedeutet, läßt sich auch hier mit Hilfe eines Gütemaßes eine Antwort finden.

Beispiel 7 Knüpfen wir an das Beispiel 6 an, so benutzen wir zur Detektion von kompakten, gut getrennten Clustern nun den Fuzzy-c-Means. Wir sind uns in diesem speziellen Fall darüber im klaren, daß wir die Fuzzifikation nicht durchgeführt haben, weil unsere Datensätze sich nicht hart einteilen lassen, sondern weil der Algorithmus in seiner modifizierten Variante bessere Ergebnisse liefert. Insofern kann ein Maß für die Güte einer Einteilung der Grad der Unschärfe sein, die das Ergebnis beinhaltet. Unter einer optimalen Einteilung verstehen wir in diesem Fall eine mit harten Zugehörigkeiten. (Daß die jeweiligen Cluster auch geometrisch optimal verteilt sind, hoffen wir durch die Wahl des Algorithmus abgesichert zu haben.) Verteilen wir zuviel oder zuwenig Cluster über die Daten, so müssen sich mehrere Cluster ein echtes Daten-Cluster teilen oder ein Cluster muß mehrere echte Daten-Cluster abdecken. In beiden Fällen führt dies zu unschärferen Zugehörigkeitsgraden. Wir führen den Algorithmus also für verschieden viele Cluster durch, ermitteln jeweils den Grad der Unschärfe und wählen diejenige Einteilung als optimal, die einer harten am nächsten kommt. (Das hier angedeutete Gütemaß wird in Abschnitt 6.1.1 noch näher definiert und betrachtet.)

Der denkbar ungünstigste Fall ist gegeben, wenn wir nicht stets von der Existenz einiger Cluster ausgehen können, falls es also von Zeit zu Zeit Datenmengen gibt, die schlicht keine Struktur besitzen.

Beispiel 8 Zunächst lohnt es sich, einige Gedanken darauf zu verwenden, wie ein strukturloser Datensatz aussehen würde. Ein geeigneter Testdatensatz nach Windham [63] besteht aus Daten, die gleichmäßig über den Einheitskreis verteilt liegen. Die Forderung nach der Kreisform ergibt sich aus der vom Fuzzy-c-Means verwendeten euklidischen Norm. Dieser Datensatz enthält definitiv keine Teilstrukturen. Dennoch liefert die überwiegende Mehrzahl der Gütefunktionen unterschiedliche Werte für diesen Testdatensatz bei Änderung der Parameter c und m des Fuzzy-c-Means. Dies ist gleichbedeutend damit, daß diese Gütefunktionen bestimmte Parameterkombinationen anderen vorziehen, obwohl bei fehlender Struktur jede Einteilung in mehr als ein Cluster gleichermaßen schlecht sein sollte. Man kann dieses Verhalten billigen, falls bei steigender Clusteranzahl die Gütemaße für den Testdatensatz immer schlechter werden. Nur kann man eben nicht entscheiden, ob dieses Verhalten die Struktur widerspiegelt oder aus der Schwäche der Gütefunktion selbst entsteht. Windham gibt in [63] eine (leider sehr aufwendige) Gütefunktion UDF (uniform data function) an, die unabhängig von den Parametern c und m des Fuzzy-c-Means ist.

Die Beispiele haben gezeigt, daß es sehr unterschiedliche Arten von Gütemaßen gibt, die stark auf den jeweiligen Verwendungszweck ausgerichtet sind. Es gibt keine exakte Theorie, innerhalb der alle genannten Fragestellungen beantwortet werden können, so daß die meisten Verfahren heuristischer Natur sind – nicht zuletzt um auch den Rechenaufwand im Rahmen zu halten. Allen Beispielen gemeinsam ist die Definition einer *Bewertungsfunktion* als Gütemaß, die es bei der Suche nach einer guten oder richtigen Einteilung zu minimieren oder maximieren gilt. Hauptanwendung der Gütemaße ist die Ermittlung der korrekten Clusteranzahl, wie in Beispiel 7 angedeutet. Wir werden uns daher im folgenden mit der Eignung verschiedener Gütemaße für diesen Zweck beschäftigen.

6.1 Globale Gütemaße

Globale Gütemaße sind Abbildungen $g : A(D, E) \to \mathbb{R}$, die die Güte einer gesamten Clustereinteilung durch einen einzigen reellen Wert angeben. Insbesondere ist die bisher immer verwendete Bewertungsfunktion b nach (1.7) eine Gütefunktion. Bei der Suche nach der optimalen Lage der Cluster und der Bestimmung der Zugehörigkeiten haben wir diese Bewertungsfunktion stets zu minimieren gesucht. Bei Erhöhung der Clusterzahl und jeweils optimaler Einteilung wird jedoch der Abstand der Daten zu den dichtesten Prototypen zwangsweise immer geringer, die Bewertungsfunktion b ist für wachsendes c monoton fallend. Die Ermittlung der optimalen Clusterzahl kann also nicht über ein Minimum oder Maximum dieser Bewertungsfunktion angegeben werden. Es ist eine alternative Definition über den Scheitelpunkt der Bewertungsfunktion (Punkt maximaler Krümmung) denkbar (in [13] als Ellenbogen-Kriterium bezeichnet), meistens verwendet man jedoch andere Funktionen als Gütefunktionen. Wir werden im folgenden weitere Gütefunktionen kennenlernen, die wir im Anschluß an einigen Beispielen miteinander vergleichen.

Für die Hauptanwendung der globalen Gütemaße, die Bestimmung der Clusteranzahl, verwenden wir folgenden Algorithmus:

Algorithmus 3 (Clusterzahlermittlung mit globalem Gütemaß)

Gegeben sei eine Datenmenge X, ein probabilistischer Clustering-Algorithmus und ein globales Gütemaß G.

Wähle die maximale Anzahl $c_{\max}$ der Cluster.
$c := 1$, $c_{opt} := 1$, *Initialisiere g_{opt} mit schlechtestem Gütewert.*
FOR $(c_{\max} - 1)$ TIMES
    $c := c + 1$
    Führe den prob. Clustering-Alg. mit Eingabe (X, c) durch.
    IF (Gütemaß $G(f)$ der neuen Einteilung f besser als g_{opt})
        THEN $g_{opt} := G(f)$, $c_{opt} := c$.
    ENDIF
ENDFOR
Die optimale Clusteranzahl ist c_{opt}, ihr Gütewert ist g_{opt}.

Es wird für dieses Verfahren vorausgesetzt, daß der gewählte probabilistische Algorithmus für jedes c die optimale Einteilung findet, so daß mit dem Gütemaß auch die optimale Einteilung bewertet wird. Dies leistet keiner der vorgestellten Algorithmen. Infolgedessen garantiert die Anwendung dieses Algorithmus nicht notwendig die Korrektheit der gefundenen Clusterzahl. (Die Forderung nach einem probabilistischen Clustering-Algorithmus ergibt sich aus den Gütemaßen, die teilweise Eigenschaften einer probabilistischen Einteilung voraussetzen.)

6.1.1 Solid-Clustering Gütemaße

Wie wir in Beispiel 7 gesehen haben, kann es angebracht sein, unter einer guten eine möglichst harte Einteilung zu verstehen. In diesem Fall ist Bezdeks Partitionskoeffizient ein geeignetes Gütemaß [8]:

Definition 6.1 (Partitionskoeffizient (partition coefficient) PC) *Sei $A(D, E)$ ein Analyseraum, $X \subset D$, und $f : X \to K \in A_{\text{fuzzy}}(D, E)$ eine probabilistische Clustereinteilung. Unter dem Partitionskoeffizienten PC der Einteilung f verstehen wir*

$$PC(f) = \frac{\sum_{x \in X} \sum_{k \in K} f^2(x)(k)}{|X|}.$$

Zunächst ist festzustellen, daß für jede probabilistische Clustereinteilung $f : X \to K$ wegen $f(x)(k) \in [0, 1]$ und $\sum_{k \in K} f(x)(k) = 1$ für $x \in X$ und $k \in K$ die Ungleichung $\frac{1}{|K|} \leq PC(f) \leq 1$ gilt. Im Falle einer harten Einteilung erhalten wir den Maximalwert $PC(f) = 1$. Enthält die Einteilung keine Information, ist also jedes Datum jedem Cluster zu gleichen Teilen zugeordnet, so ergibt sich der Minimalwert. Stehen mehrere Einteilungen zur Wahl, so führt uns der maximale Partitionskoeffizient zu der Einteilung mit der „eindeutigsten" Zuordnung.

Das nächste Gütemaß hat starke Ähnlichkeit mit dem Partitionskoeffizienten, ist aber an die Shannonsche Informationstheorie angelehnt. Die gesuchte Information besteht in der Zuordnung eines Datum $x \in X$ zu einem Cluster $k \in K$. Das (Un-) Wissen über die Klassifikation wird durch den Vektor $u = (f(x)(k))_{k \in K}$ bei einer Einteilung $f : X \to K$ repräsentiert. Da es sich um eine probabilistische Clustereinteilung handelt, können wir die Zugehörigkeit u_k als Wahrscheinlichkeit für die Zuordnung des Datums x zum Cluster k auffassen. Bekämen wir nun von irgendeiner Quelle die Information, daß das Datum x dem Cluster k zuzuordnen ist, so hat diese Information um so mehr Informationsgehalt, desto geringer die Wahrscheinlichkeit u_k für diese Klassifizierung ist. Shannon definiert den Informationsgehalt des Zeichens k als $I_k = -\ln(u_k)$, den mittleren Informationsgehalt der Quelle als Entropie $H = \sum_{k \in K} u_k I_k$.

Definition 6.2 (Partitionsentropie (partition entropy) PE) *Sei $A(D, E)$ ein Analyseraum, $X \subset D$, und $f : X \to K \in A_{\text{fuzzy}}(D, E)$ eine probabilistische Clustereinteilung. Unter der Partitionsentropie PE der Einteilung f verstehen wir*

$$PE(f) = -\frac{\sum_{x \in X} \sum_{k \in K} f(x)(k) \ln(f(x)(k))}{|X|}.$$

Es läßt sich analog zum Partitionskoeffizienten $0 \leq PE(f) \leq \ln(|K|)$ für eine probabilistische Clustereinteilung $f : X \to K$ feststellen. Ist f eine eindeutige Einteilung, so sind wir vollständig informiert. Die Entropie, d.h. der mittlere Informationsgehalt einer Quelle, die uns die richtige Einteilung nennt, ist Null. Bei einer Gleichverteilung der Zugehörigkeiten hingegen wird die Entropie maximal. Suchen wir eine gute Einteilung, so streben wir eine mit minimaler Entropie an. Bezdek [8] zeigte die Beziehung $0 \leq 1 - PC(f) \leq PE(f)$ für alle probabilistischen Clustereinteilungen f. Obwohl durch die Anlehnung an Shannons Informationstheorie dieses Gütemaß einen informations-theoretischen Beigeschmack bekommt, so handelt es sich im Grunde dennoch nur um ein Maß für die Unschärfe der Clustereinteilung, sehr ähnlich zum Partitionskoeffizienten.

Ein kombinatorischer Ansatz über Zufallsvariablen führte Windham zu einem weiteren globalen Gütemaß. Windham stellte fest, daß die Verwendung aller Zugehörigkeiten im Gütemaß die Abhängigkeit von der Clusterzahl c unnötig erhöht. Dies ist der Grund für die monoton fallende Tendenz von Partitionskoeffizient und -entropie bei wachsendem c. Er bewies, daß mit wachsendem c die Zahl der hohen Zugehörigkeiten drastisch abnimmt. Sein sehr theoretischer Ansatz [62, 8] führt zu einem komplexen Gütemaß und verwendet nur die maximalen Zugehörigkeiten jeden Datums:

Definition 6.3 (Verhältnis-Repräsentant (proportion exponent) PX) *Sei $A(D,E)$ ein Analyseraum, $X \subset D$, und $f : X \to K \in A_{\text{fuzzy}}(D,E)$ eine probabilistische Clustereinteilung mit $f(x)(k) \neq 1$ für alle $x \in X$ und $k \in K$. Unter dem Verhältnis-Repräsentanten PX der Einteilung f verstehen wir*

$$PX(f) = -\ln\left(\prod_{x\in X}\left(\sum_{j=1}^{[\mu_x^{-1}]}(-1)^{j+1}\binom{c}{j}(1-j\mu_x)^{c-1}\right)\right),$$

wobei $c = |K|$, $\mu_x = \max_{k\in K} f(x)(k)$ und $[\mu_x^{-1}]$ die größte ganze Zahl kleiner gleich $\frac{1}{\mu_x}$ sei.

Zunächst fällt auf, daß auch nicht ein einziges Datum $x \in X$ eindeutig einem Cluster zugeordnet werden darf. Dann wäre $\mu_x = 1$ und $[\mu_x^{-1}] = 1$, der Summenterm für dieses x ergäbe Null. Damit wird das gesamte Produkt innerhalb des Logarithmus Null und der Ausdruck wird undefiniert! Streben wir zwar harte Einteilungen an, so dürfen wir sie nicht tatsächlich erreichen, sofern wir sie mit diesem Gütemaß beurteilen wollen. Um in dieser paradoxen Situation den Verhältnis-Repräsentanten überhaupt verwenden zu können, werden wir uns eines höheren Fuzzifiers m bedienen. (Wir erinnern uns: Je dichter m bei Eins liegt, desto härter werden die Einteilungen.)

Der sehr abstrakte Ausdruck PX ohne die Logarithmus-Bildung läßt sich als ein Maß für die Anzahl der Einteilungen interpretieren, die *alle* Daten *besser* klassifizieren als es durch die untersuchte Einteilung geschieht. Eine bessere Klassifikation eines bereits eindeutig zugeordneten Datums ist natürlich nicht möglich. Dies erklärt die aufgezeigte Problematik bei harten Zuordnungen. Es bedeutet aber auch, daß das Gütemaß PX bereits eine optimale Partition anzeigt, wenn nur ein einziges Datum eindeutig eingeteilt wird. (Die Gütemaße PC und PE hingegen zeigen nur bei einer eindeutigen Zuordnung *aller* Daten eine optimale Partition an.) Durch den Logarithmus wird die Monotonie umgekehrt, und es bleibt für die Suche nach der optimalen Einteilung das Maximum zu ermitteln.

Verwenden wir einen höheren Fuzzifier (bspw. $m = 4$), so sind harte Zuordnungen in der Praxis beinahe ausgeschlossen. Dennoch bleibt zu beachten, daß für die Ermittlung dieses Gütemaßes soviele Terme kleiner Eins multipliziert werden, wie der Datensatz Elemente hat. Bei großen Datensätzen ist also eine Zahlendarstellung mit einem großen Exponenten zu wählen. Argumente kleiner 10^{-200} für den Logarithmus sind durchaus üblich.

Kehren wir noch einmal zum Begriff der CWS-Cluster nach Dunn aus Beispiel 6 zurück. Um den Komplikationen durch den Begriff der konvexen Hülle aus dem Weg zu gehen, betrachten wir nur CS-Cluster: Eine Klasseneinteilung enthält kompakte, getrennte (CS; compact, separated) Cluster genau dann, wenn je zwei Daten aus einer Klasse einen geringeren Abstand haben als zwei Daten verschiedener Klassen. Wir fordern für CS-Cluster also, daß ihr Abstand untereinander größer als ihr maximaler Durchmesser ist.

Definition 6.4 (Separationsindex D_1) *Sei $A(D, E)$ ein Analyseraum, $X \subset D$, $f : X \rightarrow K \in A(D, E)$ eine harte Clustereinteilung, $A_k := f^{-1}(k)$ für $k \in K$, $d : D \times D \rightarrow \mathbb{R}_+$ eine Distanzfunktion. Unter dem Separationsindex D_1 der Einteilung f verstehen wir*

$$D_1(f) = \min_{i \in K} \left\{ \min_{j \in K \setminus \{i\}} \left\{ \frac{d(A_i, A_j)}{\max_{k \in K} diam(A_k)} \right\} \right\},$$

wobei $diam(A_k) = \max\{d(x_i, x_j) \mid x_i, x_j \in A_k\}$ gilt, und die Distanzfunktion d auf Mengen durch $d(A_i, A_j) = \min\{d(x_i, x_j) \mid x_i \in A_i,\ x_j \in A_j\}$ erweitert wird $(i, j, k \in K)$.

Ergibt sich der Separationsindex einer gegebenen harten Einteilung größer als Eins, so handelt es sich damit um eine Einteilung in CS-Cluster. Allgemein versuchen wir den Separationsindex zu maximieren. Um dieses Gütemaß auch bei Algorithmen verwenden zu können, die keine harte Einteilung liefern, ließe sich zur Bestimmung des Separationsindexes die zugehörige harte Einteilung verwenden, wobei dann nicht die ganze Information der Fuzzy-Einteilung in das Gütemaß einfließt.

Bei großen Datenmengen ist der Aufwand zur Bestimmung des Separationsindexes sehr hoch, weil die Anzahl der Operationen zur Ermittlung von Durchmesser und Abstand der Cluster quadratisch von der Anzahl der Daten abhängt.

Gegenüber allen anderen vorgestellten Gütemaßen bezieht der Separationsindex erstmals die Daten selbst in die Betrachtungen ein, nicht nur die Zugehörigkeitsgrade. Es sind damit kompensatorische Gütemaße denkbar, die auch nicht–harte Einteilungen als gut akzeptieren, beispielsweise wenn alle Daten dicht beieinander liegen. Allerdings kann der Separationsindex nur harte Einteilungen beurteilen und ist daher für diesen Fall nicht geeignet. Anders sieht es hingegen bei dem Gütemaß von Xie und Beni [64] aus. Es ergibt sich aus der Bewertungsfunktion b durch Mittelung über die Anzahl der Daten und das Quadrat des minimalen Abstands der Clusterzentren. Dabei wird natürlich die Existenz von Clusterzentren ausgenutzt, die speziell bei den hier vorgestellten Algorithmen stets gegeben ist, aber im allgemeinen bei anderen Verfahren nicht vorausgesetzt werden kann.

Definition 6.5 (Trennungsgrad (separation) S) *Sei $A(D, E)$ ein Analyseraum, $X \subset D$, $f : X \to K \in A_{\text{fuzzy}}(D, E)$ eine probabilistische Clustereinteilung und d eine Distanzfunktion. Unter dem Trennungsgrad S der Einteilung f verstehen wir*

$$S(f) = \frac{\sum_{x \in X} \sum_{k \in K} f^2(x)(k) d^2(x, k)}{|K| \min\{d^2(k, l) \mid k, l \in K, k \neq l\}}.$$

Bei Verwendung des Fuzzy-c-Means mit einem Fuzzifier $m \neq 2$ läßt sich beim Exponenten für die Zugehörigkeit alternativ m einsetzen. Xie und Beni zeigten die Gültigkeit der Beziehung $S \leq \frac{1}{D_1^2}$ für die korrespondierende harte Einteilung, wodurch die Beziehung zu einer Einteilung in CS-Cluster nach Dunn hergestellt werden kann. Gegenüber D_1 hat das Gütemaß S den Vorteil einer viel leichteren und angemesseneren Berechnung – unter anderem erübrigt sich der Umweg über eine harte Einteilung.

Machen wir weitere Voraussetzungen über das Clustering-Verfahren, wie etwa die Beschreibung der Clusterform durch Kovarianzmatrizen (siehe Abschnitt 2.2 und 2.3), so lassen sich weitere, individuelle Gütemaße finden. Gath und Geva haben drei dieser Maße gleich zusammen mit ihrem Clustering-Algorithmus in [23] angegeben.

Definition 6.6 (Fuzzy-Hypervolumen (fuzzy hypervolume) FHV) *Sei $A(D,E)$ ein Analyseraum, $X \subset D$, $f : X \to K \in A_{\text{fuzzy}}(D,E)$ eine probabilistische Clustereinteilung durch den Algorithmus von Gath und Geva. Unter dem Fuzzy-Hypervolumen FHV der Einteilung f verstehen wir mit den Bezeichnungen aus Bemerkung 2.3:*

$$FHV(f) = \sum_{i=1}^{c} \sqrt{\det(A_i)}.$$

Definition 6.7 (Mittlere Partitionsdichte (average partition density) APD) *Sei $A(D,E)$ ein Analyseraum, $X \subset D$, $f : X \to K \in A_{\text{fuzzy}}(D,E)$ eine probabilistische Clustereinteilung durch den Algorithmus von Gath und Geva. Unter der mittleren Partitionsdichte APD der Einteilung f verstehen wir mit den Bezeichnungen aus Bemerkung 2.3:*

$$APD(f) = \frac{1}{c} \sum_{i=1}^{c} \frac{S_i}{\sqrt{\det(A_i)}},$$

wobei $S_i = \sum_{j \in Y_i} f(x_j)(k_i)$ und

$$Y_i = \{ j \in \mathbb{N}_{\leq n} \mid (x_j - v_i)^\top A_i^{-1} (x_j - v_i) < 1 \}$$

gilt.

Definition 6.8 (Partitionsdichte (partition density) PD) *Sei $A(D,E)$ ein Analyseraum, $X \subset D$ und $f : X \to K \in A_{\text{fuzzy}}(D,E)$ eine probabilistische Clustereinteilung durch den Algorithmus von Gath und Geva. Unter der Partitionsdichte PD der Einteilung f verstehen wir mit den Bezeichnungen aus Bemerkung 2.3 und der vorhergehenden Definition:*

$$PD(f) = \frac{\sum_{i=1}^{c} S_i}{FHV(f)}.$$

Über das Fuzzy-Hypervolumen wird die Summe aller Clustergrößen erfaßt. Da auf jeden Fall alle Daten von den Clustern abgedeckt werden, deutet ein Minimum dieses Gütemaßes auf kleine, kompakte Cluster hin, die die Daten gerade eben umschließen. Die Partitionsdichte entspricht der physikalischen Vorstellung der Dichte (Anzahl der Daten im Clusterzentrum pro Volumen) und ist zu maximieren, weil sich die Cluster durch deutliche Punkthäufungen auszeichnen sollen. Gleiches gilt für die mittlere Partitionsdichte, die sich als Mittelwert der (physikalischen) Dichten im Clusterzentrum bestimmt. Die Anzahl der Daten je Cluster wird durch die Terme S_i für ein Cluster $k_i \in K$ erfaßt. Dazu werden die Zugehörigkeiten der Daten aufsummiert, die in der A_i^{-1}-Norm einen Abstand kleiner Eins vom Clusterzentrum haben. Das sind diejenigen Daten, die vom Clusterzentrum maximal so weit entfernt sind wie der Durchschnitt der zugeordneten Daten. Damit fordern wir implizit, daß die meisten Daten nahe dem Prototypen liegen sollten, damit über möglichst viele Summanden addiert wird, und daß die Zuordnungen dieser Daten eindeutig sein sollten, um möglichst hohe Zugehörigkeiten zu summieren. Eine gute Clustereinteilung im Sinne dieser drei Gütemaße besteht somit aus klar getrennten Clustern mit minimalem Gesamtvolumen und einer Häufung der Daten innerhalb der Clusterzentren.

Die Eignung der vorgestellten Gütemaße soll nun an einigen Beispielen getestet werden. Das Vorgehen zur Ermittlung der dargestellten Gütemaße war zum Teil unterschiedlich. So lassen sich PC, PE und S nach einem FCM-Durchlauf mit $m = 2$ bestimmen, jedoch ist PX dann meistens undefiniert. Für FHV, APD und PD wird ein GG-Durchlauf vorausgesetzt, bei dessen fast harter Einteilung die Gütemaße PC und PE beinahe konstant sind und PX wieder undefiniert ist. Aus diesem Grund wurden PC, PE und $S1 = S$ aus einem FCM-Durchlauf mit $m = 2$, PX aus einem FCM-Durchlauf mit $m = 4$ und FHV, APD, PD und $S2 = S$ aus einen GG-Durchlauf mit $m = 2$ ermittelt. Außerdem sind die getesteten Datensätze selbst so gewählt, daß auch der Fuzzy-c-Means eine geeignete Einteilung vornehmen kann: Auf unterschiedliche Formen und Größen der Cluster wurde verzichtet, weil an dieser Stelle nicht die Fähigkeiten der Algorithmen, sondern die der Gütemaße zu vergleichen sind.

Als Testmuster wurde der bereits aus Abbildung 2.1 bekannte Datensatz verwendet (Abbildung 6.3). Außerdem zeigen die Abbildungen 6.4, 6.5 und 6.6 drei ähnliche Testdatensätze, bei denen die drei linken Cluster immer näher aneinanderrücken. Bei Abbildung 6.6 liegen sie schließlich so dicht, daß der Fuzzy-c-Means mit $m = 2$ und $c = 4$ die linke Punktwolke nicht in drei Cluster aufteilt, sondern die linke und rechte Seite der Testdaten mit je zwei Clustern abdeckt. Ein optimaler Gütewert für $c = 4$ läßt sich in so einem Fall nicht erwarten. Für den Algorithmus von Gath und Geva bedeutet die Einteilung der Daten aus Abbildung 6.4 ein Problem für $c > 5$, da die Cluster sehr gut und eindeutig schon bei $c = 4$ getrennt waren und alle Folgecluster nur

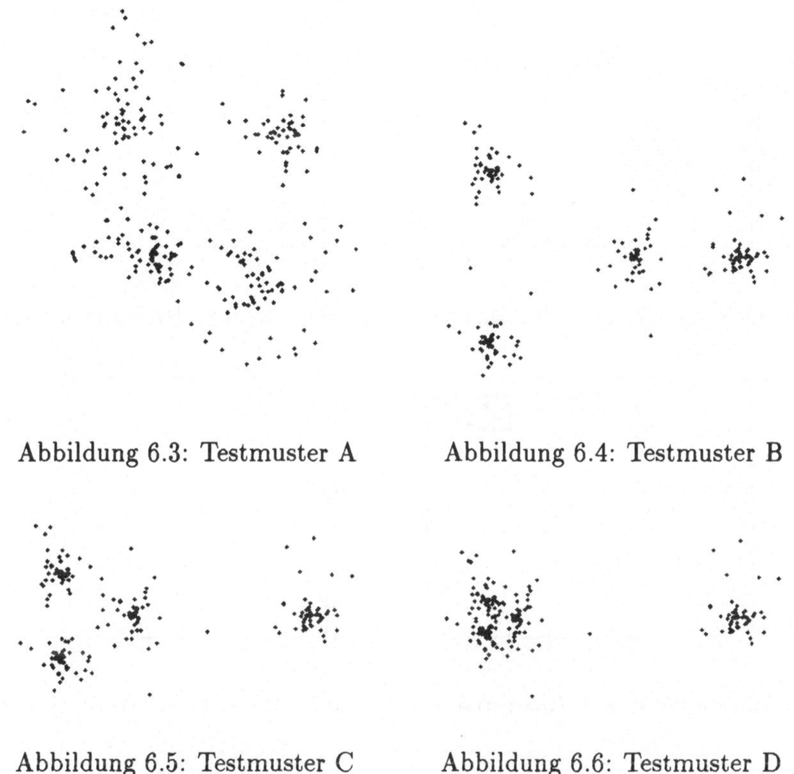

Abbildung 6.3: Testmuster A

Abbildung 6.4: Testmuster B

Abbildung 6.5: Testmuster C

Abbildung 6.6: Testmuster D

noch einzelne Ausreißerdaten abdecken. Dabei werden jedoch die Clustergrößen so klein, daß es zu numerischen Überläufen kommen kann. Werden Cluster durch einen einzigen (extremen) Ausreißer definiert, so kann es zu (rechnerisch) singulären Kovarianzmatrizen kommen. Bricht der Algorithmus mit einem derartigen Fehler ab, so gehen wir hier davon aus, daß eine Suche für größere c keinen Sinn macht. Dies war für $c > 5$ der Fall, daher wurden die Gütewerte FHV, APD, PD und $S2$ für $c = 5$ konstant fortgeführt.

Vergleichen wir die einzelnen Gütemaße, so zeigen Partitionskoeffizient PC (Abbildung 6.7) und Partitionsentropie PE (Abbildung 6.8) wie erwartet wenig Unterschiede in ihrem Verhalten. Setzen wir für alle Beispiele als optimale Clusterzahl $c = 4$ voraus, so erkennen beide Gütemaße die korrekte Anzahl nur beim gut getrennten Datensatz aus Abbildung 6.4. Der Partitionskoeffizient nimmt bei den Daten aus Abbildung 6.3

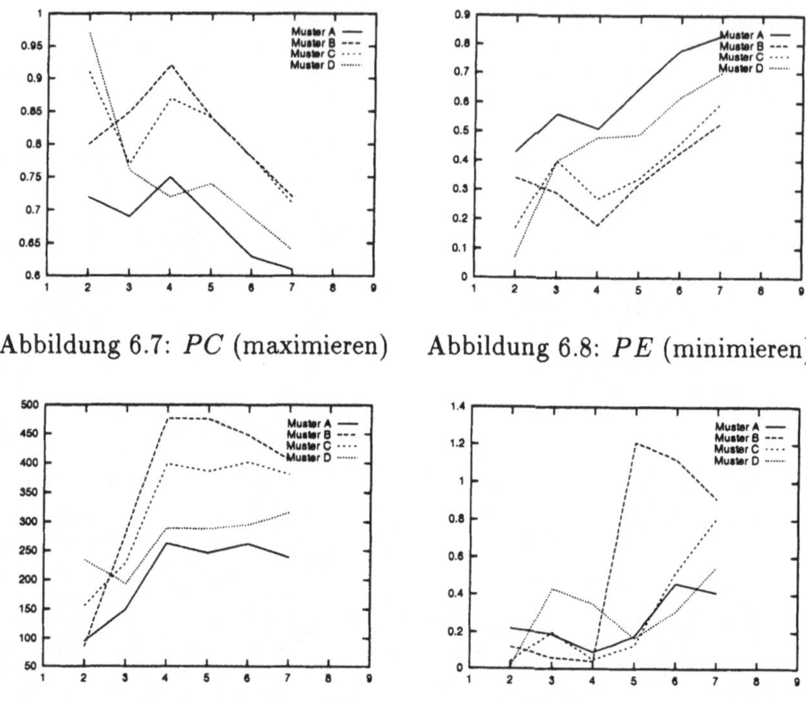

Abbildung 6.7: PC (maximieren)

Abbildung 6.8: PE (minimieren)

Abbildung 6.9: PX (maximieren)

Abbildung 6.10: $S1$ (minimieren)

und $c = 4$ ebenfalls sein globales Maximum an. Für den Datensatz aus Abbildung 6.5 zeigen beide Gütemaße bei $c = 4$ immerhin noch einen lokalen Extremwert an. Sie bevorzugen jedoch die eindeutigere Einteilung in zwei Cluster. Deutlich ist beiden Gütemaßen die Monotonie für wachsendes c anzusehen. (Beim Vergleich der Gütemaße sind die unterschiedlichen Bewertungskriterien zu beachten – der Partitionskoeffizient ist zu maximieren, die Partitionsentropie zu minimieren.) Bezieht man sich beim Vergleich beider Gütemaße auf ihr Verhalten bei den Daten aus Abbildung 6.3, so scheint der Partitionskoeffizient bessere Ergebnisse zu liefern, da intuitiv eine Einteilung in vier einer Einteilung in zwei Cluster vorzuziehen ist.

Der Verhältnis-Repräsentant PX (Abbildung 6.9) leidet nicht unter der Monotonie für wachsendes c, zeigt jedoch auch nur bei den Daten aus Abbildung 6.3 und 6.4 die korrekte Clusterzahl an. In den beiden anderen Fällen nimmt das Gütemaß PX zunächst recht geringe Werte an, springt bei $c = 4$ auf ein lokales Maximum und pendelt sich auf diesem höheren Niveau ein, wobei einmal für $c = 6$ und einmal für $c = 7$ das globale Maximum (bezüglich $c \in \mathbb{N}_{\leq 7}$) erreicht wird. Interessant ist, daß für $c > 4$ die Unterschiede im Gütemaß nur noch gering sind, so daß man das Ergebnis so interpretieren könnte, daß die Einteilungen mit $c > 4$ Clustern auch gute Einteilungen sind, aber eben mit mehr Clustern als nötig. In diesem Sinne deutet PX auch in diesen Datensätzen auf eine optimale Anzahl $c = 4$ hin. Bei den Daten aus Abbildung 6.6 kommt diesem Gütemaß zugute, daß es bei $m = 4$ gemessen wurde. Dann teilt der Fuzzy-c-Means die linke Punktwolke in drei Cluster ein, was bei $m = 2$ nicht der Fall war.

Der Trennungsgrad S ($S1$ für FCM in Abbildung 6.10, $S2$ für GG in Abbildung 6.11) zeigt in den leicht klassifizierbaren Datensätzen auch deutlich Extremwerte bei $c = 4$. Für den Datensatz aus Abbildung 6.5 liegen die lokalen Minima bei $c = 4$ nur wenig über den globalen Minima bei $c = 2$. Dieses Gütemaß zieht die Einteilung in zwei Cluster nur knapp der Einteilung in vier Cluster vor. Dieses Verhalten zeigt sich abgeschwächt auch bei $S2$ und den Daten aus Abbildung 6.6. Messen wir dem Gütemaß $S1$ bei den Werten für Abbildung 6.6 keine zu große Bedeutung bei (FCM mit $m = 2$ lieferte für $c = 4$ eine unglückliche Einteilung), so scheint der Trennungsgrad S zur Detektion der Clusterzahl bei gut getrennten Clustern recht brauchbar.

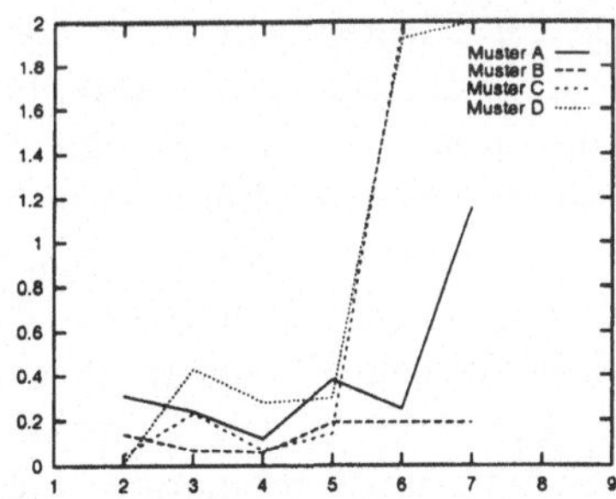

Abbildung 6.11: $S2$ (minimieren)

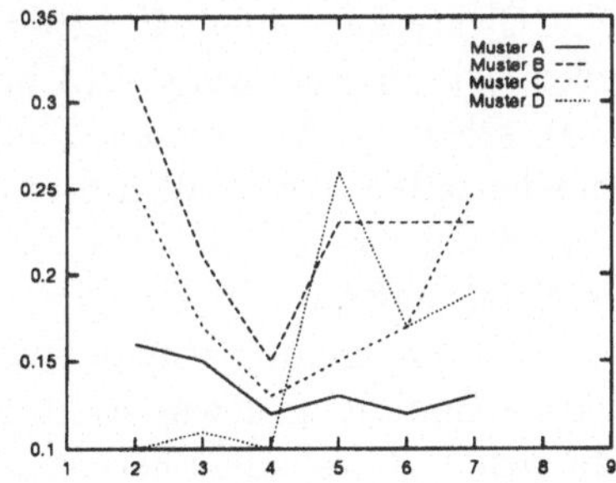

Abbildung 6.12: FHV (minimieren)

Es bleibt das Gütemaß-Tripel von Gath und Geva. Hier gab es in jedem Testdatensatz genau ein Gütemaß, das bei der optimalen Anzahl von $c = 4$ keinen Extremwert anzeigte. Bei den Daten aus den Abbildungen 6.3 bzw. 6.6 nahm das Fuzzy-Hypervolumen für $c = 4$ und $c = 6$ bzw. $c = 2$ und $c = 4$ bei einer Genauigkeit von $\frac{1}{100}$ denselben Wert an. Damit gab es in jedem der vier Testdatensätzen zwei Gütemaße, die ih-

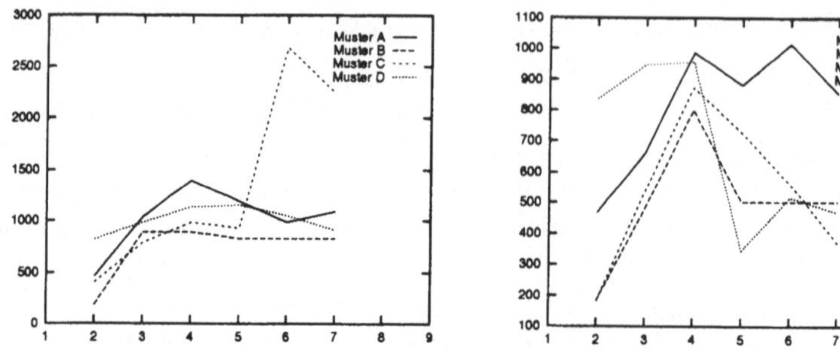

Abbildung 6.13: *APD* (maximieren)

Abbildung 6.14: *PD* (maximieren)

ren (globalen) Extremwert bei $c = 4$ annahmen. (Der GG-Algorithmus wurde bei den Daten aus Abbildung 6.6 mit dem Ergebnis des FCM bei $m = 4$ initialisiert, um die schlechte Anfangseinteilung bei $m = 2$ zu vermeiden.) Problematisch bei den Clustern des GG-Algorithmus ist der bereits beschriebene Fall, daß nach einer guten Einteilung weitere Cluster meistens nur noch wenige Stördaten abdecken. Diese Cluster haben dann ein sehr kleines Volumen und eine sehr große Dichte. Diese hohe Dichte kann den Mittelwert *APD* der Dichten sehr stark beeinflußen, wie in Abbildung 6.13 bei $c > 5$ für die Daten aus Abbildung 6.5 zu sehen ist. Von diesem Effekt ist die Gesamt-Partitionsdichte *PD* nicht betroffen, die in allen drei Datensätzen aus den Abbildungen 6.4, 6.5 und 6.6 das globale Maximum bei $c = 4$ besitzt. Beim Datensatz der Abbildung 6.3 wird das globale Maximum bei $c = 6$ durch den Wert bei $c = 4$ nur knapp verfehlt, wobei sich bei diesem Datensatz über die *richtige* Einteilung gewiß streiten läßt. Unter diesen drei Gütemaßen hebt sich *PD* besonders hervor, aber gerade in der Kombination (wähle diejenige Anzahl, bei der die meisten Gütemaße Extremwerte aufzeigen) lassen sich gute Ergebnisse erzielen.

Es zeigt sich, daß die Gütemaße, die Parameter der Cluster-Prototypen in die Berechnung der Güte einbeziehen, bessere Ergebnisse liefern. Ein *bestes* Gütemaß gibt es nicht, wie man an Abbildung 6.6 sehen kann: Je nach Anwendung können hier zwei eindeutige oder vier unscharfe Clustern gesucht sein. Abhängig von den gewünschten Ergebnissen sollte ein Gütemaß für die jeweilige Anwendung ausgewählt werden.

Verwendet man zur Detektion von Geradenstücken die Algorithmen von Gustafson-Kessel oder Gath-Geva, so lassen sich die bereits vorgestellten Gütemaße auch für Linear-Clustering-Algorithmen verwenden.

6.1.2 Shell-Clustering Gütemaße

Grundsätzlich gelten die Überlegungen des vorhergehenden Abschnitts auch für Shell-Cluster. Zwar gibt es nun Überschneidungen von Clustern, so daß auch bei einer optimalen Einteilung in der Nähe der Schnittpunkte keine harten Zugehörigkeiten entstehen, dennoch sollte der größte Anteil der Daten eindeutig klassifiziert werden. Durch die flexiblen Konturen der Shell-Cluster ist jedoch eine gute Abdeckung der Daten denkbar, ohne auch nur ein einziges Cluster tatsächlich erkannt zu haben; ein Beispiel dafür zeigt Abbildung 5.31. Für Shell-Cluster sind daher besonders leistungsfähige Gütemaße gefragt. Diese bekamen wir im vorhergehenden Abschnitt, indem wir möglichst viele Informationen über die Cluster-Prototypen in das Gütemaß einbezogen haben. Die bisher vorgestellten Gütemaße lassen sich jedoch nicht ohne weiteres übernehmen, da die Prototypen unterschiedliche Bedeutung besitzen. Bei den kompakten Clustern des Algorithmus von Gath und Geva soll ein gutes Cluster ein möglichst kleines Volumen besitzen, daher wird die Determinante der Fuzzy-Kovarianzmatrix minimiert. Bei einigen Shell-Clustering-Algorithmen treten ebenfalls positiv-definite Matrizen als Parameter der Prototypen auf, diese beschreiben jedoch implizit Ausrichtung und Radien der erkannten Ellipse. Die Entscheidung, ob es sich um eine gut oder schlecht erkannte Ellipse handelt, sollte jedoch unabhängig von den Ellipsenradien sein, eine Minimierung der Determinante macht hier keinen Sinn.

Davé definierte in [15] die Gath-und-Geva-Gütemaße Hypervolumen und Partitionsdichte für den Fall von Kreis- und Ellipsenclustern. Krishnapuram, Frigui und Nasraoui verallgemeinerten diese Gütemaße auf beliebige Shell-Cluster in [47]: Maßgebend für die Güte eines Clusters ist der Abstand der Daten vom Cluster. Während sich dieser bei den kompakten Clustern leicht durch den Abstand von Datum und Positionsvektor des Prototypen ermitteln ließ, macht die Bestimmung des Abstands bei Shell-Clustern mehr Probleme. Zu einem beliebigen Punkt x benötigen wir den dichtesten Punkt z auf der Clusterkontur. Ihr euklidischer Abstand ist zugleich der Abstand des Datums x vom Shell-Cluster. Im Spezialfall der Kreiscluster gilt $z = v + r\frac{x-v}{\|x-v\|}$, wenn v der Kreismittelpunkt und r der Radius ist. In anderen Fällen kann die

Ermittlung dieses Punktes sehr schwierig und aufwendig sein. Beim FCES-Algorithmus (Abschnitt 5.4) haben wir den Abstand $||x - z||$ und beim MFCQS-Algorithmus (Abschnitt 5.7) den Punkt z näherungsweise ermittelt.

Für eine probabilistische Clustereinteilung $f : X \to K$ definieren wir nun für $x_j \in X$ und $k_i \in K$ den Vektor $\Delta_{i,j} = x_j - z_{i,j}$, wobei $z_{i,j}$ den zu x_j dichtesten Punkt auf der Kontur des Clusters k_i bezeichne. Die Vektoren $\Delta_{i,j}$ geben Richtung und Größe der Abweichung des Datums x_j vom Cluster k_i an. Ist die Clusterkontur punktförmig, so entsprechen sie den Vektoren $x_j - v_i$, die bei den kompakten Clustern die Streuung des Datums x_j um den Clustermittelpunkt v_i angaben und aus denen wir die Kovarianzmatrizen bildeten. Analog definieren wir also:

Definition 6.9 (Fuzzy-Shell-Kovarianzmatrix) *Sei $A(D, E)$ ein Analyseraum, $X \subset D$, $f : X \to K \in A_{\text{fuzzy}}(D, E)$ eine probabilistische Clustereinteilung und $\Delta_{i,j}$ sei für $x_j \in X = \{x_1, x_2, \ldots, x_n\}$ und $k_i \in K = \{k_1, k_2, \ldots, k_c\}$ der Abstandsvektor von Datum x_j zu Cluster k_i. Dann heißt*

$$A_i = \frac{\sum_{j=1}^{n} f^m(x_j)(k_i) \quad \Delta_{i,j}\Delta_{i,j}^\top}{\sum_{j=1}^{n} f^m(x_j)(k_i)} \tag{6.1}$$

die Fuzzy-Shell-Kovarianzmatrix des Clusters k_i.

Diese Matrix ist ein Maß für die Streuung der Daten um die Clusterkontur, so daß die Volumen- und Dichte-Gütemaße von Gath und Geva nun auch auf Shell-Cluster angewendet werden können. (Statt der Kovarianzmatrix aus Bemerkung 2.3 verwendet man in den Definitionen 6.6 und 6.7 die Matrix (6.1).)

Außerdem läßt sich der Abstand $||\Delta_{i,j}||$ zwischen Datum und Clusterkontur als Konturdicke interpretieren:

Definition 6.10 (Shelldicke (Shell-Thickness) T) *Sei $A(D, E)$ ein Analyseraum, $X \subset D$, $f : X \to K \in A_{\text{fuzzy}}(D, E)$ eine probabilistische Clustereinteilung und $\Delta_{i,j}$ sei für $x_j \in X$ und $k_i \in K$ der Abstandsvektor von Datum x_j zu Cluster k_i. Unter der summierten, mittleren Shelldicke T_S der Einteilung f verstehen wir*

$$T_S(f) = \sum_{i=1}^{c} \frac{\sum_{j=1}^{n} f^m(x_j)(k_i) \quad ||\Delta_{i,j}||^2}{\sum_{j=1}^{n} f^m(x_j)(k_i)}.$$

Handelt es sich bei den Clustern $k_i \in K$ um Kreiscluster mit Mittelpunkt v_i und Radius r_i, so definieren wir die mittlere Kreisdicke T durch

$$T_C(f) = \frac{T_S(f)}{\frac{1}{|K|}\sum_{i=1}^{c} r_i},$$

wobei $||\Delta_{i,j}||^2 = (||x_j - v_i|| - r_i)^2$.

Für allgemeine Shell-Cluster ist T_S ein geeignetes Gütemaß, wenngleich einer Schwankung $||\Delta_{i,j}|| = \frac{1}{10}$ bei einem Shell-Durchmesser von 1 sicher mehr Bedeutung beikommt, als bei einem Shell-Durchmesser von 10. Wenn also Informationen über die Shell-Größe vorhanden sind, wie etwa bei Kreisclustern, so sollten diese wie bei der mittleren Kreisdicke T_C einbezogen werden.

Wie eingangs erwähnt, hängt die Korrektheit der über globale Gütemaße ermittelten Clusterzahl wesentlich von der Güte der Clustereinteilungen ab. Die Untersuchungen über Shell-Clustering im Abschnitt 5 haben gezeigt, daß selbst bei korrekter Clusterzahl ohne eine gute Initialisierung nur mit mäßigen Ergebnissen zu rechnen ist (siehe als Beispiele die Abbildungen 4.4, 5.5, 5.26 oder 7.16). Wenn die Einteilung mit der richtigen Clusterzahl aber in ihrer Qualität nicht deutlich aus den anderen Einteilungen herausragt, können die Gütemaße diese Einteilung auch nicht hervorheben. Die unbefriedigenden Ergebnisse mit den globalen Shell-Clustering-Gütemaßen gaben Anlaß zur Entwicklung alternativer Verfahren, die im folgenden Abschnitt vorgestellt werden.

6.2 Lokale Gütemaße

Die Bestimmung der optimalen Clusterzahl über globale Gütemaße ist sehr aufwendig, da für eine Vielzahl von möglichen Clusteranzahlen Analysen durchgeführt werden müssen. Dabei kann es gerade beim Shell-Clustering vorkommen, daß ausgerechnet die Analyse mit der korrekten Clusterzahl kein einziges Cluster richtig erkennt. Wenn sich die hundertprozentig korrekte Einteilung nicht auf einen Schlag gewinnen läßt, so könnten wir wenigstens die vermutlich korrekt erkannten Cluster herausfiltern. Dazu ist ein Gütemaß notwendig, das einzelne Cluster bewertet, ein sogenanntes lokales Gütemaß. Anschließend können wir die schlecht erkannten Daten gesondert untersuchen. Ziehen wir die Zugehörigkeiten für die Detektion guter Cluster heran, so müssen wir den Fall berücksichtigen, daß sich mehrere Prototypen ein Cluster teilen. In einer probabilistischen Clustereinteilung bekommt dann keiner der Prototypen Zugehörigkeiten deutlich größer $\frac{1}{2}$, so daß ein lokales Gütemaß fälschlich auf zwei schlecht erkannte Cluster schließen würde. (Ein Beispiel für so einen Fall zeigt Abbildung 5.6; dort wird der obere, linke Halbkreis von zwei sehr ähnlichen Clustern abgedeckt.)

Wollte man mit den globalen Gütemaßen den Raum der möglichen Clusterzahlen möglichst vollständig absuchen, so ist man jetzt bestrebt, gezielt auf die richtige Einteilung hinzuarbeiten. Die Idee bei lokalen Gütemaßen ist, durch Analyse der bereits durchgeführten Clustereinteilungen eine immer bessere Initialisierung für die folgenden Einteilungen zu bilden, bis schließlich die ganze Einteilung nur noch aus guten Clustern besteht. Die hierfür benötigte Anzahl von Clustern ist dann die optimale Anzahl.

Ein Algorithmus, der in seiner Vorgehensweise sehr ähnlich ist, im Grunde aber noch nichts mit lokalen Gütemaßen zu tun hat, ist der im folgenden beschriebene CCM-Algorithmus zur Erkennung von Geradenstücken auf Basis des Algorithmus von Gustafson und Kessel. Wir wollen ihn an dieser Stelle betrachten, weil er zum einen bei der Bestimmung der Anzahl der Geradenstücke sehr gut funktioniert und zum anderen die folgenden Algorithmen aus ihm hervorgegangen sind.

6.2.1 Der Compatible-Cluster-Merging-Algorithmus

Der Compatible-Cluster-Merging-Algorithmus (CCM) von Krishnapuram und Freg [43] erkennt eine unbekannte Anzahl von Geraden (oder Flächen im dreidimensionalen Fall). Wie wir in Abschnitt 4.3 gesehen haben, leisten die Algorithmen von Gustafson und Kessel oder Gath und Geva bei der Geradendetektion ebenso gute Dienste wie die speziellen Algorithmen zur Linienerkennung. Als Basis für den CCM-Algorithmus dient daher der GK-Algorithmus.

Wie schon beim Verfahren für globale Gütemaße muß eine obere Grenze c_{max} der Clusterzahl gewählt werden. Diese Grenze darf keine gute Schätzung für die tatsächliche Clusterzahl sein, sondern sollte deutlich darüber liegen, wobei allerdings sehr große Werte für c_{max} den Rechenaufwand des Algorithmus deutlich steigern. Durch die überhöhte Anzahl von Clustern hofft man das ungewollte Zusammenfassen von kollinearen Geradenstücken durch ein einziges Cluster zu verhindern, da der

Datenraum durch die hohe Anzahl c_{max} in kleinere Cluster partitioniert wird. Aus demselben Grund ist aber der umgekehrte Fall, bei dem ein einziges, langes Geradenstück von mehreren Clustern abgedeckt wird, denkbar (Beispiel in Abbildung 6.15). In solchen Fällen wollen wir von *kompatiblen* Clustern sprechen und sie nach ihrer Identifizierung zu einem Cluster zusammenfassen. Zunächst wird also ein probabilistischer Gustafson-Kessel-Durchlauf mit c_{max} Clustern durchgeführt. Die Ergebniscluster werden miteinander verglichen, um *kompatible* Cluster zu finden. Dadurch reduziert sich die Anzahl der Cluster entsprechend. Wir bilden Gruppen kompatibler Cluster, vereinigen diese und bestimmen für die vereinigten Gruppen neue Gustafson-Kessel-Prototypen. Mit der neuen, oft deutlich verringerten Clusterzahl und den vereinigten Clustern als Initialisierung führen wir ein weiteres Mal den GK-Algorithmus durch, bilden und mischen kompatible Cluster, bis schließlich alle Cluster inkompatibel sind und keine Mischvorgänge mehr auftreten. Die auf diese Weise ermittelte Clustereinteilung betrachten wir dann als die optimale Einteilung. Dabei ist der Zeitaufwand für jeden weiteren GK-Durchlauf immer geringer, weil zum einen die Cluster weniger werden und zum anderen stets eine sehr gute Initialisierung vorliegt. Außerdem werden gegenüber Algorithmus 3 nur für sehr wenige Clusteranzahlen GK-Durchläufe benötigt. Dieses Verfahren führt, wie wir später sehen werden, in kürzerer Zeit zu einem besseren Ergebnis.

Es bleibt noch eine Relation anzugeben, die klärt, wann zwei Cluster des Gustafson-Kessel-Algorithmus kompatibel sind. Zum einen sollten zwei kompatible Cluster dieselbe Hyperebene aufspannen (d.h. im $\mathbb{R}^2$ auf einer Geraden liegen) und zum anderen relativ zu ihrer Ausdehnung gesehen *nahe* beieinander liegen.

Definition 6.11 (Kompatibilitätsrelation auf GK-Clustern)
Sei $p \in \mathbb{N}$ *und* $C := \mathbb{R}^p \times \{A \in \mathbb{R}^{p\times p} \mid \det(A) = 1, A \text{ symmetrisch und positiv definit}\}$. *Für jedes* $k_i = (v_i, A_i) \in C$ *sei* λ_i *der größte Eigenwert der Matrix* A_i *und* e_i *der normierte Eigenvektor von* A_i, *der mit dem kleinsten Eigenwert korrespondiert. Eine CCM-Kompatibilitätsrelation* $\doteq_\gamma \subseteq C \times C$ *ist für jedes* $\gamma = (\gamma_1, \gamma_2, \gamma_3) \in \mathbb{R}^3$ *definiert durch*

$$\forall k_1, k_2 \in C: \quad k_1 \doteq_\gamma k_2 \quad \Leftrightarrow \quad |e_1 e_2^\top| \geq \gamma_1 \quad \wedge \tag{6.2}$$

$$\left| \frac{e_1 + e_2}{2} \, \frac{(v_1 - v_2)^\top}{||v_1 - v_2||} \right| \leq \gamma_2 \quad \wedge \tag{6.3}$$

$$||v_1 - v_2|| \leq \gamma_3 \left(\sqrt{\lambda_1} + \sqrt{\lambda_2} \right). \tag{6.4}$$

Zwei Cluster k_1, $k_2 \in C$ spannen dieselbe Hyperebene auf, wenn die Normalenvektoren der beiden Hyperebenen parallel sind und ihre Ursprünge jeweils in der anderen Hyperebene liegen. Der Normalenvektor der Hyperebene, die durch ein Cluster k_1 beschrieben wird, entspricht dem Eigenvektor e_1 aus der Definition. Sind e_1 und e_2 parallel, so ist ihr Skalarprodukt im Betrag Eins. Wählen wir für γ_1 den Wert Eins, so drückt (6.2) die Parallelität der Hyperebenen aus. Stehen beide Normalenvektoren (fast) parallel, so entspricht $\frac{1}{2}(e_1+e_2)$ in etwa dem mittleren Normalenvektor beider Hyperebenen. Ist durch k_1 und k_2 dieselbe Hyperebene aufgespannt, so muß der Vektor, der vom Ursprung der einen Ebene zum Ursprung der anderen führt, innerhalb der gemeinsamen Hyperebene liegen. Das ist der Fall, wenn der Differenzvektor senkrecht zu den Normalen liegt, d.h. das Skalarprodukt der beiden Vektoren Null ergibt. Wählen wir Null für γ_2, so entspricht (6.3) dieser Forderung. Gelten (6.2) und (6.3) mit $\gamma_1 = 1$ und $\gamma_2 = 0$, so spannen die GK-Cluster k_1 und k_2 dieselbe Hyperebene auf.

Wir mischen zwei Cluster nur dann, wenn zwischen ihnen keine *Lücke* ist, sondern sie aneinander angrenzen. Betrachten wir dazu die Daten als Realisierungen zweier gleichverteilter Zufallsvariablen Z_1 und Z_2. In der Projektion auf die gemeinsame Gerade stellt dann der Cluster-Positionsvektor den Erwartungswert dar. Die Varianz σ_i^2 der Zufallsvariablen Z_i, $i \in \{1,2\}$, ist der größte Eigenwert der Kovarianzmatrix des entsprechenden Clusters. Allgemein gilt für Gleichverteilungen über einem Intervall der Länge L die Beziehung $\sigma^2 = \frac{L^2}{12}$. Vom Erwartungswert aus dehnt sich das Intervall also $\frac{L}{2} = \sqrt{3}\,\sigma$ in beiden Richtungen aus. Beträgt der Abstand der Erwartungswerte beider Zufallsvariablen weniger als die Summe der beiden halben Intervallängen, so überlappen sich die Zufallsvariablen oder Geradenstücke. In diesem Fall wollen wir beide Cluster als zusammengehörig ansehen und mischen. Für $\gamma_3 = \sqrt{3}$ entspricht dies der Bedingung (6.4).

Wegen des Rauschens der Daten entlang der Geraden oder Ebenen sollten die Konstanten γ_1 bis γ_3 etwas abgeschwächt werden, um überhaupt mischbare Cluster identifizieren zu können. Krishnapuram und Freg schlagen in [43] $\gamma_1 = 0.95$, $\gamma_2 = 0.05$ und $\gamma_3 \in [2,4]$ vor.

Wir erkennen an dieser Stelle, daß es sich bei der soeben definierten Relation um keine Äquivalenzrelation handelt. Dies liegt an der Verwendung von Ungleichungen in der Definition. Verteilen wir drei gleichgroße Geradencluster in gleichen Abständen auf einer Geraden, so mögen (abhängig von γ_3) benachbarte Cluster in Relation stehen, die beiden äußeren jedoch nicht. Die Relation $\doteq_\gamma$ ist also nicht transitiv. Das bedeutet, daß es nicht immer eine eindeutige Faktorisierung der Geradencluster nach dieser Relation gibt. Diese Tatsache hat jedoch auf die Funktionsfähigkeit des heuristisch begründeten CCM-Algorithmus keinen Einfluß. Für die Implementation sollte jedoch darauf geachtet werden, daß wirklich alle Cluster derselben Gruppe paarweise in Relation zueinander stehen. Es genügt nicht, daß ein Cluster mit nur einem Element einer Gruppe in Relation steht, um es in diese Gruppe aufzunehmen. Welche der verbleibenden Gruppenkombinationen letztendlich gewählt wird, spielt für das Endergebnis des CCM-Algorithmus aber keine maßgebliche Rolle.

Algorithmus 4 (CCM-Algorithmus)

Gegeben sei eine Datenmenge X und eine Kompatibilitätsrelation $\doteq$ auf GK-Clustern.

Wähle die maximale Anzahl c_{max} der Cluster.
$c_{\text{neu}} := c_{\text{max}}$
REPEAT
  $c_{\text{alt}} := c_{\text{neu}}$
  Führe GK-Algorithmus mit (X, c_{neu}) durch.
  Bestimme Eigenvektoren/Eigenwerte der Kovarianzmatrizen.
  Bilde (transitive) Gruppen von Clustern bezüglich der Relation $\doteq$.
  FOR (jede Gruppe mit mehr als einem Cluster)
    Fasse alle Cluster der Gruppe zu einem einzigen zusammen.
    Berechne Position und Ausrichtung des neuen Clusters.
    Aktualisiere die Anzahl der Cluster in c_{neu}.
  ENDFOR
UNTIL $(c_{\text{alt}} = c_{\text{neu}})$

Des weiteren ist bei der Implementierung der Bedingung (6.3) ein Sonderfall zu beachten: Sind die beiden Eigenvektoren bis auf das Vorzeichen nahezu identisch, löschen sie sich bei der Addition aus. Abhängig vom verwendeten Verfahren zur Bestimmung der Eigenvektoren kann es sein, daß zu zwei parallelen Geraden zwei Eigenvektoren bestimmt werden, die sich nur im Vorzeichen unterscheiden. Dann ist aufgrund der Auslöschung die Bedingung (6.3) automatisch erfüllt und die Bedingung (6.2) durch die Parallelität. Auch Bedingung (6.4) kann nun erfüllt werden, ohne daß die Cluster notwendig dieselbe Hyperebene beschreiben.

Dieser Fall muß gesondert abgefangen werden: Falls die Summe der Eigenvektoren in der euklidischen Norm kleiner als Eins ist, so hat eine Auslöschung stattgefunden und die Vektoren sollten subtrahiert statt addiert werden.

Wendet man den Algorithmus auf die Datensätze des Kapitels 4 mit $c_{max} = 12$ und $\gamma = (0.95, 0.05, 2.0)$ an, so sind die Ergebnisse überwiegend korrekt. Es treten jedoch Situationen auf, bei denen eine erwünschte Mischoperation zweier Cluster nicht stattfand: wenn zwei Cluster dasselbe Geradenstück beschreiben und die Prototypen recht nahe beieinanderliegen. Solche Fälle kommen bei etwas größerer Streuung der Daten um die gedachte Gerade vor. Das tatsächliche Geradenstück wird nicht durch zwei hintereinanderliegende, kurze (Abbildung 6.15) sondern zwei lange, parallele Cluster approximiert (Abbildung 6.16). Dabei rücken die Positionsvektoren zweier Cluster k_1 und k_2 dichter zusammen, und der Differenzvektor der Positionen $\Delta v = v_1 - v_2$ zeigt eher in Richtung der Geradennormalen statt senkrecht dazu. Aus diesem Grund verhindert die Bedingung (6.3) ein Mischen der Cluster. (Die Abbildungen 6.15 und 6.16 zeigen nur die Extrempositionen, bereits bei vielen Zwischenstufen ist die Bedingung (6.3) nicht erfüllt.)

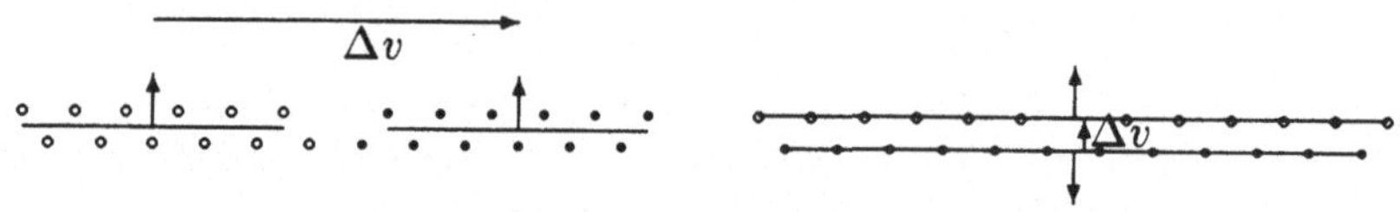

Abbildung 6.15: Kollineare Cluster

Abbildung 6.16: Parallele Cluster

Die folgende Kompatibilitätsrelation zwischen GK-Clustern behebt diesen Mangel. Statt der Orthogonalitäts-Bedingung (6.3) aus dem Original von Gath und Geva messen wir direkt den Abstand der Prototypen in Richtung der gemittelten Normalen. Ist dieser kleiner als ein gewisser Maximalabstand, so gehen wir von kompatiblen Clustern aus. Setzen wir für diesen Maximalabstand den mittleren Abstand der Daten δ aus (7.13) ein, werden nur parallele Cluster gemischt, die einen kleineren Abstand als die Daten untereinander haben.

Definition 6.12 (modifizierte Kompatibilitätsrelation auf GK-Clustern) *Sei* $p \in \mathbb{N}$ *und* $C := \mathbb{R}^p \times \{A \in \mathbb{R}^{p \times p} \mid \det(A) = 1,$ *A symmetrisch und positiv definit*$\}$. *Für jedes* $k_i = (v_i, A_i) \in C$ *sei* λ_i *der größte Eigenwert der Matrix* A_i *und* e_i *der normierte Eigenvektor von* A_i, *der mit dem kleinsten Eigenwert korrespondiert. Eine modifizierte CCM-Kompatibilitätsrelation* $\doteq_\gamma \subseteq C \times C$ *ist für jedes* $\gamma := (\gamma_1, \gamma_2, \gamma_3) \in \mathbb{R}^3$ *definiert durch*

$$\forall k_1, k_2 \in C: \quad k_1 \doteq_\gamma k_2 \quad \Leftrightarrow \quad |e_1 e_2^\top| \geq \gamma_1 \quad \wedge \quad \left| \frac{e_1 + e_2}{||e_1 + e_2||} (v_1 - v_2)^\top \right| \leq \gamma_2 \quad \wedge \quad ||v_1 - v_2|| \leq \gamma_3 \left(\sqrt{\lambda_1} + \sqrt{\lambda_2} \right). \tag{6.5}$$

Abbildung 6.17: Diskettenbox

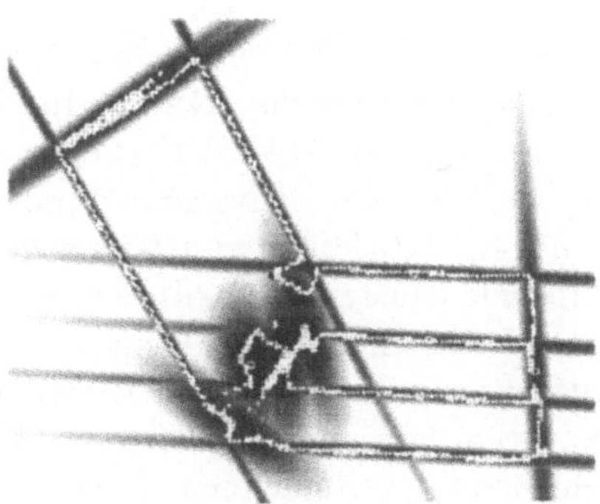

Abbildung 6.18: CCM-Analyse

Mit der modifizierten Kompatibilitätsrelation $\doteq_{(0.95,\delta,2.0)}$ werden auch die Datensätze aus den Abbildungen 4.1 und 4.9 mit ihrer korrekten Clusterzahl erkannt. Probleme gibt es jetzt nur noch bei Datensätzen, die zusätzliche Stördaten enthalten, weil die GK-Cluster diese durch kompakte Clusterformen approximieren. Für diesen Fall ist die Kompatibilitätsrelation nicht ausgelegt, das Mischen von Punktwolken ist nicht vorgesehen. So werden Stördaten vom CCM-Algorithmus meistens durch eine Vielzahl von GK-Clustern approximiert. Ohne Stördaten-Punktwolken sind die Ergebnisse des modifizierten CCM-Algorithmus meistens sehr gut.

Die Abbildungen 6.17, 6.19 und 6.21 zeigen Grauwertbilder, aus denen die Datensätze der Abbildungen 6.18, 6.20 und 6.22 durch Kontrastverstärkung, Konturoperator (Sobel) und Schwellwert-Verfahren ge-

Abbildung 6.19: Streichholzschachtel

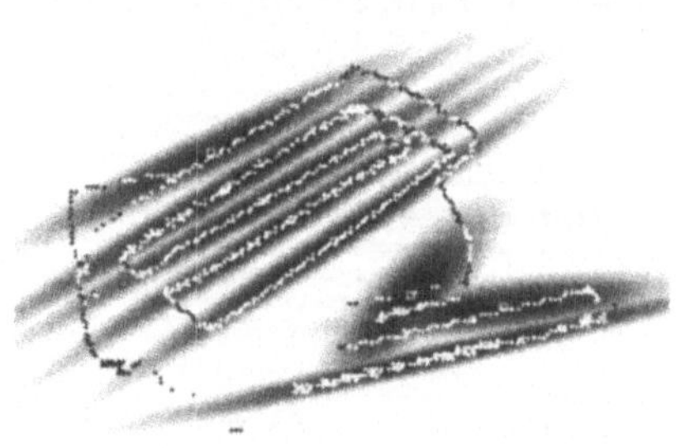

Abbildung 6.20: CCM-Analyse

neriert wurden. Liegen in den Datensätzen eindeutige Geraden vor, so werden diese auch gut erkannt. In Bereichen vieler kleiner Geraden (Abbildung 6.18 Mitte) wird statt einer Approximation durch GK-Cluster in Geradenform die *effektivere* ellipsoide Form verwendet. Um diese ungewollte Klassifizierung zu präzisieren, lassen sich Daten, die durch solche ellipsoide Cluster eingeteilt wurden, extrahieren und in einem gesonderten GK-Durchlauf erneut einteilen. Des weiteren verhindert die weite Ausdehnung der Cluster in Richtung der Geraden in einigen Fällen die Detektion von anderen Geraden. Insbesondere bei mehreren dicht nebeneinander verlaufenden, parallelen Geraden werden orthogonal dazu verlaufende Geraden automatisch mit abgedeckt (siehe Abbildung 6.20). Eine Verbesserung der Erkennungsleistung läßt sich in diesem Fall mit den Methoden des Abschnitts 6.3 erzielen.

Ein Beispiel für eine sehr gute Erkennungsleistung zeigen die Abbildungen 6.21 und 6.22. Mit $c_{max} = 40$ wurde der CCM-Algorithmus gestartet, 28 Cluster sind erkannt worden. Sogar kleinere Geradenstücke sind in diesem Beispiel von eigenen Clustern abgedeckt worden. Einziger Schwachpunkt ist die massive obere Kontur des Loches mitten im Hebel des Lochers. Da die GK-Cluster in ihrem Volumen beschränkt sind, konnte diese dicke Gerade nicht durch ein einziges GK-Cluster abgedeckt werden. Die drei einzelnen Cluster folgen nun nicht der breiten Gerade, sondern liegen annähernd horizontal, so daß die Kompatibilitätsrelation wegen eines zu großen Abstands der Geraden untereinander keine Vereinigung einleitet. Lassen sich solche Punkthäufungen bei der

Digitalisierung nicht vermeiden, so sollte ein Algorithmus zur Linien-Ausdünnung [41] angewendet werden, um diese ungewollte Drittelung des Geradenstücks zu verhindern.

Abbildung 6.21: Locher

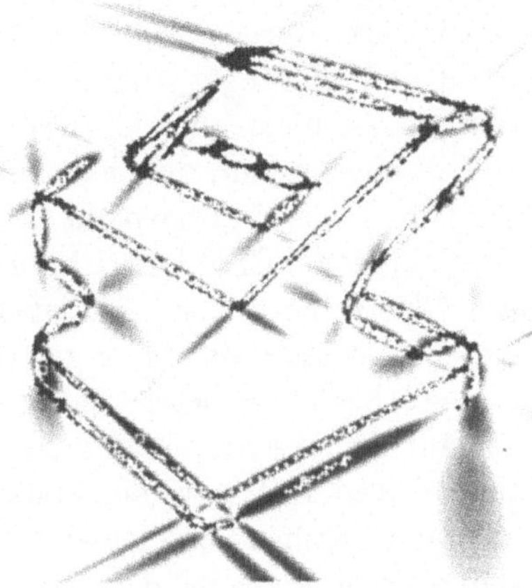

Abbildung 6.22: CCM-Analyse

Cluster, die extrem dicke Konturen wie in Abbildung 6.22 oder viele kleine Geradenstücke wie in Abbildung 6.18 abdecken, lassen sich anhand der Eigenwerte der GK-Kovarianzmatrizen erkennen. Das Verhältnis von großem zu kleinen Eigenwert ist bei kreisförmigen Clustern Eins, es wird umso größer, je mehr sich das Cluster in die Länge zieht. Wird bei diesem Verhältnis ein Minimalwert unterschritten, so läßt dies auf ein kompaktes Cluster schließen.

6.2.2 Der Unsupervised-FCSS-Algorithmus

Eine Bewertung der Cluster fand beim CCM-Algorithmus nicht statt, ein lokales Gütemaß wurde nicht benötigt. Enthielt ein Datensatz nur Geradenstücke, so approximierte jedes GK-Cluster eine Teilgerade. Bei Shell-Clustern (hier zunächst bei Kreisen) verhalten sich die Algorithmen nicht so gutmütig. Es gibt viel mehr lokal minimale Einteilungen als beim Geraden-Clustering. Insbesondere stellt nicht jedes Kreiscluster einen korrekt erkannten Teilkreis dar, sondern die Cluster ordnen sich Daten verschiedener Kreise zu (siehe Abbildungen 5.4 oder 5.5). Einfaches Vereinigen mehrerer Kreiscluster führt hier nicht unbedingt weiter, weil die Vereinigung nicht nur Daten eines sondern mehrerer Kreise enthält.

Beim Unsupervised-Fuzzy-C-Spherical-Shells-Algorithmus (UFCSS) von Krishnapuram, Nasraoui und Frigui [44] werden daher zusätzlich zum Mischen von Clustern weitere Schritte durchgeführt. Nachdem der FCSS-Algorithmus mit einer maximalen Clusterzahl c_{max} durchgeführt worden ist, werden zunächst wieder Gruppen kompatibler Cluster gesucht und vereinigt. Anschließend werden mit Hilfe eines lokalen Gütemaßes besonders gute Cluster erkannt und alle Daten, die diese Cluster repräsentieren, aus dem betrachteten Datensatz entfernt. Dadurch wird in Folgeiterationen die Zahl der Daten und Cluster geringer, es wird für den FCSS-Algorithmus einfacher, die korrekte Lage der übrigen Cluster zu finden. Schließlich werden Cluster, die nur sehr wenige Daten abdecken, ersatzlos gestrichen. Dieses Vorgehen wiederholt sich solange, bis keine dieser Operationen mehr durchführbar ist. Dann werden zur Feinabstimmung die herausgenommenen, guten Cluster mit den zugehörigen Daten wieder einbezogen, und das Mischen von kompatiblen und Löschen von kleinen Clustern wird erneut iteriert, bis abermals keine Veränderungen mehr eintreten. Am Ende des Algorithmus bleibt die (hoffentlich) optimale Einteilung des Datensatzes übrig.

Als lokale Gütefunktion wird die Datendichte in Shell-Nähe verwendet, ein Gütemaß, das der mittleren Partitionsdichte für GK-Cluster ähnelt, wenn man auf die Mittelung über die Cluster verzichtet. Statt der Kovarianzmatrizen beim GK-Algorithmus verwenden wir Shell-Kovarianzmatrizen nach (6.1), um die Streuung der Daten um die Clusterkontur zu erfassen. Eine Shell-Kovarianzmatrix A induziert wie beim GK-Algorithmus eine Norm, über die sich feststellen läßt, ob ein bestimmter Datenvektor weiter als der Durchschnitt der dem Cluster zugeordneten Daten von der Kontur entfernt ist oder nicht. Für ein Testdatum x mit Abstandsvektor Δ zur Clusterkontur gilt $\Delta^{\top} A^{-1} \Delta < 1$, falls x näher an der Kontur liegt als die Clusterdaten im Mittel. Die Summe der Zugehörigkeiten aller Daten, die diese Bedingung erfüllen, ist ein Maß dafür, wie gut die Daten die Clusterkontur *markieren* oder wie gut die Kontur die Daten approximiert. Betrachten wir (trotz der semantischen Unterschiede zum GK-Algorithmus) wieder $\sqrt{\det(A)}$ als Volumen des Clusters, so erhalten wir als lokales Gütemaß die Shelldichte:

Definition 6.13 (Shelldichte (Shell-Density) SD)
Sei $A(D, E)$ ein Analyseraum, $X \subset D$, $f : X \to K \in A_{fuzzy}(D, E)$ eine probabilistische Clustereinteilung und $\Delta_{i,j}$ für $x_j \in X$ und $k_i \in K$ der Abstandsvektor von Datum x_j zu Cluster k_i. Unter der Shelldichte SD_i

des Clusters k_i in der Einteilung f verstehen wir

$$SD_i(f) = \frac{\sum_{x_j \in S_i} f(x_j)(k_i)}{\sqrt{\det(A_i)}},$$

wobei $S_i = \{x_j \in X \mid \Delta_{i,j}^{\top} A_i^{-1} \Delta_{i,j} < 1\}$ und A_i die Fuzzy-Shell-Kovarianzmatrix nach (6.1) ist. (Für Kreiscluster k_i mit Mittelpunkt v_i und Radius r_i gilt $\Delta_{i,j} = (x_j - v_i) - r_i \frac{x_j - v_i}{\|x_j - v_i\|}$.)

Da besonders kleine Cluster auch ein geringes Shellvolumen besitzen, werden für sie manchmal hohe Shelldichten ermittelt. Ein *gutes* Shellcluster k sollte daher nicht nur eine Mindestdichte haben, sondern auch eine Mindestanzahl an Daten auf sich vereinigen. Cluster, die auf diese Weise als *gut* eingestuft wurden, werden zusammen mit den zugehörigen Daten im Laufe des Algorithmus temporär deaktiviert. Die Zugehörigkeit eines Datums zu einem Cluster wird in diesem Fall mittels des Abstands zur Clusterkontur entschieden. Unter einer temporären Deaktivierung ist das Entfernen aus dem aktuellen und Zwischenspeichern in einem neuen Datensatz zu verstehen. Diese Daten werden zu einem späteren Zeitpunkt wieder zum aktuellen Datensatz hinzugenommen.

Zwei Kreise wollen wir als kompatibel ansehen, wenn sowohl ihre Mittelpunkte, als auch ihre Radien sich nur um ein bestimmtes Maß unterscheiden. Eine FCSS-Kompatibilitätsrelation ergibt sich also aus:

Definition 6.14 (Kompatibilitätsrelation auf FCSS-Clustern) *Sei $p \in \mathbb{N}$ und $C := \mathbb{R}^p \times \mathbb{R}$. Für jedes $k_i = (v_i, r_i) \in C$ sei v_i der Kreismittelpunkt und r_i der Radius des Clusters k_i. Eine FCSS-Kompatibilitätsrelation $\doteq_\gamma \in C \times C$ ist für jedes $\gamma = (\gamma_1, \gamma_2) \in \mathbb{R}_+^2$ definiert durch*

$$\forall k_1, k_2 \in C: \quad k_1 \doteq_\gamma k_2 \quad \Leftrightarrow \quad \|v_1 - v_2\| \leq \gamma_1 \quad \wedge \quad |r_1 - r_2| \leq \gamma_2 .$$

Bezeichnen wir mit δ den mittleren, kleinsten Abstand der Daten untereinander, so bietet sich beispielsweise $\doteq_{(2\delta,2\delta)}$ an. Für den UFCSS-Algorithmus sind eine Reihe weiterer heuristischer Parameter zu wählen, die zur Unterscheidung in gute und kleine Cluster notwendig sind. Oftmals sind diese Werte von den verwendeten Datensätzen abhängig, so daß für Bitmustergrafiken, künstliche Testmuster, zwei- oder dreidimensionale Daten jeweils andere Parametersätze zu wählen sind. Seien ein

Cluster $k_i \in K$ einer Einteilung $f : X \to K$ und ein Datum $x_j \in X$ gegeben.

- Das Cluster k_i erhält das Prädikat **„gut"**, falls

$$\left(\sum_{j=1}^{n} f(x_j)(k_i) > \frac{|X|}{|K|+1}\right) \quad \wedge \quad (SD_i > SD_{min}).$$

  Die Minimaldichte für gute Cluster SD_{min} ist von der Art des Datensatzes abhängig und sollte anhand konkreter Beispiele für gute Cluster gewählt werden. Der Grenzwert $\frac{|X|}{|K|+1}$ für die minimale Datenanzahl wurde von Krishnapuram in [44] vorgeschlagen. Er setzt aber eine etwa gleichmäßige Verteilung der Daten auf die Cluster voraus, so daß kleinere Cluster, die korrekt erkannt wurden, aber weniger als $\frac{|X|}{|K|+1}$ Daten auf sich vereinigen, trotzdem nicht als *gute* Clustern erkannt werden.

- Das Datum x_j erhält das Prädikat **„zu Cluster k_i gehörig"**, falls

$$||\Delta_{i,j}|| < \eta\sigma_i.$$

  Dabei ist η ein Faktor, der für alle Cluster identisch ist, und σ_i ein Maß für die Dicke des Clusters oder die Streuung der Daten um das Cluster. In [44] wurde $\eta = 3$ und $\sigma_i = \sqrt{\text{spur}(A_i)}$ verwendet. (Zur Motivation von σ_i siehe auch Seite 190.)

- Das Cluster k_i erhält das Prädikat **„klein"**, falls

$$\sum_{j=1}^{n} f(x_j)(k_i) < N_{tiny}.$$

  Wieder hängt der konkrete Wert N_{tiny} von der Art und Gesamtzahl der Daten ab.

Der folgende Algorithmus ist gegenüber der Fassung in [44] leicht modifiziert. Es wurden nur die allgemeinen Begriffe verwendet, so daß er auch auf andere Clusterarten und Algorithmen angewendet werden kann, sofern für diese die Begriffe *kleines Cluster*, *gutes Cluster* usw. geklärt wurden.

Algorithmus 5 (Unsupervised-FCSS-Algorithmus)

```
Gegeben sei eine Datenmenge X und eine Kompatibilitätsrelation ≐
auf FCSS-Clustern.

Wähle die maximale Anzahl c_max der Cluster.
c := c_max, changes := false, FirstLoop := true
FOR 2 TIMES
    changes := false
    REPEAT
        Führe den FCSS-Algorithmus mit Eingabe (X, c) durch.
        IF (kompatible Cluster bezüglich ≐ existieren) THEN
            Bilde transitive Gruppen kompatibler Cluster.
            Vereinige jede Gruppe zu einem Cluster, aktualisiere c.
            changes := true
        ENDIF
        IF (FirstLoop=true) AND (gute Cluster existieren) THEN
            Deaktiviere gute Cluster und zugehörige Daten,
            aktualisiere c, changes := true.
        ENDIF
        IF (kleine Cluster existieren) THEN
            Lösche kleine Cluster, changes := true, aktualisiere c.
        ENDIF
    UNTIL (c < 2) OR (changes=false)
    FirstLoop := false
    Reaktiviere alle deaktivierten Daten und Cluster, aktualisiere c.
ENDFOR
```

In der Praxis hat sich gezeigt, daß die Anzahl der Cluster c_{max} zu Beginn wenigstens $1\frac{1}{2}$ bis $2\frac{1}{2}$ mal so groß wie die tatsächliche Anzahl der Cluster sein sollte. Außerdem ist der UFCSS-Algorithmus geeignet zu initialisieren (z.B. mit einigen FCM-Schritten), um die Daten gleichmäßig auf die künftigen Kreiscluster zu verteilen.

Betrachten wir die Leistungsfähigkeit des UFCSS-Algorithmus zunächst bei den bekannten Datensätzen aus Abschnitt 5.1 und 5.2. Die Ergebnisse waren ausnahmslos sehr gut, alle Cluster werden korrekt erkannt. (Die Ergebnisse des UFCSS-Algorithmus bei unbekannter Clusterzahl sind also besser als die des FCSS bei bekannter Clusterzahl.) Beim Datensatz aus Abbildung 5.1 werden statt drei allerdings vier Kreiscluster als optimal erkannt, was jedoch auf die zusätzlichen Stördaten zurückzuführen ist, die vom vierten Kreiscluster approximiert wurden. Von der probabilistischen Variante des UFCSS ist ein derartiges Verhalten zu erwarten. Auch der schwierige Datensatz aus Abbildung 5.5 bzw. 5.6 wird mit $c_{max} = 20$ vollständig erkannt. Ein zusätzliches Problem besteht in diesem Fall in der stark unterschiedlichen Datendichte auf den Kreiskonturen. Eine Initialisierung mit nur 15 Clustern führte zu nur einem einzigen FCM-Cluster für die drei Kreise oben rechts. Dafür wurden die dicht markierten Kreise in der Mitte unten und die beiden großen Kreissegmente durch sehr viele FCM-Cluster abgedeckt. Diese sich auf engem Raum konzentrierenden FCM-Cluster werden rasch zu ähnlichen FCSS-Clustern, die dann vereinigt werden. Im Bereich oben rechts fehlen somit Cluster für die korrekte Bestimmung der Clusteranzahl.

Wird die Clusterzahl andererseits zu hoch gewählt, kann sich dies ebenfalls negativ auswirken: Falls jetzt c Cluster denselben Kreis aus n Daten approximieren, so erhält jedes Datum eine Zugehörigkeit von $\frac{1}{c}$ zu jedem der c Cluster. Ist der Schwellwert für ein kleines Cluster N_{tiny} nun größer als $\frac{n}{c}$, so werden alle Cluster ersatzlos gelöscht – der Kreis wird durch überhaupt kein Cluster mehr approximiert. Dieser Extremfall wird jedoch kaum eintreten, wenn das Mischen kompatibler Cluster vor dem Entfernen der kleinen Cluster durchgeführt wird.

Abbildung 6.23 zeigt eine Aufnahme von sechs Dichtungsringen, aus der durch eine Bildverarbeitungssoftware ein Datensatz extrahiert wurde, der die Kanten der abgebildeten Objekte darstellt. Das Ergebnis des UFCSS-Algorithmus für $c_{max} = 24$ bei diesem Datensatz zeigt Abbildung 6.24. Zwei Doppelkreise wurden *über Kreuz* erkannt, zwei Mal wurden zwei Einzelkreise durch nur ein Cluster abgedeckt, ein Cluster liegt falsch. Die Güte der Einteilung ist von der Initialisierung und da-

Abbildung 6.23: Sechs Dichtungsringe

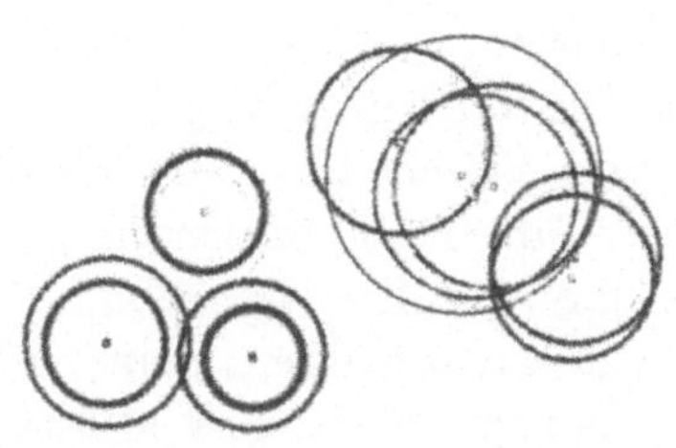

Abbildung 6.24: UFCSS-Analyse, $c_{max} = 24$, Initialisierung durch Fuzzy-c-Means

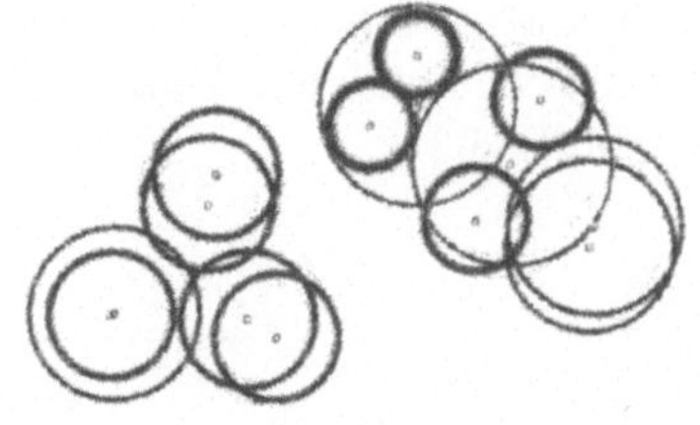

Abbildung 6.25: UFCSS-Analyse, $c_{max} = 20$, Initialisierung durch Fuzzy-c-Means

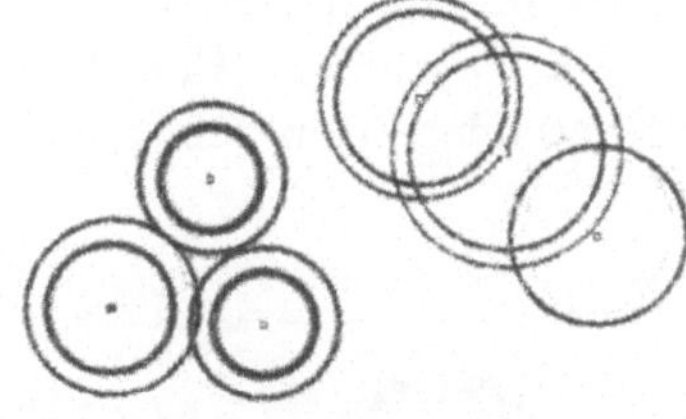

Abbildung 6.26: UFCSS-Analyse, Initialisierung durch Kantendetektion

mit leider auch von der anfänglichen Clusterzahl c_{max} stark abhängig, wie Abbildung 6.25 für $c_{max} = 20$ zeigt. Die FCM-Schritte zu Beginn des UFCSS dienen dazu, wenn nicht gleich ganze Kreise in ein Cluster einzuteilen dann doch wenigstens Teilkreise. Beim Wechsel zum FCSS-Algorithmus reichen die hohen Zugehörigkeiten zu den Daten eines Kreisbogens meist aus, um im ersten Schritt die tatsächliche Kreiskontur anzunähern. Ist eine derartige Initialisierung durch den Fuzzy-c-Means möglich, stehen die Chancen für eine korrekte Erkennung aller Kreise gut. Im Falle der Abbildung 6.23 verlaufen hingegen stets die Konturen zweier Kreise recht eng nebeneinander. Jedes FCM-Cluster deckt dann nicht nur einen sondern wenigstens zwei Kreisbögen (verschiedener Kreise) ab. Der anschließende FCSS-Durchlauf startet mit den Daten zweier Kreise als Initialisierung und vermag diese Daten meistens nicht wieder zu trennen. Durch die nicht-euklidische Distanzfunktion unterstützt, führt die Minimierung der Bewertungsfunktion in diesem Fall zu Clustern mit recht geringem Radius (relativ zu den Originalkreisen). Liegen weitere Daten im Kreisinneren, so wird der FCSS-Algorithmus diese für eine Stabilisierung der Cluster heranziehen. Besonders im Bereich oben Mitte von Abbildung 6.25 kam es so zu einer Abdeckung der Daten durch mehrere kleine, überlappende Kreise.

Es liegt nahe, diesen Mißstand durch eine modifizierte Initialisierung zu beheben. Mit einem Algorithmus zur Kantendetektion, der im Beispiel aus Abbildung 6.23 eben nicht Daten zweier benachbarter Kreiskonturen mischt, wurde der UFCSS-Algorithmus beim Analyseergebnis aus Abbildung 6.26 initialisiert. Wenngleich die Einteilung noch nicht optimal ist, so ist sie doch deutlich besser als sie bei einer FCM-Initialisierung für $c_{max} \in \{20, 24, 28\}$ erzielt wurde. Der Kantendetektions-Algorithmus ist nicht anfällig gegenüber unterschiedlichen Start-Clusterzahlen, da er sie selber vorschlägt. (Eine Beschreibung des verwendeten Algorithmus zur Kantendetektion befindet sich in Abschnitt 6.3.)

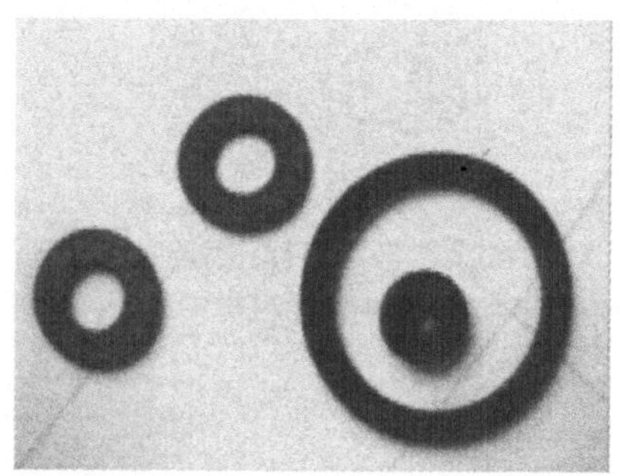

Abbildung 6.27: Vier Dichtungsringe

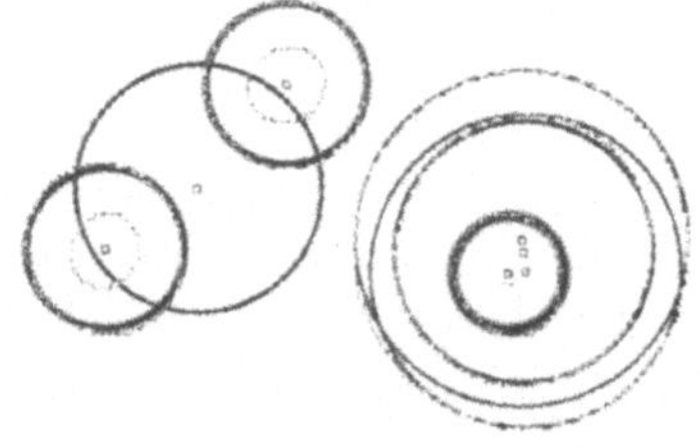

Abbildung 6.28: UFCSS-Analyse, $c_{max} = 15$

Das Einordnen in kleine und gute Cluster ist für ein brauchbares Analyseergebnis sehr wichtig, weil nur durch Vereinfachung – Verringerung der Anzahl der Cluster oder der Daten – ein Fortschritt bei der Erkennung erzielt werden kann. Leider sind die Gütemaße und Schwellwerte des UFCSS-Algorithmus nicht besonders flexibel. Abbildung 6.27 zeigt eine weitere Aufnahme, aus der ein Testdatensatz für den UFCSS-Algorithmus gewonnen wurde. Die Größen der Kreise variieren hier stärker als im vorigen Beispiel. Selbst wenn die inneren Kreise der beiden linken Doppelkreise korrekt erkannt werden, erreichen sie nicht die für gute Cluster notwendige Zugehörigkeitensumme $\frac{|X|}{|K|+1}$. Weiter wissen wir aus Abschnitt 5.2, daß sich gegenseitig umschließende Kreise bei erhöhtem Fuzzifier besser erkannt werden. Dadurch sinken aber automatisch die Zugehörigkeiten im Schnitt und der Schwellwert wird kaum mehr von sehr großen Clustern erreicht. Abbildung 6.28 zeigt das Ergebnis einer UFCSS-Analyse, die von 10 FCM-Schritten ($m = 4$) und zehn FCSS-Schritten ($m = 2$) initialisiert wurde. Durch die FCM-Schritte mit hohem Fuzzifier rücken die FCM-Prototypen zahlreich in die Kreiszentren und bleiben von den Konturen weiter entfernt. Sie approximieren den zukünftigen Kreismittelpunkt besser. Ausgehend von diesen Prototypen als Kreismittelpunkt sind für die Kreiscluster zunächst die dichtesten Daten relevant, daher $m = 2$ für die ersten FCSS-Schritte. In den Folgeschritten müssen sich die Konturen etwas globaler an den Daten orientieren, um die Kreiskonturen zu entflechten und sich den tatsächlichen Daten anzupassen, daher wurde $m = 4$ für den UFCSS-Algorithmus gewählt. Der Schwellwert für die Datenzahl wurde gegenüber dem Fuzzifier relativiert und auf $\frac{|X|}{(|K|+1)(m-1)}$ herabgesetzt. Es bleibt das Problem, daß kleine, gute Cluster nicht als gut eingestuft werden, so daß das Analyseergebnis nicht optimal ausfällt. Weder die kleinen, inneren Kreise werden als gut erkannt, noch der recht große Kreis mitten im Bild als schlecht. Die dichten Konturen lassen immer recht gute Shelldichten resultieren, auch wenn ein Cluster die tatsächlichen Konturen nur an mehreren Stellen tangiert. Erschwerend kommt hinzu, daß es sich bei digitalisierten Aufnahmen oft nicht um ideale Kreise handelt, sondern um schwach elliptische Figuren (schiefer Aufnahmewinkel, Schattenwurf). Beim großen Kreis wird dies durch zwei Kreiscluster kompensiert. Dabei rücken die Mittelpunkte zu weit auseinander, als daß sie durch die FCSS-Kompatibilitätsrelation wieder vereinigt würden.

Mit dem bereits erwähnten Verfahren zur Kantendetektion ist die korrekte Erkennung der Abbildung 6.28 kein Problem. Dieser Initialisierung-Algorithmus ist insbesondere dann unerläßlich, wenn sich mehrere große und kleine Kreiskonturen überlappen, wie zum Beispiel in Abbildung 6.29. Der FCSS-Algorithmus deckt in diesem Fall bei einer FCM-Initialisierung alles, was innerhalb der Außenkante des großen Rings liegt, mit einer Vielzahl von Kreisclustern flächig ab. Jedes dieser Cluster *besitzt* dann ein Kontursegment des großen Kreises, das ihn in seiner Lage festhält. Das lokale Minimum, in das der UFCSS konvergiert, ist durch die Initialisierung vorbestimmt. Eine angemessene Initialisierung durch Kantendetektion liefert hingegen das deutlich bes-

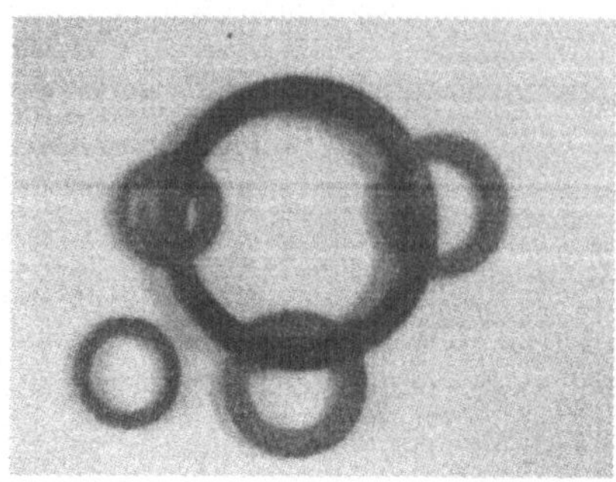

Abbildung 6.29: Vier Dichtungsringe

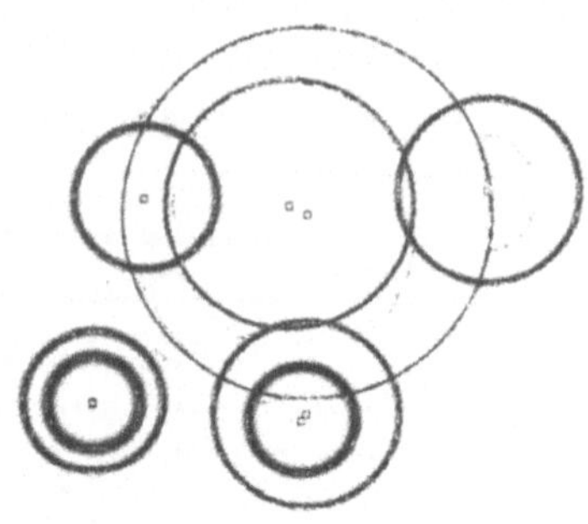

Abbildung 6.30: UFCSS-Analyse

sere Ergebnis aus Abbildung 6.30.

Ein weiterer Ansatzpunkt für eine Verbesserung liegt beim Cluster-Merging. Für das Mischen zweier Cluster wird im UFCSS-Algorithmus überprüft, ob die beteiligten Cluster bereits vorher denselben Kreis darstellen, indem Radien und Mittelpunkte verglichen werden. Nur wenn die Cluster ohnehin beinahe identisch sind, werden sie auch vereinigt. Zwei Cluster können aber auch dieselbe Kreiskontur beschreiben, wenn sie sich in Radius und/oder Mittelpunkt deutlich unterscheiden. Dies ist der Fall, wenn die Cluster jeweils nur ein Teil desselben Kreises (schlecht) approximieren. Auf diese Weise ließen sich in Abbildung 6.25 (Mitte oben) noch Verbesserungen erzielen. Alternativ könnte also zum Merging die Vorgehensweise beim U(M)FCQS-Algorithmus verwendet werden (siehe Abschnitt 6.2.4).

Eine dritter Weg zu besseren Einteilungen führt schließlich über eine Vereinfachung der Datensätze, wie er ebenfalls in Abschnitt 6.3 dargestellt ist. Dieser Weg stellt aber natürlich keine Verbesserung des eigentlichen UFCSS-Algorithmus dar.

6.2.3 Das Konturdichte-Kriterium

Die bisher vorgestellten lokalen Gütemaße sind in mancher Hinsicht unbefriedigend: Abhängig von Größe und Vollständigkeit der Kontur variieren ihre Werte stark und erschweren somit die Unterscheidung in gute und schlechte Cluster. Da das Prädikat *gut* sowohl für unterschiedlich große Kreise, als auch für Voll-, Halb- oder Viertelkreise zutreffen kann, lassen sich oft keine vernünftigen Schwellwerte angeben, die alle Variationsmöglichkeiten richtig trennen. Das Konturdichte-Kriterium für Shell-Cluster nach Krishnapuram, Frigui und Nasraoui [47] kompensiert einige dieser Schwächen.

Dieses lokale Gütemaß bewertet die Datendichte entlang der Clusterkontur. Es ist damit von der Clustergröße unabhängig, da eine hohe Zahl von Daten bei großen Clustern durch einen längeren Umfang relativiert wird. Es nimmt seinen Maximalwert Eins bei einer idealen, geschlossenen Kontur an und kompensiert partielle Cluster, d.h. ein Halbkreis kann ebenso wie ein Vollkreis die maximale Konturdichte Eins erhalten. Damit werden auch die Cluster, die eine dicht markierte Kontur eines teilweise verdeckten Bildobjekts approximieren, gegenüber jenen Clustern unterscheidbar, die nur sporadisch Daten nahe der Kontur besitzen. Bei den herkömmlichen lokalen Gütemaßen wurden für dünn besetzte Vollkreise oft bessere Werte als für dicht besetzte Viertelkreise ermittelt.

Zur Bestimmung der Konturdichte eines Clusters k_i dividieren wir Datenanzahl durch Konturlänge. Die Datenanzahl errechnen wir als Summe der Zugehörigkeiten aller Datenvektoren, die nahe genug bei der Shellkontur liegen:

$$S_i = \sum_{j \in Y_i} u_{i,j}, \quad Y_i = \{j \in \mathbb{N}_{\leq n} \quad | \quad \|\Delta_{i,j}\| < \Delta_{i,max}\}.$$

Dabei gibt $\Delta_{i,max}$ den Maximalabstand eines noch zur Kontur gehörenden Datums an. Im possibilistischen Fall bietet sich $\Delta_{i,max} = \sqrt{\eta_i}$ an, da dieser Abstand gleichzeitig die Grenze für Zugehörigkeiten von $\frac{1}{2}$ bildet (bei Fuzzifier $m = 2$). Die Bestimmung der Konturlänge ist ein deutlich größeres Problem. Zwar können wir den Umfang eines Kreises mit Radius r als $2\pi r$ angeben, wir gehen dann jedoch von einem geschlossenen Vollkreis aus, der wie oben bereits angedeutet nicht notwendig gegeben sein muß. Liegen geschlossene, scharfe Konturen vor, so läßt sich auch die Länge eines Kreisbogens ermitteln; aber wie lang ist die Shell-Kontur, wenn die Daten nur partiell vorliegen und zudem nur unscharf dem Cluster zugeordnet sind?

Ausgangspunkt für das Gütemaß der Konturdichte ist die Kovarianzmatrix (nicht die Shell-Kovarianzmatrix) der Clusterdaten bezüglich dem Mittel- oder Erwartungswert der Daten (nicht dem Mittelpunkt der geometrischen Figur). Betrachten wir zunächst in der Theorie einen idealen Kreis mit einer geschlossenen Kontur (aus unendlich vielen Datenvektoren). Dann ist der Mittelwert der Datenvektoren gleich dem Mittelpunkt des Kreises und die Kovarianzmatrix A_i ergibt sich zu $\begin{pmatrix} \frac{1}{2}r^2 & 0 \\ 0 & \frac{1}{2}r^2 \end{pmatrix}$. Im Fall eines idealen Kreises gilt also $\text{Spur}(A_i) = r^2$.

Betrachten wir nun den etwas allgemeineren Fall eines Kreisbogens mit dem Ursprung als Kreismittelpunkt und Radius r. Um die Ermittlung der zu untersuchenden Kovarianzmatrix zu vereinfachen, wollen wir den Kreisbogen mit Öffnungswinkel γ symmetrisch zur x-Achse annehmen, so daß sich der Bogen vom Ursprung aus gesehen über den Winkelbereich von $-\frac{\gamma}{2}$ bis $\frac{\gamma}{2}$ erstreckt. Betrachten wir die Daten als Realisierungen einer zweidimensionalen Zufallsvariablen Z, so ergibt sich die Kovarianzmatrix zu

$$\begin{aligned} A &= \text{Cov}\{Z^2\} = E\{(Z - E\{Z\})^2\} \\ &= E\{Z^2\} - E\{Z\}^2 = \frac{1}{\gamma}\int_{-\frac{\gamma}{2}}^{\frac{\gamma}{2}} xx^\top \, d\varphi - mm^\top, \end{aligned}$$

wobei $x = (r\cos(\varphi), r\sin(\varphi))^\top$ ein Punkt auf der Kontur ist. Der Erwartungswert $m = E\{Z\}$ ergibt sich zu

$$m = \frac{1}{\gamma}\int_{-\frac{\gamma}{2}}^{\frac{\gamma}{2}} x \, d\varphi = \frac{1}{\gamma}\begin{pmatrix} \int_{-\frac{\gamma}{2}}^{\frac{\gamma}{2}} r\cos(\varphi)d\varphi \\ \int_{-\frac{\gamma}{2}}^{\frac{\gamma}{2}} r\sin(\varphi)d\varphi \end{pmatrix} = \begin{pmatrix} \frac{2r}{\gamma}\sin(\frac{\gamma}{2}) \\ 0 \end{pmatrix}.$$

Somit erhält man

$$A = \frac{r^2}{2}\begin{pmatrix} 1 - \frac{\sin(\gamma)}{\gamma} - \frac{8\sin^2(\frac{\gamma}{2})}{\gamma^2} & 0 \\ 0 & 1 + \frac{\sin(\gamma)}{\gamma} \end{pmatrix}.$$

Bilden wir wieder die Spur der Kovarianzmatrix, so erhalten wir

$$\sqrt{\text{Spur}(A)} = r\sqrt{1 - \frac{4\sin^2(\frac{\gamma}{2})}{\gamma^2}}.$$

In diesem Fall entspricht die Spur erwartungsgemäß nicht dem Kreisradius, sondern unterscheidet sich von diesem durch den Faktor des Wurzel-Ausdrucks. Krishnapuram nennt diesen – je nach Öffnungswinkel des Kreisbogens skalierten – Radius den Effektivradius r_{eff} des Clusters und verwendet $2\pi r_{\mathit{eff}}$ als Näherung für die Bogenlänge. Im Fall eines Vollkreises mit $\gamma = 2\pi$ gilt wegen $\sin(\pi) = 0$ die Gleichheit $r_{\mathit{eff}} = r$. Die effektive Bogenlänge stimmt dann also mit der tatsächlichen überein. Die Konturdichte ϱ des Clusters ergibt sich im Falle eines Kreisbogens

Wert / Clusterart	Voll-kreis	Halb-kreis	Viertel-kreis	Gerade
$\frac{r_{\text{eff}}}{r}$	1.0	0.77	0.44	0.00
Konturdichte ϱ	1.0	0.65	0.57	0.55
Kompensationsfaktor f_P	1.0	1.54	1.74	1.81

Tabelle 6.1: Kompensation für partielle Konturen

mit Öffnungswinkel γ und der (als Datenanzahl interpretierbaren) Konturlänge L_γ zu

$$\varrho = \frac{L_\gamma}{2\pi r_{\text{eff}}} = \frac{\gamma}{2\pi\sqrt{1 - \frac{4\sin^2(\frac{\gamma}{2})}{\gamma^2}}}$$

und ist damit abhängig von der Länge des Kreisbogens (γ), aber unabhängig von der Clustergröße (Kreisradius r). Um den Einfluß der Bogenlänge zu kompensieren, müssen wir die Gütewerte noch weiter modifizieren. Der Ausdruck $\frac{r_{\text{eff}}}{r}$ ist als Maß für den Öffnungswinkel des Kreisbogens geeignet, da dieser nur von γ abhängt. Aus $\frac{r_{\text{eff}}}{r} = 1.0$ können wir auf einen Vollkreis, aus $\frac{r_{\text{eff}}}{r} = 0.77$ auf einen Halbkreis und aus $\frac{r_{\text{eff}}}{r} = 0.44$ auf einen Viertelkreis schließen.

Deutet der Quotient aus Effektiv- und tatsächlichem Radius auf einen Halbkreis, so dividieren wir die Dichte ϱ durch die maximale Dichte für einen Halbkreis (siehe Tabelle 6.1) und erhalten somit auch für partielle Konturen den Maximalwert Eins. Krishnapuram unterscheidet für das Konturdichte-Gütekriterium nur die Fälle Voll-, Halb-, Viertelkreis und Gerade und interpoliert den Skalierungsfaktor linear zwischen diesen festen Größen. Die Gerade ist dabei der Spezialfall eines Kreises mit unendlichem Radius ($\frac{r_{\text{eff}}}{r} = 0$). Für ein Geradenstück ist die Spur der Kovarianzmatrix identisch mit der Varianz $\frac{L^2}{12}$, wenn L die Länge des Geradenstücks ist. Für die Konturdichte $\varrho = \frac{L}{2\pi r_{\text{eff}}}$ ergibt sich dann $\frac{\sqrt{3}}{\pi} \approx 0.55$. Das endgültige lokale Gütemaß ergibt sich aus

Definition 6.15 (Konturdichte ϱ) *Sei $A(\mathbb{R}^2, E)$ ein Analyseraum, $X \subset \mathbb{R}^2$, $m \in \mathbb{R}_{>1}$ ein Fuzzifier, $f : X \to K \in A_{\text{fuzzy}}(\mathbb{R}^2, E)$ eine possibilistische Clustereinteilung, $u_{i,j} = f(x_j)(k_i)$ der Zugehörigkeitsgrad und $\Delta_{i,j}$ der Abstandsvektor von Datum $x_j \in X = \{x_1, x_2, \ldots, x_n\}$ und Cluster $k_i \in K = \{k_1, k_2, \ldots, k_c\}$. Unter der (kompensierten) Konturdichte ϱ_i des Clusters k_i der Einteilung f verstehen wir $\varrho_i = \frac{S_i}{2\pi r_{\text{eff}}}$*

(bzw. $\varrho_i = \frac{S_i}{2\pi r_{eff}} \cdot f_P(\frac{r_{eff}}{r})$*), wobei*

$$
\begin{aligned}
S_i &= \sum_{j \in Y_i} u_{i,j}, \\
r_{eff} &= \sqrt{Spur(A_i)}, \\
Y_i &= \{ j \in \mathbb{N}_{\leq n} \mid \|\Delta_{i,j}\| < \Delta_{i,max} \}, \\
A_i &= \frac{\sum_{j=1}^{n} u_{i,j}^{m} (x_j - v_i)(x_j - v_i)^{\top}}{\sum_{j=1}^{n} u_{i,j}^{m}}, \\
v_i &= \frac{\sum_{j=1}^{n} u_{i,j}^{m}\, x_j}{\sum_{j=1}^{n} u_{i,j}^{m}} \quad \text{und} \\
f_P : \mathbb{R} \to \mathbb{R},\ x &\mapsto \begin{cases} 1.74 - 0.172(x - 0.44) & \text{für } x \in [0.00, 0.44] \\ 1.54 - 0.594(x - 0.77) & \text{für } x \in [0.44, 0.77] \\ 1.0 - 2.34(x - 1.0) & \text{für } x \in [0.77, 1.00] \end{cases}
\end{aligned}
$$

gilt. Dabei ist $\Delta_{i,max}$ *die Entfernung von der Kontur des Clusters* k_i*, ab der Daten gerade nicht mehr als zum Clusterzentrum gehörig gelten. Im possibilistischen Fall bietet sich* $\Delta_{i,max} = \sqrt{\eta_i}$ *an.*

Werden in einer Abbildung kreisförmige Konturen bei Überdeckung durch andere Objekte in mehr als einen Kreisbogen zerlegt, so erhalten die Reste der Kreiskontur nicht die maximale Konturdichte, selbst wenn es sich bei den einzelnen Teilstücken um ideale Konturen handelt. Ein Cluster, das einen der Bögen approximiert, wird automatisch auch hohe Zugehörigkeiten zu den anderen Bögen bekommen. Dann liegt der Schwerpunkt der Daten nahe dem Kreismittelpunkt und der Effektivradius nähert sich dem tatsächlichen Radius. Der Korrekturfaktor für partielle Konturen f_P wird daher kaum eine Verbesserung der Konturdichte bewirken. Wird das ursprüngliche Objekt nur in zwei oder drei Bögen zerteilt, so mag die fehlende Kompensation durch das Konturdichte-Kriterium als Schwachpunkt des Gütemaßes ausgelegt werden. Man sollte sich aber vor Augen führen, daß sich für eine größere Anzahl von Teilkonturen der Übergang zur dünnen, sporadisch markierten Kontur vollzieht, bei der ein schlechteres Gütemaß durchaus erwünscht ist.

Stammen die zu untersuchenden Datensätze aus digitalisierten Abbildungen, so resultiert aus der Digitalisierung ein weiterer das Gütemaß verfälschender Effekt. Die Datenanzahl S_i einer digitalisierten idealen

Geraden k_i ist von ihrer Steigung abhängig. Horizontale und vertikale Geraden bekommen automatisch ein besseres Gütemaß als Geraden mit anderer Steigung. Die Gerade aus Abbildung 6.31 (Steigung 1) hat eine Länge $L = \sqrt{2}$, die Gerade aus Abbildung 6.32 (Steigung $\sqrt{3}$) eine Länge $L = \frac{2}{\sqrt{3}}$. (Das abgebildete Quadrat habe die Kantenlänge Eins.) Trotz unterschiedlicher Länge werden beide Geraden mit 14 Bildpunkten beschrieben. Horizontale und vertikale Geraden im abgebildeten Quadrat erreichen die größte Konturdichte, da ihre Länge am kleinsten ist und die Datenanzahl 14 konstant bleibt. Analog zur Kompensation partieller Konturen läßt sich ein Korrekturfaktor f_D für den Digitalisierungseffekt einführen, der die Datenanzahl so wichtet, daß das korrigierte Maß unabhängig von der Steigung ist. Für Geradenstücke im Winkel φ lautet dieser Faktor

$$f_D = \frac{1}{\max\{|\cos(\varphi)|, |\sin(\varphi)|\}}. \tag{6.6}$$

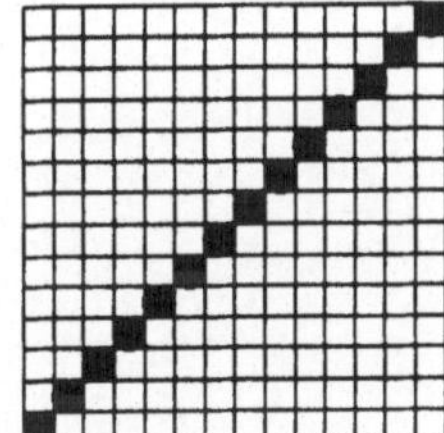

Abbildung 6.31: 45° Gerade, $L \approx 1.41$

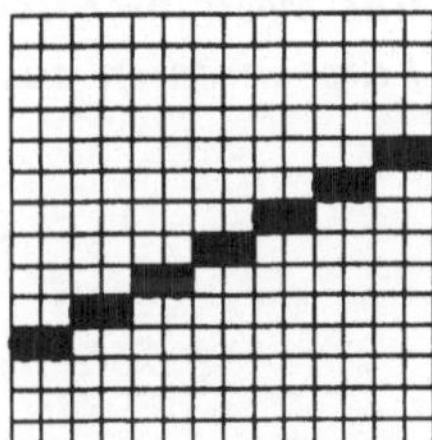

Abbildung 6.32: 30° Gerade, $L \approx 1.15$

Für alle anderen Clusterarten mögen wir uns die Kontur aus Geradenstücken zusammengesetzt denken. In diesem Fall korrigieren wir jedes einzelne Datum auf der Kontur abhängig vom Tangentenvektor der Kontur. Ist $\varphi_{i,j}$ der Winkel zwischen x-Achse und der Tangente der Kontur des Clusters k_i an der Stelle des Datums x_j, so ersetzen wir den Ausdruck S_i aus Definition 6.15 durch:

$$\bar{S}_i = \sum_{j \in Y_i} \frac{u_{i,j}}{\max\{|\cos(\varphi_{i,j})|, |\sin(\varphi_{i,j})|\}}. \tag{6.7}$$

Bei Geradenclustern schneidet die Tangente in jedem Punkt die x-Achse im gleichen Winkel wie die Gerade selbst, die Multiplikation der Konturdichte mit dem Faktor f_D nach (6.6) ist also identisch mit der Verwendung von (6.7).

Krishnapuram, Frigui und Nasraoui betrachten in [47] die Konturdichte theoretisch auch für Ellipsen, Ebenen, Kugeln und Ellipsoide. Für Ellipsen wird anhand einiger Beispiele gezeigt, daß die nichtkompensierte Konturdichte nach Definition 6.15 für die Praxis hinreichend genaue Ergebnisse liefert, sofern der Quotient aus großem und kleinem Ellipsenradius hinreichend groß wird. Für einen Verhältniswert von zwei verhält sich die Konturdichte noch sehr ähnlich wie bei den Kreisen. Bei einem Verhältniswert von fünf ist eine Korrektur durch die Kompensationsabbildung f_P nicht mehr erforderlich. (Es wäre ohnehin unklar, wie beide Ellipsenradien in die Kompensation einfließen sollten.) Es bleibt jedoch ein Grenzverhältnis zwischen zwei und fünf zu wählen, ab dem man von der Kompensation absieht. Für die Anwendung des Grenzwertes werden natürlich die Ellipsenradien benötigt, die man der folgenden Bemerkung entnimmt.

Bemerkung 6.16 (Ellipsenradien) *Ist durch* $p_1x^2+p_2y^2+p_4x+p_5y+p_6 = 0$ *eine zweidimensionale, elliptische Quadrik gegeben, so ergeben sich die Ellipsenradien aus*

$$r_1 = \sqrt{\frac{c}{p_1}} \quad und \quad r_2 = \sqrt{\frac{c}{p_2}},$$

wobei $c = \frac{p_4^2}{4p_1} + \frac{p_5^2}{4p_2} - p_6$.

Beweis: Durch Substitution von $\bar{x} = x + \frac{p_4}{2p_1}$ und $\bar{y} = y + \frac{p_5}{2p_2}$ (quadratische Ergänzung) ergibt sich: $p_1\bar{x}^2 + p_2\bar{y}^2 = \frac{p_4^2}{4p_1} + \frac{p_5^2}{4p_2} - p_6$. Die Ellipsenradien lassen sich aus dieser Ellipsengleichung in Normalenform ablesen: Sind r_1 und r_2 die Ellipsenradien, so gilt $\left(\frac{\bar{x}}{r_1}\right)^2 + \left(\frac{\bar{y}}{r_2}\right)^2 = 1$. Koeffizientenvergleich führt zu $r_1 = \sqrt{\frac{c}{p_1}}$ und $r_2 = \sqrt{\frac{c}{p_2}}$. ■

Die in der Bemerkung angegebene vereinfachte Form der Quadrik ohne den gemischten Term p_3xy bekommt man durch Drehung der Ellipse, wie im Abschnitt 5.7 beschrieben. Die angegebenen Formeln liefern natürlich auch Werte, wenn die Quadrik gar keine Ellipse ist. Die eindeutige Identifizierung des Clustertyps läßt sich dem Anhang A.3 entnehmen.

Bei der Festlegung der Schwellwerte für eine Klassifizierung in z.B. gute Cluster fließt das Wissen über das theoretische Maximum Eins ein. Für die praktikable Anwendung der Schwellwerte ist die Erreichbarkeit dieses Wertes dann Voraussetzung. Wenn mehrere probabilistische Cluster sich Konturen teilen, werden die Zugehörigkeiten entlang der Kontur niemals eindeutig für ein einziges Cluster sprechen, also wird die Konturdichte niemals den Wert Eins annehmen. Das Konturdichte-Kriterium ist also ausschließlich für possibilistische Clustereinteilungen geeignet. Außerdem sollte darauf geachtet werden, daß die Konturdicke im digitalisierten Bild möglichst genau ein Pixel beträgt. Bei einer *zweifach* gezogenen Kontur nimmt das Gütemaß sonst auch Werte deutlich größer Eins an. Die Vergleichbarkeit der Cluster und Gültigkeit der Schwellwerte ist dann in Frage gestellt. Ein schlechtes Cluster, das eine dicke Kontur genügend oft kreuzt, kann dann plötzlich eine Konturdichte nahe Eins erhalten. Die Ergebnisse lassen in diesem Fall keine richtigen Schlüsse mehr zu, ein brauchbares Analyseergebnis darf nicht erwartet werden. Stattdessen ist ein Algorithmus zur Kantenausdünnung [41] anzuwenden.

Weil jedes Datum mit seiner Zugehörigkeit (maximal Eins) gewichtet wird, entspricht jedes Datum einem Kontursegment der Länge Eins. Markieren die Daten die Kontur zwar nicht doppelt, aber in halb so engem Abstand, werden wieder zu hohe Konturdichten bestimmt. Die Daten dürfen also minimal den Abstand Eins untereinander haben, wie es bei digitalisierten Bildern automatisch der Fall ist. Für andere Datensätze läßt sich allenfalls eine Korrektur durch Multiplikation der Zugehörigkeit mit dem mittleren, kleinsten Abstand zweier Daten erreichen. Dadurch werden die Werte praktisch auf das 1x1-Raster des digitalen Bildes hochskaliert und ein Datum entspricht wieder einem Kontursegment der Länge Eins.

6.2.4 Der Unsupervised-(M)FCQS-Algorithmus

In diesem Abschnitt wird der Unsupervised-FCSS-Algorithmus mit dem lokalen Gütemaß der Konturdichte und dem allgemeineren (M)FCQS-Algorithmus kombiniert. Es ist damit möglich, eine unbestimmte Anzahl von Geraden, Kreisen und Ellipsen in einem Datensatz zu erkennen. Dabei ist das Grundprinzip gegenüber dem UFCSS-Algorithmus unverändert, nur die Prototyp-spezifischen Teile wurden angepaßt. Außerdem unterscheidet sich der U(M)FCQS- vom UFCSS-Algorithmus durch die Verwendung der possibilistischen Algorithmen.

Gegeben seien also eine Clustereinteilung $f : X \to K$, ein Datum $x \in X$ und zwei Cluster $k, k' \in K$.

- Das Cluster k erhält das Prädikat **„klein"**, falls

$$\left(\sum_{x\in X} f(x)(k) < N_{VL}\right) \quad \vee \quad \left(\sum_{x\in X} f(x)(k) < N_L \ \wedge \ \varrho_k < \varrho_L\right).$$

Entweder hat ein kleines Cluster nur sehr wenig Daten (Zugehörigkeiten-Summe kleiner als $N_{VL} \approx \frac{2|X|}{100}$) oder es besitzt zwar etwas mehr Daten aber nur eine schlechte Konturdichte (Zugehörigkeiten-Summe kleiner als $N_L \approx \frac{4|X|}{100}$ und Konturdichte kleiner $\varrho_L \approx 0.15$). Im zweiten Durchlauf der Hauptschleife des U(M)FCQS-Algorithmus gelten alle Cluster mit Zugehörigkeiten-Summe kleiner N_L als klein. Mit den strengeren Bedingungen für den ersten Durchlauf wird der Tatsache Rechnung getragen, daß viele Cluster die Daten stets besser (also mit geringerer Shelldicke) approximieren können als wenige Cluster.

- Das Cluster k erhält das Prädikat **„gut"**, falls

$$(\varrho_k > \varrho_{VH}) \quad \vee \quad (\varrho_k > \varrho_H \ \wedge \ FHV_k < FHV_L).$$

Wieder gibt es zwei Möglichkeiten für gute Cluster: Entweder ist die Konturdichte sehr hoch ($\varrho_{VL} \approx 0.85$), oder eine etwas geringere Dichte ($\varrho_L \approx 0.7$) wird durch ein besonders kleines Fuzzy-(Shell)-Hypervolumen ($FHV_L \approx 0.5$) kompensiert.

- Zwei Cluster k und k' sind **„kompatibel"**, falls

$$(T < T_L) \quad \wedge \quad (\varrho > \varrho_H).$$

Dabei sind T und ϱ die Shelldicke und Konturdichte desjenigen Clusters, das durch Vereinigung der Cluster k und k' entsteht. Dazu werden alle Daten mit (possibilistischen) Zugehörigkeiten größer α ($\alpha \approx 0.25$) zu den Clustern k oder k' ermittelt und der possibilistische (M)FCQS-Algorithmus wird für diese Daten mit $c = 1$ durchgeführt. Diese aufwendige Vorgehensweise ist erforderlich, da sich für beliebige Quadriken nicht so einfache Kompatibilitätskriterien angeben lassen, wie für den Fall von Geraden oder Kreisen. Es liegt nahe, wenigstens für FCQS-Kreis-Cluster die FCSS-Kompatibilitätsrelation zu verwenden. Allerdings wird man es selbst bei einem Datensatz, der nur aus Kreisen und Geraden besteht, im Verlauf des Algorithmus auch mit anderen Clusterformen zu tun haben, so daß man um die komplizierte Kompatibilitätsrelation des U(M)FCQS-Algorithmus nicht umhinkommt.

Wie bereits erwähnt wandeln Krishnapuram, Frigui und Nasraoui durch einen weiteren Algorithmus die Hyperbeln, Doppelgeraden und langgestreckten Ellipsen direkt in Geradencluster um, und zwar bevor sie mit dem Mischen der Cluster beginnen. Die den Geradenclustern zugehörigen Daten werden mit den neu gewonnenen Geraden-Prototypen durch den CCM-Algorithmus geschickt. Geradenstücke werden also nur untereinander nach der CCM-Kompatibilitätsrelation gemischt, ein Mischen von Geraden und anderen Quadriken ist nicht vorgesehen.

- Das Datum x erhält das Prädikat **„zu Cluster k gehörig"**, falls

$$f(x)(k) > u_H.$$

Bei possibilistischen Algorithmen hängt die Zugehörigkeit nur vom Abstand des Datums zum Cluster ab, so daß eine Zugehörigkeit $u_{i,j}$ größer $u_H = 0.5$ gleichbedeutend mit $||\Delta_{i,j}|| < \sqrt{\eta_i}$ ist. Bei Datensätzen, die aus digitalisierten Abbildungen gewonnen sind, machen jedoch Werte $\eta < 2$ kaum Sinn, da aufgrund der Pixelbildung ein Mindestabstand von Eins (horizontale und vertikale Nachbarpixel) bzw. $\sqrt{2}$ (diagonale Nachbarpixel) vorgegeben ist. Sinken die η-Werte unter 2, so werden eindeutig zur Kontur zählende Daten bereits als Stördaten abgekapselt. Es macht also Sinn, für den zweiten possibilistischen Durchlauf generell $\eta_i = 2$ zu setzen. Auch für die Konturdichte-Bestimmung sind die Zugehörigkeiten stets mit $\eta_i = 2$ zu berechnen. (Bei Verwendung des FCQS-Algorithmus ist zur Konturdichte-Bestimmung auf die MFCQS-Distanzfunktion zu wechseln, der Wert $\eta_i = 2$ bezieht sich auf euklidische Distanzen. Außerdem sollte für den FCQS eher $\eta_i > 2$ gewählt werden, da die Ausrichtung der Cluster beim FCQS und MFCQS unterschiedlich ist. So sind bei einer FCQS-Ellipse die Distanzen entlang der Achsen unterschiedlich, so daß auch die Ausrichtung entlang der Ellipsenachsen (nach euklidischen Maßstäben) unterschiedlich genau ist. Dies sollte durch eine großzügigere Wahl von η_i kompensiert werden.)

- Das Datum x heißt **„Stördatum"**, falls

$$\forall k \in K: \quad f(x)(k) < u_L.$$

Falls ein Datum von keinem Cluster richtig approximiert wird, d.h. die Zugehörigkeiten alle sehr klein sind ($u_L \approx 0.1$), dann gehen wir von einem Stördatum aus. Diese Klassifikation ist nur bei possibilistischen Algorithmen sinnvoll, da ein Datum, das von sehr vielen Clustern probabilistisch abgedeckt wird, ebenfalls eine Zugehörigkeit kleiner u_L bekommen kann, ohne jedoch ein Stördatum zu sein.

In den erfolgten Begriffsbestimmungen wurden Richtwerte für die Schwellwerte aus [47] in Klammern angegeben. Die Verwendung der possibilistischen Algorithmen vereinfacht die Angabe der absoluten Schwellwerte, da die Zugehörigkeiten nicht mehr durch Nachbarcluster beeinflußt werden. Insbesondere ist die Klassifikation von Stördaten dadurch überhaupt erst möglich. Dieser Schritt ist sehr wichtig, da durch Deaktivierung guter Cluster und der zugehörigen Daten der relative Anteil an Stördaten im Datensatz steigt; die noch vorhandenen Cluster werden wegen der immer massiveren Störung durch diese Daten sonst nicht mehr erkannt.

Gegenüber dem UFCSS-Algorithmus fällt eine andere Reihenfolge bei der Elimination kleiner Cluster auf. Bei den probabilistischen Zugehörigkeiten des UFCSS ist die Zugehörigkeitensumme auch klein, wenn sich mehrere Cluster dieselben Daten teilen. Um nicht fälschlicherweise alle Cluster, die diese Daten approximieren, zu entfernen, werden erst nach dem Mischen kleine Cluster gelöscht. Bei den possibilistischen Zugehörigkeiten des U(M)FCQS tritt dieser Fall nicht auf. Wenn sich tatsächlich mehrere Cluster eine Kontur teilen, so erhalten alle Cluster eine vergleichbare Zugehörigkeitensumme. Die Entscheidung, ob es sich um ein kleines Cluster handelt, kann also bereits zu Beginn gefällt werden. Durch Elimination kleiner Cluster wird die Anzahl der Cluster verringert, was für die nachfolgende Merging-Operation von Vorteil ist. Das Merging beim U(M)FCQS-Algorithmus ist sehr rechenintensiv, da für je zwei Cluster der (M)FCQS-Algorithmus durchgeführt werden muß. Da die Anzahl der zu testenden Mischcluster quadratisch von der Clusterzahl abhängt, bedeutet jedes fehlende Cluster einen deutlichen Zeitvorteil.

Algorithmus 6 (Unsupervised-(M)FCQS-Algorithmus)

```
Gegeben sei eine Datenmenge X. Wähle die maximale Anzahl c_max der
Cluster. c := c_max, changes := false, FirstLoop := true
FOR 2 TIMES
    changes := false
    REPEAT
        Führe den Algorithmus mit Eingabe (X, c) durch.
        IF (kleine Cluster existieren) THEN
            Lösche kleine Cluster, changes := true, aktualisiere c.
        ENDIF
        IF (kompatible Cluster existieren) THEN
            Bilde Gruppen kompatibler Cluster (siehe Text).
            Vereinige jede Gruppe zu einem Cluster,
            changes := true, aktualisiere c.
        ENDIF
        IF (FirstLoop=true) AND (gute Cluster existieren) THEN
            Deaktiviere gute Cluster und zugehörige Daten,
            aktualisiere c, changes := true.
        ENDIF
        IF (FirstLoop=true) AND (Stördaten existieren) THEN
            Deaktiviere alle Stördaten, changes := true.
        ENDIF
    UNTIL (c < 2) OR (changes=false)
    FirstLoop := false
    Reaktiviere alle deaktivierten Daten und Cluster, aktualisiere c.
ENDFOR
```

Das Löschen kleiner Cluster am Ende der inneren Schleife kann für den U(M)FCQS-Algorithmus auch nicht vom UFCSS übernommen werden, weil mit dem Entfernen von guten Clustern ein Großteil der Daten anderer Cluster wegfallen kann. Nach diesem Wegfall auf ein kleines Cluster schließen zu wollen, ist deshalb gefährlich, weil die Ausrichtung an diesen Daten unter Umständen erst durch den possibilistischen Teil des Algorithmus erfolgte, etwa weil die ursprünglich approximierte Kontur nicht dicht genug besetzt oder groß genug ist. Wenn jedoch der Einfluß der zu entfernenden Daten guter Cluster fehlt, hätten sich vielleicht die restlichen Cluster völlig anders ausgerichtet. Aus geringer possibilistischer Zugehörigkeitensumme nach dem Entfernen guter Cluster sollte daher nicht die Überflüssigkeit der Cluster gefolgert werden.

Für den dreidimensionalen Fall schlagen Krishnapuram, Frigui und Nasraoui eine weitere Modifikation des (M)FCQS- und U(M)FCQS-Algorithmus vor. Zum einen wird durch den Fuzzy-c-Plano-Quadric-Shells-Algorithmus [47] die aufwendige Lösung von hochgradigen Polynomen für den dreidimensionalen Fall umgangen. Der Algorithmus verwendet nur approximierte euklidische Distanzen, aber dafür werden Zugehörigkeiten und Prototypen auf Basis derselben Distanzfunktion berechnet (beim MFCQS wird nur für die Zugehörigkeiten der euklidische Abstand herangezogen, aber nicht zur Berechnung der Prototypen). Zum anderen fallen die unendlichen Ausdehnungen der Cluster im dreidimensionalen Fall stärker ins Gewicht. So passiert es viel häufiger, daß zusammen mit einem guten Cluster auch Daten von anderen Clustern entfernt werden, weil die Oberflächenkonturen sich schneiden. So entstehen Lücken in den Konturen der verbliebenen Cluster, und die Erkennung wird erschwert. In [47] finden sich weitere Modifikationen, die diese Schwierigkeiten berücksichtigen. Hier wollen wir weder auf den dreidimensionalen Fall noch auf den FCPQS-Algorithmus weiter eingehen.

Im Abschnitt 6.2.2 waren die Bedingungen für das Mischen zweier Cluster sehr streng, nur ähnliche Cluster wurden vereinigt. Dadurch wurde die Anzahl der Cluster reduziert, die Erkennungsleistung jedoch nicht wesentlich beeinflußt. Beim U(M)FCQS-Algorithmus können nun auch Cluster gemischt werden, die nicht so strengen Bedingungen genügen, solange nur die Vereinigung der zugehörigen Daten ein gutes Cluster ergibt. Dieses Verhalten wäre bei den Clustern in Abbildung 6.25 in der Mitte oben ebenfalls wünschenswert gewesen, denn aus mehreren Kreisen, die Teile einer großen Kreiskontur abdecken, läßt sich dann unter Umständen der große Kreis erkennen. Die Grundidee der (M)FCQS-Kompatibilitätsbedingung können wir aber auch auf den UFCSS-Algorithmus übertragen. Die am Mischcluster beteiligten Daten wählen wir dann jedoch nicht nach den Zugehörigkeiten, sondern dem Abstand zur Kreiskontur aus. Beim U(M)FCQS sind die erhofften Vorteile durch das aufwendige Mischverfahren nicht ganz so ausschlaggebend, weil die possibilistischen Zugehörigkeiten bereits ein wenig zur Vermeidung solcher Situationen wie in Abbildung 6.25 beitragen. Ein weiterer Unterschied zwischen den Kompatibilitätsrelationen ist, daß die (M)FCQS-Bedingung für kompatible Cluster nur ein Mischen erlaubt, wenn sich dadurch ein gutes Cluster ergibt, eine Vereinigung identischer, aber schlechter Cluster ist nicht möglich. Gegenüber dem UFCSS-Algorithmus ist also nicht Ähnlichkeit sondern die Güte wesentliches Kompatibilitätskriterium.

Abbildung 6.33: Drei paarweise mischbare Cluster

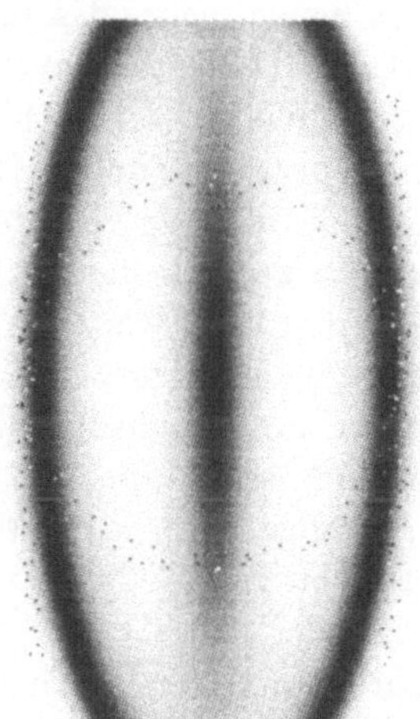

Abbildung 6.34: Resultierendes Mischcluster

Bei der Anwendung des U(M)FCQS-Algorithmus werden je nach Art der Datensätze unterschiedliche Probleme auftreten. Manchmal werden dadurch Modifikationen des Algorithmus nahegelegt, um die korrekte Erkennung in diesen Fällen überhaupt erst zu ermöglichen. Derartige Veränderungen, die wir am Original-Algorithmus vorgenommen haben, werden im folgenden vorgestellt. So gab es im Zusammenhang mit der Vereinigung von Clustern eine weitere Besonderheit: Bildet man wieder transitive Gruppen kompatibler Cluster, so kann es durchaus vorkommen, daß je zwei der Gruppencluster sich gut mischen lassen, aber alle zusammen kein gutes neues Cluster ergeben. Das hängt wieder mit der Verwendung des possibilistischen Algorithmus zusammen. Betrachten wir einen Kreis, an dem auf gegenüberliegenden Seiten zwei Ellipsensegmente derselben Ellipse liegen, die den Kreis tangieren. Der Kreis und jedes Ellipsensegment wird jeweils durch ein Cluster approximiert (siehe Abbildung 6.33). Mischen wir das Kreiscluster mit einem Ellipsencluster, so kann die Überzahl der Kreisdaten (längere Kontur) dafür sorgen, daß das Kreiscluster als resultierendes Cluster bestehen bleibt – und eine gute Konturdichte erhält (possibilistische Zugehörigkeiten). Mischen wir die beiden Ellipsensegmente, so mag als resultierendes Mischcluster die Ellipse korrekt erkannt werden. Alle Mischcluster besitzen gute Konturdichten und sind damit paarweise mischbar. Versuchen wir aber die Daten aller drei Cluster durch ein einziges Cluster abzudecken, so gibt es kein Cluster mehr, das in der Datenzahl dominiert und seine Form halten kann. Dieser Mischvorgang endet mit dem Verlust dreier korrekt erkannter Cluster (siehe Abbildung 6.34). Im schlimmsten Fall liefert die Mischoperation (beim MFCQS-Algorithmus) eine Doppelgerade als resultierendes Cluster, bei der die Ellipsensegmente durch die Geraden und der Kreis durch die (nicht-euklidischen) hohen Zugehörigkeiten im Zentrum abgedeckt werden. In diesem Fall ist durch das Mischen jeglicher Bezug zu den tatsächlichen Clustern verlorengegangen. Dieses etwas konstruiert anmutende Beispiel soll zeigen, daß die Kompatibilitätsrelation keine Aussage über die Mischbarkeit von mehr als zwei Clustern macht, solange nicht jedes Mal ähnliche neue Cluster entstehen. Statt also Gruppen von mehr als zwei Clustern zu erlauben, modifizieren wir den Original-U(M)FCQS-Algorithmus derart, daß nur eine Vereinigung von Paaren kompatibler Cluster erlaubt ist. Da es wieder keine eindeutige Wahl der zu mischenden Clusterpaare gibt, bietet es sich an, jeweils diejenigen mit den besten Konturdichten vorzuziehen.

In der Praxis kommt es durchaus vor, daß bei einem Doppelkreis eine Merging-Operation zugunsten des größeren Kreises durchgeführt wird: Direkt nach der Vereinigung liegt das Cluster, das nun die Daten beider Kreise approximiert, etwa mittig zwischen beiden Konturen; bei der Verwendung von possibilistischen Zugehörigkeiten wandert die Kontur dann zum größeren Kreis (mehr Daten) und im zweiten possibilistischen Durchlauf trennt sich das Cluster womöglich völlig vom inneren Kreis. (Der FCQS-Algorithmus ist für dieses Phänomen besonders anfällig, da seine Distanzfunktion geringere Werte für Daten innerhalb der Kontur liefert, so daß die Bewertungsfunktion besser minimiert wird, wenn der

Außenkreis resultierendes Cluster wird.) Damit nicht bereits korrekt erkannte Cluster auf diese Weise wieder verschwinden, modifizieren wir den UFCQS-Algorithmus erneut: Zusätzliche Bedingung für das erfolgreiche Mischen zweier Cluster ist ein nicht-leerer Schnitt beider Konturen vor dem Mischen. Als Maß für den Schnitt zweier Cluster k und k' läßt sich $k \cap k' := \sum_{x \in X} \min\{f(x)(k), f(x)(k')\}$ verwenden: Gibt es ein Datum $x \in X$, das beiden betrachteten Clustern angehört, so werden $f(x)(k)$ und $f(x)(k')$ nahe Eins sein (possibilistische Zugehörigkeiten). Dann ist auch das Minimum nahe Eins, und das Datum x geht in die Summe ein. Gehört x nur einer Kontur an, so wird die Zugehörigkeit zur anderen Kontur nahe Null sein, und das Datum wird in der Summe nur schwach berücksichtigt. Als einen genügend großen Schnitt läßt sich nun beispielsweise $k \cap k' > 5$ fordern. Dabei spielt der genaue Schwellwert eine eher untergeordnete Rolle, im Grunde sollen ja nur Mischoperationen völlig disjunkter Konturen vermieden werden, bei denen $k \cap k'$ dann sehr kleine Werte annehmen wird. Da sich dieser Schnitt schneller berechnen läßt als das Merging-Cluster, sollte man diese Bedingung vor der aufwendigen Mischoperation abfragen. Auf diese Weise wird die Anzahl der tatsächlich auszurechnenden Mischcluster deutlich reduziert. Falls diese einfache Bedingung nicht ausreicht, so kann etwas allgemeiner $k \cap k' > N_L \cdot \varrho$ gefordert werden. Bezeichnet ϱ die Konturdichte des Mischclusters, so fordern wir nun mißtrauisch bei guten resultierenden Clustern auch einen größeren Schnitt. (Für den FCQS-Algorithmus sollten bei der Errechnung des Schnittes die possibilistische Zugehörigkeiten mit den tatsächlich ermittelten η-Werte verwendet werden. Die Restriktion $\eta = 2$ gilt nur für euklidische Distanzen.)

Wie schon in Abschnitt 5.7 erwähnt, werden beim MFCQS-Algorithmus nur die Distanzen, nicht die Prototypen nach euklidischen Maßstäben berechnet. Dabei *hofft* man, daß der MFCQS-Algorithmus die Bewertungsfunktion weiterhin in jedem Schritt minimiert. Dies war bei einigen getesteten Datensätzen nicht der Fall, von Zeit zu Zeit gab es sprunghafte Verschlechterungen in der Bewertungsfunktion, besonders bei großen Datensätzen. Wenngleich dies in der Lage der Prototypen selten sichtbare Veränderungen bewirkte, so hindert es den Algorithmus dennoch an der Konvergenz, da die Zugehörigkeiten die sprunghaften Veränderungen ebenfalls widerspiegeln. Dieses Phänomen kann auch von Rechenungenauigkeiten bei der Ermittlung des euklidischen Abstandes, also der Lösung der Polynome vierten Grades, hervorgerufen werden. Es scheint jedoch eher so, als ließe der FCQS-Algorithmus sich mit zunehmender Datenzahl immer schlechter mit Zugehörigkeiten auf euklidischer Grundlage *betrügen* und trotzdem zur Konvergenz bewegen. Manchmal benötigt der Algorithmus sehr lange, bis die Bewertungsfunktion wieder das Niveau vor der sprunghaften Änderung erreicht. Ebenso kann es passieren, daß nach so einem Sprung der Algorithmus in einem lokalen Minimum der Bewertungsfunktion konvergiert, das über einem zuvor erreichten Wert liegt. In der verwendeten Implementierung wurde daher in jedem Schritt die Bewertungsfunktion ausgewertet und das bisherige Minimum gespeichert. Gab es eine gewisse Anzahl von Iterationsschritten keine Verbesserung des bisherigen Minimums, so wurde die Iteration abgebrochen und das bisherige Minimum als Analyseergebnis verwendet. Obwohl diese modifizierte Abbruchbedingung die Verwendung des MFCQS-Algorithmus ermöglicht, so ist sie dennoch unbefriedigend. Stattdessen sollte der FCQS- oder FCPQS-Algorithmus verwendet werden. Dort treten Verschlechterungen in der Bewertungsfunktion nicht auf, und es kann die tatsächliche Konvergenz abgewartet werden. (In [47] wird der FCPQS-Algorithmus verwendet.) Der Einsatz des FCQS-Algorithmus ist zwar etwas umständlich, weil man zwischendurch für die Berechnung der Gütemaße zu den fast-euklidischen MFCQS-Distanzen wechseln muß, aber dafür deutlich schneller. (Hundert MFCQS-Iterationsschritte mit (für digitalisierte Bilder realistischen) 15 Clustern und 1500 Daten erfordern die Lösung von 2.25 Millionen Gleichungen vierten Grades.) Im zweiten possibilistischen Lauf sollten dann jedoch die η-Werte wieder etwas höher als 2 gewählt werden.

Nach der Konvergenz der FCQS-Iteration schließt sich im Originalalgorithmus das Verfahren zur Geradenerkennung an. Dabei werden aus langgestreckten Ellipsen, Doppelgeraden, Hyperbeln und Parabeln GK-Geradencluster generiert, auf die dann der CCM-Algorithmus angewendet wird (siehe Anhang A.4 zur Erkennung von FCQS-Geradenclustern). Dazu werden nur die Daten mit hohen Zugehörigkeiten zu den zukünftigen Geradenclustern betrachtet. In manchen Fällen scheint dieses Vorgehen unangebracht. Oft werden gerade in der Anfangsphase der Erkennung komplizierte Konturen flächendeckend durch Hyperbeln oder Doppelgeraden abgedeckt. (Das ist dann ein Zeichen für eine nicht ausreichende Initialisierung.) Dieser Fall tritt unabhängig davon ein, ob überhaupt Geraden im Datensatz enthalten sind. Ist durch Vorwissen sichergestellt, daß es keine Geradencluster geben wird, so erscheint es überflüssig, diese Geradenerkennung des FCQS überhaupt durchzuführen. Stattdessen kann die Detektion eines Geradenclusters nun als schlechte Erkennungsleistung interpretiert werden. Abbildung 6.41 zeigt so einen Fall. Es sind nur Ellipsen und Kreise im Datensatz vorhanden, dennoch verlaufen auch andere Clusterformen tangential an mehreren Kreiskonturen vorbei. Große Kreise oder Ellipsen können an Stellen geringer Krümmung gut durch Geraden (und noch besser durch Hyperbeln oder Parabeln) approximiert werden. Werden diese Cluster auch noch als gute Cluster eingestuft, wird die ursprünglich geschlossene Kreiskontur durch Entfernung der zu den Geradenclustern gehörigen Daten zerstückelt und ihre Erkennung erschwert. (Im Original-UFCQS werden Geraden- und FCQS-Cluster auch nicht gemischt, so daß dieser Schritt bis zum Ende des Algorithmus nicht wieder rückgängig gemacht werden kann. Gute Geradencluster sollten daher nicht entfernt werden.) Wissen wir aber, daß keine Geradencluster im Datensatz enthalten sind, können wir sie stattdessen in punkt- oder kreisförmige Cluster konvertieren und in ihrer Lage neu orientieren. Von sich aus ändern die Geradencluster ihre Form höchstens geringfügig, die Analyse befindet sich in einem recht stabilen lokalen Minimum, aus der wir ihr durch diesen Schritt heraushelfen können. Sind nur Kreise in der Abbildung enthalten, läßt sich statt des CCM- der UFCSS-Algorithmus verwenden. Aber auch ein einfacher unüberwachter FCM-Algorithmus ist denkbar: Die FCM-Cluster werden gemischt, wenn ihr Abstand kleiner als $\frac{N_L}{\pi}$ ist. Sehen wir N_L als kleinste Datenanzahl für ein Cluster an – denn kleinere Cluster werden eliminiert – und lassen diese Daten einen Vollkreis beschreiben, so gilt $2\pi r \approx N_L$. Der Kreis hat also den Durchmesser $\frac{N_L}{\pi}$. Zwei FCM-Cluster, die sich diesen Kreis teilen, sind in einem kleineren Abstand zu vermuten. Auf diese Weise ist eine einfache FCM-Kompatibilitätsrelation definiert. Welches Vorgehen die besten Ergebnisse liefert, hängt von der Art der Datensätze ab. Wenn stark verschachtelte Kreise abgebildet sind, so sorgt der FCSS-Algorithmus nur für eine gute Durchmischung der Daten verschiedener Cluster. Eine FCM-Variante initialisiert die Cluster für den nächsten FCQS-Durchlauf etwas neutraler nur nach ihrer Nachbarschaft.

Die folgenden Abbildungen kommentieren die Arbeitsweise und die auftretenden Probleme beim UFCQS-Algorithmus am Beispiel des Datensatzes aus Abbildung 6.35. Abbildung 6.36 steigt mitten in den UFCQS-Algorithmus ein und zeigt den Zustand zu einen Zeitpunkt, zu dem bereits eine Reihe von Durchläufen der inneren Schleife erfolgt sind. Es sind derzeit noch 17 Cluster aktiv. Den Datensatz nach dem Entfernen kleiner Cluster, dem Mergen (1x) und Extrahieren von guten Clustern (4x) zeigt die Abbildung 6.37. Dabei richten wir unser Augenmerk auf das kleinere Ellipsencluster unten links in Abbildung 6.36, das in der Folgeabbildung 6.37 als gutes Cluster entfernt wurde. Das Cluster approximiert im unteren, linken Bereich den inneren Kreis, wird weiter oben jedoch von einem hineinragenden, anderen Kreis zur Ellipse abgeflacht. Der eigentlich ebenfalls zum inneren Kreis gehörende rechte Teil der Kreisdaten wird von einem anderen Cluster approximiert. Obwohl dieses Cluster keinen Vollkreis beschreibt, erreicht es dennoch eine so hohe (kompensierte) Konturdichte, daß es als gutes Cluster erkannt wird. In diesem Fall hätten wir es lieber gesehen, wenn das Cluster im Datensatz verbleibt und später den kompletten inneren Kreis approximiert, zumal ausgerechnet die beiden anderen Cluster in der Nähe vereinigt werden. Dann hätte die Hoffnung bestanden, daß die beiden übrigen Kreise sich erneut Innen- und Außenkreis untereinander aufteilen. Die Kompensation von nicht geschlossenen Konturen kann also auch zu einer Art *verfrühten* Klassifizierung als gutes Cluster führen.

Abbildung 6.35: Fünf Ringe

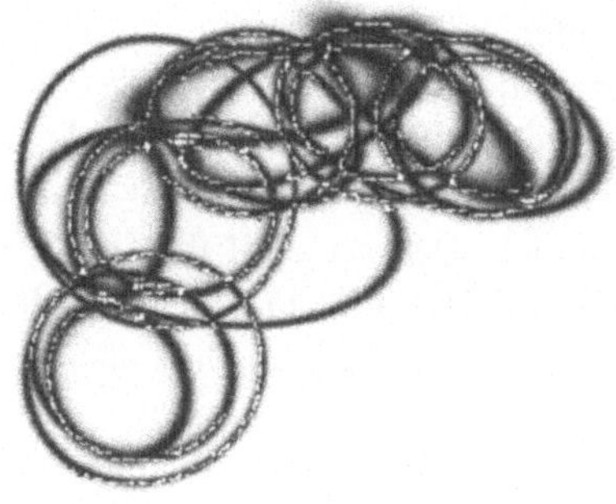

Abbildung 6.36: Die kompensierte Konturdichte weist auch nichtgeschlossenen Konturen eine gute Dichte zu.

Nach der nächsten FCQS-Iteration (Abbildung 6.38) approximiert das gemischte Cluster wieder den Außenkreis. Die Reste des Innenkreises sorgen nun dafür, daß ein kleineres Cluster aus dem darüberliegenden Ring stark nach unten gezogen wird. So etwas ist besonders ärgerlich, wenn das deformierte Cluster vorher bereits einen Kreis korrekt approximiert hat. Dann ist der unglücklichen Klassifikation des eben entfernten Clusters auch noch der Verlust einer anderen erkannten Kontur zuzuschreiben.

Abbildung 6.37: Ein Cluster wurde zu früh als gut eingestuft.

Abbildung 6.38: Auf Restdaten reagieren FCQS-Cluster besonders stark.

Im weiteren Verlauf wird auch das Außenkreis-Cluster als gutes Cluster identifiziert und entfernt. Es bleiben nur noch Reststücke des inneren Kreises. Auf derartige Überbleibsel reagieren FCQS-Cluster empfindlich. Bleiben von dieser Art mehrere nach einer Extraktion übrig, so sorgen sie für ein massives Auftreten von Doppelgeraden-, Hyperbel- oder Parabel-Clustern. In Abbildung 6.39 sind es zwei große, langgestreckte Ellipsen, die einmal die angesprochenen Restdaten und zum anderen zwei kleinere Konturstücke zusammen mit einer bereits mehrfach abgedeckten Kontur approximieren. Die vielen Kreuzungspunkte mit anderen Konturen, die nicht zuletzt aus der Größe dieser Cluster herrühren, verhindern eine Klassifizierung als *kleines Cluster*. Das Verhältnis der Ellipsenachsen reicht auch nicht aus, um sie als Geradencluster zu behandeln. Sie verbleiben solange, bis sie zufällig (wenn überhaupt) bei einer Mischoperation aufgelöst werden. Das endgültige Analyseergebnis zeigt Abbildung 6.40. Die Erkennungsleistung ist gut, allerdings konnten einige Ellipsencluster, die Konturen doppelt abdecken, nicht als überflüssig erkannt werden.

Die unzureichende Entfernung von Daten hatte auch im Datensatz aus Abbildung 6.41 erhebliche Konsequenzen (Originalbild siehe Abbildung 6.27). Die im linken Teil des Bildes übriggebliebenen wenigen Daten eines als gut erkannten und mittlerweile entfernten Kreisclusters werden noch immer von zahlreichen Hyperbeln, Parabeln und Ellipsen approximiert, obwohl es sich nunmehr um Stördaten handelt. Wieder deckt jedes dieser Cluster auch noch andere Datensegmente ab, so daß

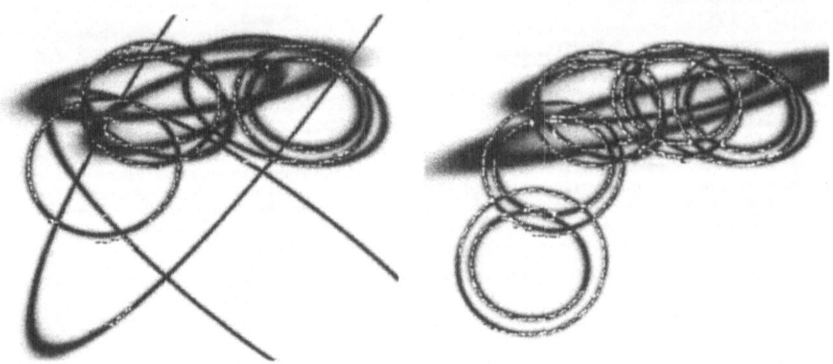

Abbildung 6.39: Es entwickeln sich manchmal spezielle *Stördaten-Cluster*.

Abbildung 6.40: UFCQS-Analyse

kein Cluster *klein* ist. Weder Cluster noch Stördaten können entfernt werden, weil die Cluster die Daten so gut approximieren. Die Erkennung stagniert, wenn wir auf die Neuorientierung der Geradencluster verzichten. Obwohl keine Geradenstücke in der Abbildung enthalten sind, hat die gesonderte Behandlung der Geradencluster also seine Berechtigung. Nur so wird das chaotische Geflecht aufgelöst und dem UFCQS eine Chance zur Erkennung der richtigen Cluster gegeben. Abbildung 6.42 ist aus Abbildung 6.41 entstanden, indem die Geradencluster entfernt wurden und auf die zugehörigen Daten der oben erwähnte unüberwachte FCM angewendet wurde. Nun sind die wenigen Stördaten überhaupt nicht mehr abgedeckt, weil ihre Anzahl für ein eigenes FCM-Cluster nicht groß genug ist und die FCM-Cluster nicht so *dehnbar* wie FCQS-Cluster sind. Vor der nächsten P-FCQS-Iteration werden die Stördaten erkannt und entfernt. Die ehemaligen Geradencluster erhalten neu initialisiert eine zweite Chance zur Kontur-Erkennung.

Als Fazit ist festzuhalten: Stör- und Restdaten behindern die Erkennung massiv und für Pseudo-Geradencluster ist eine Neuorientierung an schlecht abgedeckten Daten notwendig. Zur Vermeidung von Restdaten lassen sich die Schwellwerte für die zugehörigen Daten herabsetzen, so daß mehr Daten in Clusternähe entfernt werden. Außerdem lassen sich einige MFCQS-Schritte durchführen, um mit der euklidischen Distanzfunktion eine präzisere Anpassung an die Daten vorzunehmen. Notfalls sind heuristische Verfahren zur Beseitigung eindeutiger Störpunkte einzusetzen. Der zweite Punkt, die Notwendigkeit zur Neuorientierung

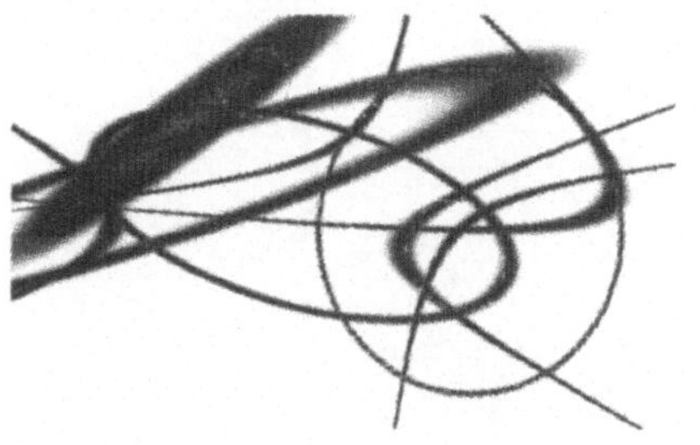

Abbildung 6.41: Reaktion der P-FCQS-Iteration auf Stördaten

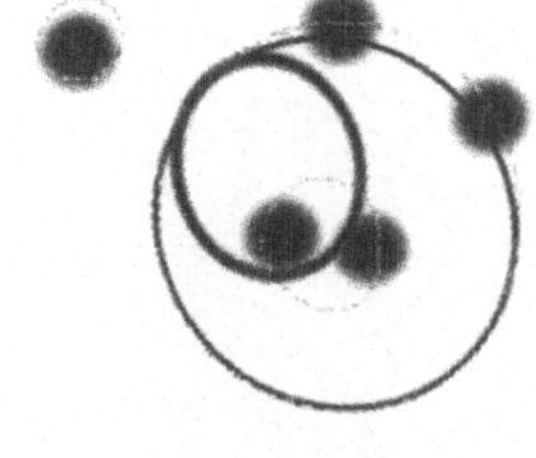

Abbildung 6.42: Identifizierung von Stördaten durch Neuorient ierung der Geradencluster als FCM-Cluster

der Geradencluster, entsteht aus der Tendenz des FCQS, bestimmte Datensätze mit Doppelgeraden, Hyperbeln und Parabeln flächig abzudecken. Davon werden auch MFCQS-Cluster nicht verschont, im Gegenteil kommt zwischen beiden Geraden eines Doppelgeraden-Clusters noch eine weitere Region hoher Zugehörigkeiten hinzu (siehe Abschnitt 5.7). Damit *eignen* sich die Geradencluster wunderbar für *schwierige* Minimierungsfälle mit Stördaten wie Abbildung 6.41. Da der (M)FCQS-Algorithmus sich nicht von allein aus diesem lokalen Minimum befreien kann – und zudem ausgerechnet die Stördaten optimal approximiert werden – ist eine Neuorientierung der Geradencluster dringend notwendig. Zur Neuorientierung sollten vorzugsweise die Daten herangezogen werden, die von den Nicht-Geradenclustern schlecht abgedeckt werden. (Diese sind nicht unbedingt identisch mit denen, die von den Geradenclustern gut approximiert werden.) Wenngleich Krishnapuram, Frigui und Nasraoui dies nicht explizit erwähnen, so werden die GK-Cluster und der CCM-Algorithmus im U(M)FCQS-Original eine ähnliche Aufgabe erfüllen, wie die FCM-Cluster im vorletzten Beispiel.

Bei komplizierteren Datensätzen kann die eben angewendete Kombination aus FCM und FCSS nicht immer eine geeignete Initialisierung liefern. Die Daten aus Abbildung 6.43 können auf diese Weise nicht erkannt werden. Die verschachtelten Ellipsen lassen sich nur durch ein eng verstricktes Netz von Kreisen abdecken. Aus diesem Durcheinander findet der UFCQS-Algorithmus nicht heraus, das Resultat entfernt sich nicht weit von der Initialisierung. Verwenden wir hingegen einen Algorithmus zur Kantendetektion für die Initialisierung, findet der FCQS-Algorithmus die richtige Einteilung rasch (Abbildung 6.44). Bei Anwen-

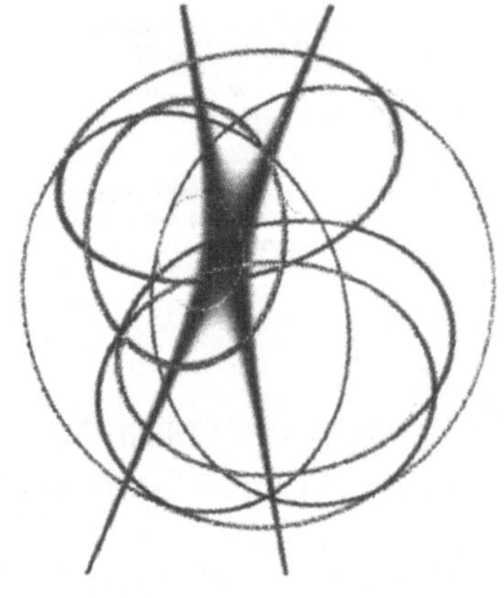

Abbildung 6.43: UFCQS-Analyse mit FCM/FCSS-Initialisierung

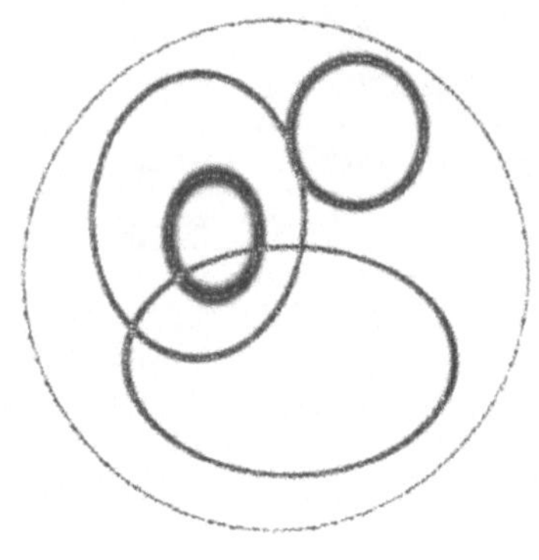

Abbildung 6.44: UFCQS-Analyse mit Initialisierung durch Kantendetektion

dung des UFCQS-Algorithmus lohnt es sich, jede bekannte Information über die Datensätze in eine gute Initialisierung zu investieren. Nur so sind Ergebnisse wie in Abbildung 6.45 und 6.46 zu erzielen.

Abbildung 6.45: Vier Dichtungsringe

Abbildung 6.46: UFCQS-Analyse

6.3 Initialisierung durch Kantendetektion

Für Shell-Clustering ist allgemein eine andere Initialisierung anzuraten als bei kompakten Clustern. Daten können sehr nahe beieinander liegen, ohne derselben Kontur anzugehören. Die Algorithmen FCM, GK und

GG mischen in diesen Fällen oft Daten unterschiedlicher Konturen in ein Cluster und erschweren so die Erkennung noch bevor sie richtig begonnen hat. Die Verwendung anderer Shell-Clustering-Algorithmen (z.B. FCSS) kann von Vorteil sein, allerdings verlagert sich damit das Initialisierungs-Problem nur. In der Literatur finden sich viele Clustering-Beispiele, bei denen ausdrücklich von einer *guten Initialisierung* ausgegangen wurde, ohne jedoch darauf einzugehen, wie man diese erhalten soll. Vielleicht werden keine Worte über die Initialisierung verloren, um den Leser nicht von den großartigen Ergebnissen des eigentlichen Algorithmus abzulenken. – Für eine praktische Anwendung ist jedoch die Gewinnung einer guten Initialisierung ebenso wichtig. Besonders wenn sich diese mit verhältnismäßig einfachen Mitteln erzielen läßt und die Laufzeit der UFCSS- oder U(M)FCQS-Algorithmen herabsetzt. Das für einige Beispiele dieses Kapitels verwendete Verfahren zur Kantendetektion soll daher in diesem Abschnitt vorgestellt werden.

Die Angabe einer guten Initialisierung setzt Vorwissen über die einzuteilenden Daten voraus. Wenn wir die Konturdichte als Gütemaß verwenden wollen, gehen wir implizit von sehr dicht markierten Konturen in unseren Daten aus (wie etwa bei digitalisierten Abbildungen), andernfalls könnte kein Cluster je das Prädikat *gut* erhalten. Wenn die Daten dichte Konturen darstellen, so läßt sich über eine Nachbarschaftsrelation der Datensatz leicht in disjunkte Zusammenhangskomponenten zerlegen. Ein Pixel x könnte beispielsweise in Nachbarschaft zu einem Pixel y stehen, wenn es eines der acht Nachbarpixel von y ist (oder in einem beliebigen anderen Maximalabstand liegt). Bilden wir die transitive Hülle dieser Nachbarschaftsrelation in unserem speziellen Datensatz, so erhalten wir die disjunkten Zusammenhangskomponenten. Die Zusammenhangskomponenten des Datensatzes aus Abbildung 6.28 bestehen zum Beispiel jeweils aus einem Kreis, der Datensatz aus Abbildung 6.44 zerfällt in den großen Außenkreis und die sich schneidenden Ellipsen. Im allgemeinen erhalten wir dabei Komponenten, die in ihrer Komplexität – sowohl in der Anzahl der Daten als auch der Cluster – abgenommen haben. Die UFCSS- und U(M)FCQS-Algorithmen lassen sich nun auf die Komponenten anwenden. Oft werden zumindest einige der vereinfachten Datensätze auf Anhieb erkannt. Alle Komponenten und erkannten Cluster werden am Ende wieder vereinigt, und der jeweilige Algorithmus wird ein abschließendes Mal angewendet. Unter Umständen brauchen besonders gut erkannte Zusammenhangskomponenten gar nicht in diesen Schlußlauf einbezogen werden, wenn die erkannten Cluster eine sehr hohe Konturdichte und geringe Shelldicke aufweisen.

Mit der Zerlegung in Zusammenhangskomponenten ist die Komplexität eines Datensatzes herabgesetzt, aber nicht unbedingt eine richtige Kantendetektion erfolgt. Jede Komponente ist vor der Anwendung des UFCSS oder U(M)FCQS noch zu initialisieren - das Problem ist (in reduzierter Größe) weiterhin vorhanden. Haben wir jedoch die Daten in Zusammenhangskomponenten zerlegt, so können wir folgende Initialisierung wählen: Für jede Komponente werden einige Fuzzy-c-Means-Schritte durchgeführt. Dann wird der dichteste Datenvektor (Bildpunkt) zum FCM-Prototypen ermittelt und eindeutig dem Cluster zugeordnet. Nun werden alle Nachbarn dieses Bildpunktes ebenfalls eindeutig dem entsprechenden Cluster zugeteilt. Die Neuzuordnung wird solange wiederholt, bis schließlich alle Daten auf die Cluster verteilt sind. Da die Daten zusammenhängen, ist dies in endlich vielen Schritten der Fall. Auf diese Weise wird die extrahierte Kontur in etwa gleichgroße Teile zerlegt. Die gewonnene Einteilung läßt sich als Initialisierung für eine Analyse der Zusammenhangskomponente verwenden, oder vereinigt mit den Segmenten aller anderen Komponenten auch als Initialisierung für den gesamten Datensatz. Existieren eng benachbarte Konturen, die jedoch nicht im Sinne der zuvor definierten Nachbarschaftsrelation zusammenhängend sind, so bleiben diese in der neuen Initialisierung auch voneinander getrennt. Dies wäre zum Beispiel bei einer reinen FCM-Initialisierung nicht der Fall. Die Erkennung von Datensätzen wie in Abbildung 6.28 wird auf diese Weise sehr gut unterstützt. Kreuzen sich aber Konturen, so befinden sich auch weiterhin Daten unterschiedlicher Konturen in einer gemeinsamen Zusammenhangskomponente.

Für die Beispiele aus diesem Kapitel wurde eine weitere Variante gewählt, die etwas flexibler und allgemeiner als die Betrachtung der Zusammenhangskomponenten ist. Für jeden Datenvektor wird der vermutliche Richtungsvektor bestimmt, den eine Clusterkontur an dieser Stelle annimmt. Dazu nehmen wir jeden Datenvektor als Positionsvektor eines FCV-Clusters an. Wir ermitteln anhand der Daten, die innerhalb eines Radius r_{range} um den Positionsvektor liegen, die optimale Geradenausrichtung derart, daß der Abstand zu den Umgebungs-Daten minimiert wird. Dazu gehen wir wie beim FCV-Algorithmus vor, nur daß der Positionsvektor nicht errechnet, sondern nacheinander auf alle Datenvektoren gesetzt wird. Somit hat jeder Datenvektor zusätzlich einen Richtungsvektor erhalten. Mit n_x wollen wir den zum Richtungsvektor des Datum x senkrecht stehenden Vektor bezeichnen. Ähnlich wie beim CCM-Algorithmus werden nun diese kleinen, lokalen

Geradencluster verglichen, jedoch nicht, um sie zu vereinigen, sondern zu verketten. Wir sagen *ein Datum* $x \in X$ *liegt homogen in seiner* r_{range}*-Umgebung*, wenn für alle Daten $y \in X$ mit $||x - y|| < r_{range}$ gilt: $(|n_x^T n_y| > \gamma_1) \wedge (|(y-x)^T n_x| < \gamma_2)$. Diese Bedingung entspricht fast genau den ersten beiden Bedingungen für kompatible GK-Cluster nach der modifizierten Kompatibilitätsrelation aus Definition 6.12. Die fehlende dritte Forderung betrifft den Abstand der Cluster untereinander, die wegen der Beschränkung des Abstandes auf maximal r_{range} wegfallen kann. Ein homogen in seiner Umgebung liegendes Datum x ist im Sinne der modifizierten CCM-Kompatibilitätsrelation also mit jedem lokalen Geradencluster seiner Umgebung kompatibel. Im Gegensatz zum CCM-Algorithmus erfolgt keinerlei Mischoperation, nur das Homogenitäts-Attribut wird bestimmt. Weil sich die Richtung der Kontur nur langsam ändert, können alle Daten eines Kreises oder einer Ellipsen homogen in ihrer Umgebung liegen – ohne daß alle lokalen Geradenstücke zueinander kompatibel sein müssen. Liegt ein Datum x in der Nähe eines Schnittpunktes zweier Konturen, so geraten auch Daten der anderen Kontur in die r_{range}-Umgebung und die Richtungs- und Normalenvektoren weichen stark von der vorher dominierenden Richtung ab, wie in Abbildung 6.47 zu sehen ist. Daten nahe solchen Schnittpunkten liegen also nicht homogen in ihrer Umgebung, zusammenhängende Gebiete homogener Daten werden durch sie voneinander getrennt. Als letzten Schritt werden diese zusammenhängenden, homogenen Daten in Gruppen zusammengefaßt. Bei der Initialisierung eines Shell-Clustering-Algorithmus wird jede Gruppe eindeutig einem Cluster zugeordnet. Jedes Cluster enthält damit nur Daten, die sich relativ gleichmäßig entlang der Kontur eines einzigen Objekts (und ggf. zwischen zwei Kreuzungspunkten mit anderen Objekten) bewegen. Bei genügend langen Kontursegmenten zwischen den Kreuzungspunkten liefert dieser Algorithmus eine sehr gute Initialisierung. So wurden durch den Kantendetektions-Algorithmus die Konturen der Ellipsen aus Abbildung 6.44 nur an den Kreuzungspunkten aufgetrennt, jedes Kontursegment zwischen den Schnittpunkten wurde zu einem Cluster. Mit dieser Initialisierung hat der UFCQS-Algorithmus die Cluster vom ersten Iterationsschritt an erkannt, seine Aufgabe war jetzt nur noch, die übrigen Cluster zu eliminieren. Ein nicht zu unterschätzender Nebeneffekt ist, daß die Anzahl der Gruppen aus zusammenhängenden, homogenen Daten eine gute Schätzung für c_{max} ergibt, wenn man sehr kleine Gruppen nicht berücksichtigt.

Bei der Wahl der Schwellwerte sind zwei gegenläufige Interessen zu berücksichtigen. Einmal sind die Schwellwerte möglichst streng zu

Algorithmus 7 (Kantendetektion)

Gegeben sei eine Datenmenge X, ein Umgebungs-Radius r_{range} und $\gamma_1, \gamma_2 \in \mathbb{R}_+$.

FOR ALL $x \in X$
 Bestimme die Umgebung von x:
  $U_x := \{y \in X \mid \|x - y\| < r_{\text{range}}\}$

 Bestimme die Kovarianzmatrix $C_x := \frac{\sum_{y \in U_x} (y-x)(y-x)^\top}{|U_x|}$

 n_x *sei der normierte Eigenvektor von* C_x *mit kleinstem Eigenwert*
ENDFOR

FOR ALL $x \in X$
 Bestimme das Homogenitäts-Attribut:
 $h_x := \bigwedge_{y \in U_x} \left((|n_x^T n_y| > \gamma_1) \wedge (|(x-y)^T n_x| < \gamma_2) \right)$
ENDFOR

FOR ALL $x \in X$
 IF $h_x = true$ *THEN*
  Generiere eine neue Gruppen-Menge $G := \{x\}$
  $U := U_x$, $h_x := false$
  FOR ALL $y \in U \cap \{z \in X \mid h_z = true\}$
   $U := U \cup U_y$, $h_y := false$, $G := G \cup \{y\}$
  ENDFOR
 ENDIF
 IF $|G| \leq 10$ *THEN Verwerfe Gruppe* G *ENDIF*
ENDFOR

wählen, um nicht versehentlich an Kreuzungspunkten die Konturen zweier unterschiedlicher Cluster zu verbinden. Zum anderen dürfen die gefundenen Konturen auch nicht zu kurz ausfallen, was die Folge von zu strengen Bedingungen sein kann, weil die Daten um die ideale Kontur streuen. Werden die zu erkennenden Daten immer nach derselben Methode gewonnen, so werden die Konturen stets ähnlich stark streuen, so daß eine einmalige Justierung der Parameter r_{range}, γ_1 und γ_2 ausreichen sollte. Die Wahl der Größe der Daten-Umgebung r_{range} ist davon abhängig, wie sehr sich die Konturen unterschiedlicher Cluster nähern, ohne sich zu schneiden. Verlaufen zwei Konturen dichter als r_{range} aneinander vorbei, so wird für diesen Bereich keine große zusammenhängende Gruppe homogener Daten entstehen. Hier ist die vorherige Aufteilung des Datensatzes in Zusammenhangskomponenten sinnvoll, weil sich die Konturen dadurch voneinander trennen lassen.

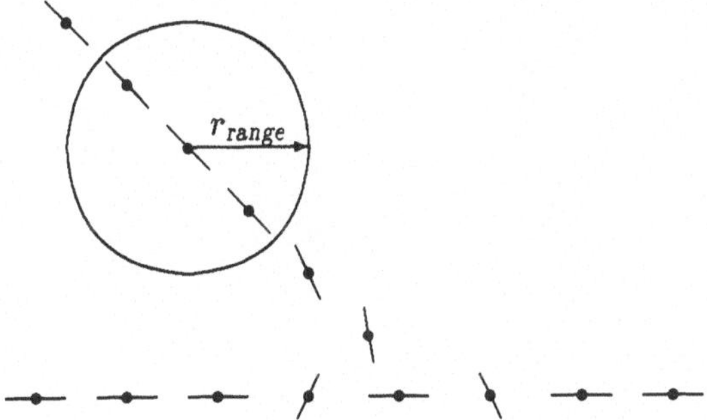

Abbildung 6.47: Lokale Geradenstücke bei der Kantendetektion

In den Beispielen dieses Kapitels wurden die Parameter $(r_{range}, \gamma_1, \gamma_2) = (5\delta, 0.9, 2\delta)$ verwendet, wenn δ der mittlere, kleinste Abstand zwischen den Daten ist. Bei digitalen Abbildungen wurde δ nicht (etwa nach (7.13)) berechnet, sondern nahe Eins gesetzt. Die Wahl des r_{range}-Parameters sollte auch mit Hinblick auf die Größe der Lücken in den Konturen getroffen werden. Sind die digitalisierten Konturen auf einer Länge größer r_{range} unterbrochen, so können sie bei der Kantendetektion unmöglich derselben Kante zugeordnet werden. Ein Wert von $r_{range} = 5$ schließt bereits kleine Fehlstellen in der Kontur.

Wie bereits erwähnt führt eine strenge Parameter-Wahl zu kurzen Teilkonturen bei der Kantendetektion. Dem FCSS-Algorithmus genügen auch diese kurzen Kreisbögen, um auf den tatsächlichen Kreis zu schließen, wohingegen der FCQS-Algorithmus derartige Gruppen vorzugsweise durch Geradencluster approximiert. Für den UFCQS-Algorithmus sollten auf jeden Fall lockere Homogenitätsbedingungen gewählt oder einige FCSS-Schritte zur Initialisierung durchgeführt werden.

Es lohnt sich, einige Anleihen bei der Bildverarbeitung zu machen, um die digitalisierten Abbildungen etwas aufzubessern. Auf diese Weise lassen sich zum Beispiel isolierte Stördaten bereits im Vorfeld beseitigen oder dicke Konturen für die Verwendung des Konturdichte-Kriteriums ausdünnen [41].

Kapitel 7

Erkennung spezieller Polygonzüge

Bevor wir exemplarisch für Rechteck-Konturen aufzeigen wollen, welche Überlegungen und Zwänge die Entwicklung eines Fuzzy-Clustering-Algorithmus beeinflußen können, um dem Leser die Entwicklung eigener Algorithmen zu erleichtern, blicken wir noch einmal auf die Gesamtheit aller vorgestellten Verfahren. Obwohl alle Verfahren der Kapitel 2, 4 und 5 auf Algorithmus 1 basieren, zeigen sie bezüglich ihrer Erkennungsleistung deutliche Unterschiede. Diese Differenzen sind zwischen Algorithmen der gleichen aber auch zwischen Algorithmen unterschiedlicher Klassen (Solid-, Linear- und Shell-Clustering) festzustellen. Dies liegt daran, daß die Cluster zum einen innerhalb ihrer Klasse immer mehr Freiheitsgrade bekommen und zum anderen mit jeder höheren Klasse kompliziertere Formen beschreiben.

Mit zunehmender Komplexität steigt die Anzahl der lokalen Minima der Bewertungsfunktion. Damit wird die Wahrscheinlichkeit für eine Konvergenz in einem lokalen Minimum größer. Diese Tendenz macht sich sehr störend bemerkbar, wenn die Clusterformen *besonders anpassungsfähig* sind. Es sind zwei Wirkungen zu beobachten:

- Innerhalb der gleichen Klasse von Clustering-Algorithmen ist eine zunehmende Abhängigkeit von der Initialisierung die Folge. Dies läßt sich leicht beobachten, indem man denselben Datensatz mit unterschiedlichen Initialisierungen einteilen läßt. Der Fuzzy-c-Means-Algorithmus zeigt sich von der Initialisierung weitestgehend unbeeinflußt und konvergiert (fast) immer in dasselbe Analyseergebnis. Der kompliziertere Gath-Geva-Algorithmus hingegen konvergiert meistens ohne sich zu sehr von den vorgegebenen Prototypen zu entfernen. Unter Umständen führt jede neue Initialisierung auch zu einem neuen Analyseergebnis. Ein ähnliches Verhältnis ist zwischen dem Fuzzy-c-Shells und dem Fuzzy-c-Quadric-Shells-Algorithmus zu beobachten. Die besten Analyseergebnisse erhält man beim gestaffelten Einsatz mehrerer Algorithmen, die gegenüber dem Vorgänger-Algorithmus möglichst wenig neue Freiheitsgrade besitzen. Die Folge Fuzzy-c-Means, Gustafson-Kessel und Gath-Geva ist ideal, weil nacheinander Position, Form und Größe an Freiheitsgraden hinzukommen. Bei den Shell-Clustering-Algorithmen bieten sich Fuzzy-c-Shells, Fuzzy-c-Ellipses und Modified-Fuzzy-c-Quadric-Shells an.

- Mit den höheren Klassen von Clustering-Algorithmen wird die räumliche Nähe der Daten (untereinander) für die Zuteilung zu einem gemeinsamen Cluster immer bedeutungsloser. Obwohl der Fuzzy-c-Means- und der Gath-Geva-Algorithmus völlig unterschiedliche Distanzfunktionen verwenden, ist die Nähe der Daten zum Clustermittelpunkt maßgebend für die Zugehörigkeit zum Cluster. Mit wachsender Entfernung vom Cluster nimmt die Distanz ab, wenn auch abhängig von der Richtung unterschiedlich stark. Beim Fuzzy-c-Varieties-Algorithmus gibt es nun eine Richtung, bei der die Distanz überhaupt nicht abnimmt. Und bei den Shell-Clustering-Algorithmen kann sie auch wieder zunehmen, wenn wir der Clusterkontur wieder näherkommen. Damit ist es möglich, auch unzusammenhängende Daten in einem Cluster zusammenzufassen. Ein Beispiel dafür ist Abbildung 5.4, bei der auf den Kreiskonturen nur etwa zur Hälfte Daten liegen. Daß bei Kreisen oder Ellipsen möglichst die gesamte Kontur durch Daten markiert sein sollte, läßt sich als Nebenbedingung schlecht formulieren. Die Einteilung aus Abbildung 5.4 widerspricht der Intuition, weil auch weiterhin eine räumlicher Nähe der Daten *untereinander* gewünscht ist. Dies ist natürlich aus den verwendeten Distanzfunktionen nicht zu entnehmen. Immerhin ermöglicht das Fehlen dieser Nebenbedingung die Erkennung von Ellipsen, die nur durch einen kleinen Bogen angedeutet sind, wie zum Beispiel die Abbildung 5.8 zeigt. Nur verrät uns das Analyseergebnis natürlich nicht, ob wir auf die drei ellipsoiden Cluster durch kleine Segmente oder volle

Ellipsen gekommen sind (siehe dazu auch Abschnitt 6.2.3). Durch eine Forderung nach Zusammenhang der Daten müßte statt einer Ellipse tatsächlich ein Ellipsensegment erkannt werden. Damit würde dann auch ein Analyseergebnis wie in Abbildung 5.37 unterbleiben. So aber neigen insbesondere Shell-Clustering-Algorithmen bei einigen Datensätzen zu einer flächigen Abdeckung aller Daten, ohne dabei einer intuitiven Ellipsenform auch nur nahe zu kommen.

Insbesondere gibt es Clusterformen wie Gerade, Parabel oder Hyperbel, die mit ihrer unendlichen Ausdehnung *gar nicht anders können*, als sich unbeteiligte Daten nahe ihrer Kontur, die längst nicht mehr dem eigentlichen Cluster angehören, einzuverleiben. Lästigerweise sind es gerade solche Überschneidungen mit anderen Clustern, die manchmal aufgrund der zwar hohen, aber *falschen* Zugehörigkeiten nahe des Schnittes eine weitere Korrektur der Clusterform erschweren. Gerade in diesen Fällen wäre eine Beschränkung der Clusterform auf Bereiche, in denen eine räumliche Nähe der Daten untereinander besteht, förderlich.

In den unterschiedlichen Clusterformen allein liegen die Vor- und Nachteile eines Algorithmus nicht begründet, entscheidend ist außerdem die verwendete Distanzfunktion. Dabei wird mit steigender Vielfalt der Clusterformen ein möglichst euklidischer Abstand immer wichtiger. Dadurch wird nicht nur das Analyseergebnis besser ausfallen, sondern nur dann läßt sich durch Erhöhen des Fuzzifiers – besonders bei Shell-Clustering-Algorithmen – nochmal eine Annäherung an die intuitive Einteilung erreichen. Weil durch die Erhöhung des Fuzzifiers die Bewertungsfunktion in einem gewissen Maß geglättet wird, dies jedoch in den Beispielen nur bei annähernd euklidischen Abständen dichter an die intuitive Einteilung geführt hat, ist zu vermuten, daß bei den überproportional anwachsenden algebraischen Distanzfunktionen die lokalen Minima der Bewertungsfunktion eine (zu) starke Ausprägung erhalten. Außerdem ist es möglich, daß bei stark gestreuten Daten durch die algebraische Distanzfunktion eine andere als die intuitive zur optimalen Einteilung wird. Dies unterstreicht noch einmal die Bedeutung einer euklidischen Distanzfunktion, da der euklidische Abstand auch für die Einteilung durch den Betrachter maßgebend ist.

7.1 Rechteck-Erkennung

Im folgenden soll untersucht werden, ob sich der Basis-Algorithmus zur Datenanalyse auch für die Erkennung von Rechtecken eignet. Rechtecke können eigentlich bereits durch die Linear-Clustering-Algorithmen erkannt werden, wie die Abbildungen im Abschnitt 4 zeigen. Liegen n Rechtecke in einem Bild, so werden maximal $4 \cdot n$ Geradencluster benötigt. Bei stark steigender Clusterzahl besteht die Gefahr, daß die Distanzen zu den Daten mit einer flächigen Abdeckung durch die Cluster minimiert werden (siehe Abbildung 4.4). Darüber hinaus beeinflussen sich die Geradencluster gegenseitig, da sie meistens deutlich über das zu erkennende Geradenstück hinaus hohe Zugehörigkeiten bewirken. Und schließlich ergeben zwanzig Geraden noch nicht eindeutig fünf Rechtecke, das heißt, ein weiterer Algorithmus ist nötig, der jeweils vier passende Geradencluster zu einem Rechteck zusammenfaßt.

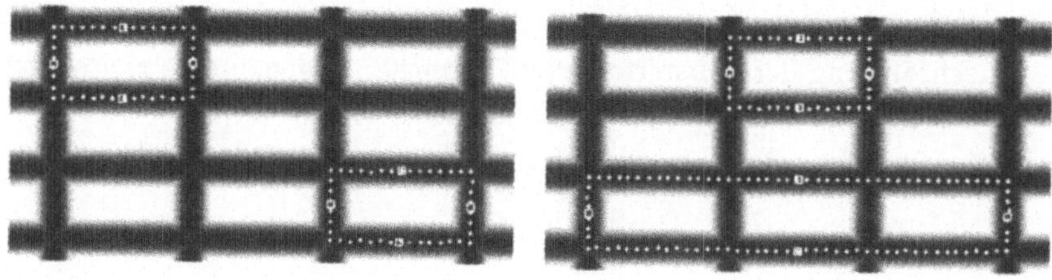

Abbildung 7.1: AFC-Analyse

Abbildung 7.2: AFC-Analyse

Dazu sind Informationen nötig, die neben der Ausrichtung der Geraden auch Anfang und Ende der Linie beschreiben: Die Begrenzungsgeraden der zwei Rechtecke in Abbildung 7.1 und 7.2 sind identisch, obwohl die Rechtecke unterschiedlich sind. Es lassen sich die Positionsvektoren der Geradenstücke zur Rechteck-Zusammenfassung heranziehen, die jedoch durch ungleiche Punktdichten nicht unbedingt im Mittelpunkt des Geradenstücks liegen müssen. Eine Vorauswahl von je vier Geradenclustern, die potentiell ein gemeinsames Rechteck bilden könnten, läßt sich so zwar treffen, die optimale Anpassung eines Rechtecks an die Daten dieser Geradencluster ist jedoch auf diese Weise nicht durchführbar, weil die Nebenbedingung der Rechtwinkligkeit beispielsweise unberücksichtigt bleibt. Ein Algorithmus speziell zur Detektion von Rechtecken hat also durchaus seine Berechtigung. Dabei sollte bei der Neuentwicklung eines Algorithmus versucht werden, die Forderungen an Clusterform und Distanzfunktion zu berücksichtigen, wie sie zu Beginn des Kapitels dargelegt wurden. Dem steht der Wunsch nach einer expliziten Ermittlung der Prototypen bei gegebenen Zugehörigkeiten gegenüber, um die Ausführungsgeschwindigkeit möglichst zu maximieren. Im Anschluß an die Entwicklung des Algorithmus sind dann Gütemaße zu entwerfen, die auch die Erkennung einer unbekannten Anzahl von Rechteckclustern ermöglichen. Dieser Teil wird hier jedoch nicht behandelt. Das Vorgehen aus Kapitel 6 läßt sich aber einfach auf Geradencluster übertragen, insbesondere sind der Abstand und der Abstandsvektor eines Datums zu einem Geradencluster einfach zu ermitteln (siehe dazu auch Abschnitt 7.2). Alle globalen Gütemaße aus Abschnitt 6.1.2 sind somit direkt anwendbar. Bei Verzicht auf die Mittelung über alle Cluster ergeben sich aus ihnen auch lokale Gütemaße für Rechteckcluster. Im folgenden werden wir uns daher nur mit der Entwicklung des Shell-Clustering-Algorithmus selbst beschäftigen.

Die Clusterform *Rechteck* ist vorgegeben, nicht jedoch die Art der Repräsentation. Eine Rechteck-Kontur läßt sich nicht so einfach in geschlossener Form angeben, wie es beim Kreis oder den Quadriken der Fall war. Unter Umständen macht es daher Sinn, zugunsten der schnelleren Berechenbarkeit bei der Clusterform Zugeständnisse zu machen, oder aufgrund der schlechten Erkennungsleistung eine höhere Rechenzeit bei exakter Clusterform in Kauf zu nehmen. Welcher Spielraum bei der Erkennung von Rechtecken besteht, zeigen die folgenden Überlegungen.

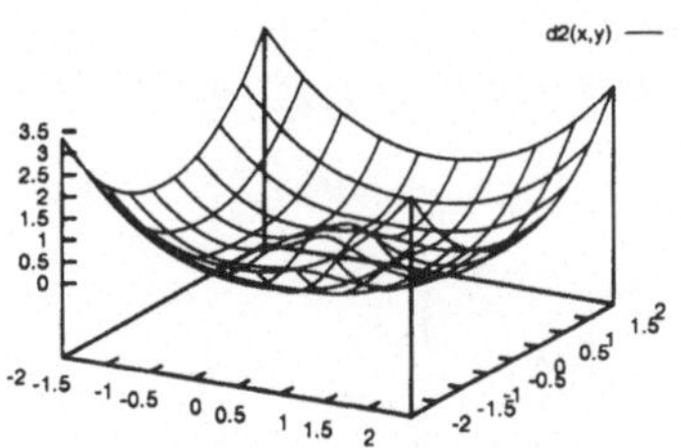

Abbildung 7.3: $p = 2$

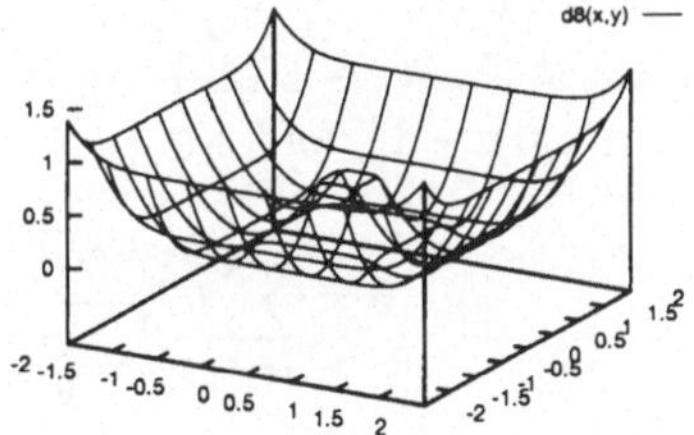

Abbildung 7.4: $p = 8$

Wir beschränken uns auf einen zweidimensionalen Datenraum $D := \mathbb{R}^2$. Es ist eine Distanzfunktion zu finden, deren Nullstellenmenge ein Rechteck beschreibt. Dabei wollen wir zunächst die Rotation des Rechtecks unbeachtet lassen. Annähern läßt sich eine quadratische Form mit Hilfe der sogenannten p-Norm $\|\cdot\|_p : \mathbb{R}^n \to \mathbb{R}_{\geq 0}$, $(x_1, x_2, \ldots, x_n) \mapsto \sqrt[p]{\sum_{i=1}^{n} |x_i|^p}$. Bei $p = 2$ handelt es sich um die euklidische Norm. Durch

$d_p : \mathbb{R}^2 \times \mathbb{R}^2 \to \mathbb{R}$, $(x, v) \mapsto (||x - v||_p - 1)^2$ wurde mit $p = 2$ durch den Fuzzy-c-Shells-Algorithmus ein Kreis mit Radius 1 beschrieben. Erhöhen wir nun p auf Werte größer 2, nähern wir uns einer quadratischen Form. Die Abbildungen 7.3 und 7.4 zeigen die Funktion d_p für $p = 2$ und $p = 8$, aus denen sich bereits der Übergang vom Kreis zum Quadrat für $p \to \infty$ erahnen läßt. Durch Subtraktion einer Kantenlänge $k \in \mathbb{R}$ statt der Konstanten 1 in der Funktion d_p ließen sich verschieden große Quadrate beschreiben. Für die zwei verschiedenen Kantenlängen eines Rechtecks benötigen wir zwei Parameter, mit denen wir die Abstände entlang der Koordinatenachsen skalieren. Formalisieren wir mit $(v_0, v_1, r_0, r_1) \in \mathbb{R}^4$ ein Rechteck (parallel zu den Koordinatenachsen) mit Mittelpunkt (v_0, v_1) und halben Kantenlängen r_0 und r_1, so entnehmen wir eine mögliche Distanzfunktion der

Bemerkung 7.1 (Prototypen für Rechtecke durch p-Norm)
Sei $p \in \mathbb{N}$, $D := \mathbb{R}^2$, $X = \{x_1, x_2, \ldots, x_n\} \subseteq D$, $C := \mathbb{R}^4$, $c \in \mathbb{N}$, $E := \mathcal{P}_c(C)$, b nach (1.7) mit $m \in \mathbb{R}_{>1}$ und

$$\begin{aligned} d^2 : D \times C &\to \mathbb{R}_{\geq 0}, \\ ((x_0, x_1), (v_0, v_1, r_0, r_1)) &\mapsto \left(\sqrt[p]{\sum_{s=1}^{2} \left| \frac{x_s - v_s}{r_s} \right|^p} - 1 \right)^2 . \end{aligned}$$

Wird b bezüglich allen probabilistischen Clustereinteilungen $X \to F(K)$ mit $K = \{k_1, k_2, \ldots, k_c\} \in E$ bei gegebenen Zugehörigkeiten $f(x_j)(k_i) = u_{i,j}$ durch $f : X \to F(K)$ minimiert, so gilt mit $k_i = (v_{i,0}, v_{i,1}, r_{i,0}, r_{i,1})$ für $q \in \{p, p-1\}$ und $s \in \{0, 1\}$:

$$0 = \sum_{j=1}^{n} u_{i,j}^m \frac{\sqrt[p]{d_{i,j}} - 1}{\sqrt[p]{d_{i,j}^{p-1}}} \left(\frac{x_{j,s} - v_{i,s}}{r_{i,s}} \right)^q ,$$

wobei $d_{i,j} = \left(\frac{x_{j,0} - v_{i,0}}{r_{i,0}}\right)^p + \left(\frac{x_{j,1} - v_{i,1}}{r_{i,1}}\right)^p$.

Beweis: mit den Bezeichnungen des Satzes. Die probabilistische Clustereinteilung $f : X \to F(K)$ minimiere die Bewertungsfunktion b. Es folgen wieder die Nullstellen in den partiellen Ableitungen. Mit $k_i = (v_{i,0}, v_{i,1}, r_{i,0}, r_{i,1}) \in K$ und $s \in \{0, 1\}$ folgt also:

$$0 = \frac{\partial b}{\partial v_{i,s}} = \sum_{j=1}^{n} -2u_{i,j}^m (\sqrt[p]{d_{i,j}} - 1) \frac{1}{p} d_{i,j}^{\frac{1-p}{p}} p \left(\frac{x_{j,s} - v_{i,s}}{r_{i,s}} \right)^{p-1} \frac{1}{r_{i,s}}$$

$$\Leftrightarrow \quad 0 = \sum_{j=1}^{n} u_{i,j}^{m} \frac{\sqrt[p]{d_{i,j}} - 1}{\sqrt[p]{d_{i,j}^{p-1}}} \left(\frac{x_{j,s} - v_{i,s}}{r_{i,s}} \right)^{p-1} \quad \text{und}$$

$$0 = \frac{\partial b}{\partial r_{i,s}} \quad \Leftrightarrow \quad 0 = \sum_{j=1}^{n} u_{i,j}^{m} \frac{\sqrt[p]{d_{i,j}} - 1}{\sqrt[p]{d_{i,j}^{p-1}}} \left(\frac{x_{j,s} - v_{i,s}}{r_{i,s}} \right)^{p} .$$

■

Dieses nicht-lineare Gleichungssystem ist für größere p nicht geschlossen lösbar, weil $(x_{j,0} - v_{i,0})$ und $(x_{j,1} - v_{i,1})$ in der p-ten und $(p-1)$-ten Potenz auftreten. Es bleibt wieder nur die Lösung mit einem numerischen Verfahren.

Durch die Skalierung der Achsen des Rechtecks durch die Faktoren r_0 und r_1 bekommen euklidisch gleich weit entfernte Daten unterschiedliche Distanzmaße. Die Kantenlängen sind proportional zu r_0 und r_1, die Abstände entlang der Achsen werden bei großen Rechtecken also stärker gestaucht als bei kleineren Rechtecken. Durch unterschiedlich lange Kanten werden zudem die Abstände in x- und y-Richtung unterschiedlich bewertet. Darüber hinaus wird ungeachtet der Größe innerhalb des Rechtecks die maximale Distanz Eins sein. Von einem euklidischen Distanzmaß sind wir also weit entfernt, allerdings mußten mit ähnlichen Unzulänglichkeiten auch schon der AFCS- und der FCQS-Algorithmus auskommen.

Der Algorithmus liefert zunächst keine brauchbaren Ergebnisse. Die Abbildungen 7.5 und 7.6 zeigen einen Datensatz aus zwei Rechtecken, Abbildung 7.5 die Initialisierung, Abbildung 7.6 das Ergebnis nach einem Iterationsschritt. Wie kommt es zu dieser Einteilung? Das linke Initialisierungscluster approximiert das große Rechteck des Datensatzes bereits nach dem ersten Schritt recht gut. Das rechte Initialisierungscluster hat hauptsächlich die Distanzen zum kleinen Rechteck und dem rechten Teil des großen Rechtecks zu minimieren. Nun sucht das Newton-Verfahren seinerseits die optimale Lage des Rechtecks iterativ. Wenn sich der Mittelpunkt langsam nach rechts verschiebt, so ist gleichzeitig die horizontale Kantenlänge zu verkürzen, damit die rechte Kante die Distanzen zu allen Daten auf der rechten Seite weiterhin minimiert. Diese Verkürzung der Kantenlänge bewirkt jedoch eine Stauchung der Distanzen in dieser Achse, so daß selbst bei gleicher Lage der rechten Kante nun größere Distanzen die Folge sind. Das Newton-Verfahren wählt also

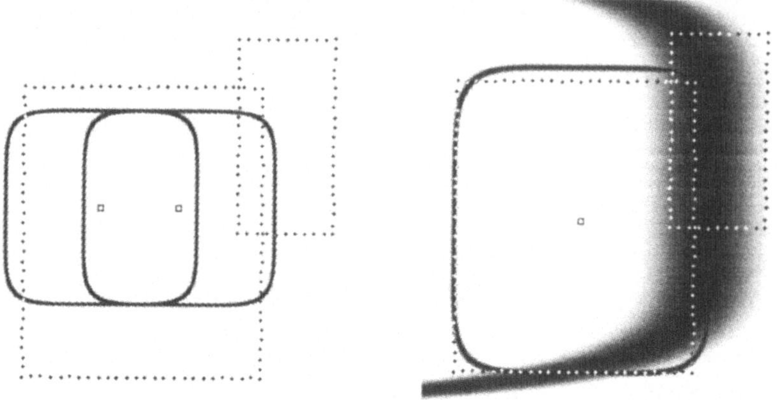

Abbildung 7.5: p-Norm-Analyse Abbildung 7.6: p-Norm-Analyse

einen anderen Weg, dem kein lokales Maximum im Wege steht. Verlegt man den Rechteckmittelpunkt entgegengesetzt und verlängert gleichzeitig die horizontale Kantenlänge, so werden aus demselben Grund bei gleicher Lage der rechten Kante die Distanzen zu den rechten Daten geringer. Von Iterationsschritt zu Iterationsschritt vergrößert das Newton-Verfahren die horizontale Kantenlänge, bis der Abstand der Daten von der rechten Kante unter einen bestimmten Wert gesunken ist. Fälschlicherweise wird dort nun eine Nullstelle gemeldet, weil der Funktionswert in seiner Norm unter die Abbruchgenauigkeit des Newton-Verfahren gekommen ist. In den weiteren Schritten des Algorithmus konvergiert das Newton-Verfahren immer wieder in diese vermeintliche Nullstelle, zumal das letzte Ergebnis nun als Initialisierung vorgegeben wird. Ab einer bestimmten Kantenlänge des Clusters macht sich eine weitere Vergrößerung in den Zugehörigkeiten kaum noch bemerkbar, so daß der Rechteck-Algorithmus von einer Konvergenz ausgeht und die Iteration beendet. Leider mit einem völlig unbrauchbaren Analyseergebnis. Bei den großen Kantenlängen wird außerdem deutlich, daß gerade in den Ecken des Rechtecks die Approximation durch die p-Norm schlecht ist.

Wir fassen also zusammen:

- Bei einer numerischen Lösung des Gleichungssystems besteht die Gefahr einer Konvergenz in einer vermeintlichen Nullstelle mit Kantenlänge(n) nahe unendlich. Eine Nebenbedingung an die

Kantenlängen, die so eine *Lösung* verhindert, ist schwer zu formulieren, ohne die erkennbaren Rechteckformen einzuschränken.

- Anders als bei kreisförmigen Clustern reicht ein Segment der Begrenzungslinie nicht zur eindeutigen Bestimmung des Clusters. Bei Kreisen reicht im Grunde ein Kreissegment aus mindestens drei Daten, um einen Kreis durch die Daten zu legen. Fehlen bei einem Rechteck alle Daten einer oder mehrerer Kanten, so gibt es unendlich viele Lösungen. Die gewünschte intuitive Lösung des *kleinsten* Rechtecks, das die Daten approximiert, wird durch die Distanzfunktion aus Bemerkung 7.1 nicht gerade gefördert.

- Bei großen Rechtecken und relativ kleinen Werten für p wird deutlich, daß die Ecken des Rechtecks schlechter approximiert werden als die Kanten. (Siehe dazu auch Seite 235.)

- Die *Konvergenz im Unendlichen* liegt in dem Verfahren zur Lösung des Gleichungssystems begründet, nicht im Algorithmus selbst. Die vom Newton-Verfahren gefundene Nullstelle ist keine wirkliche Nullstelle.

Die letzte Beobachtung trägt zur Ehrenrettung des Algorithmus bei, weil das Newton-Verfahren als größte Schwachstelle entlarvt wurde. Bei einer besseren Initialisierung der Newton-Iterationen wäre eine bessere Einteilung zu erzielen. In der Tat führen die Newton-Startwerte

$$
\begin{aligned}
v_i^{\top} = (v_{i,0}, v_{i,1})^{\top} &= \frac{\sum_{j=1}^{n} u_{i,j}^{m} x_j}{\sum_{j=1}^{n} u_{i,j}^{m}}, \\
(r_{i,0}, r_{i,1})^{\top} &= \frac{\sum_{j=1}^{n} u_{i,j}^{m} (x_j - v_i)}{\sum_{j=1}^{n} u_{i,j}^{m}}
\end{aligned}
$$

für das i-te Cluster, $i \in \mathbb{N}_{\leq c}$, bei Abbildung 7.5 zu der intuitiven Einteilung. Durch sie wird der Mittelpunkt des Rechtecks vor jeder Newton-Iteration in den Schwerpunkt der zugeordneten Daten gesetzt. Bei der Mittelung der horizontalen und vertikalen Kantenlänge wurde natürlich nicht berücksichtigt, zu welcher Kante die Daten eigentlich gehören. Als Initialisierung eignet sich dieses Vorgehen jedoch recht gut.

Trotz des Clustering-Erfolges nach der Korrektur der Newton-Initialisierung vermag der Algorithmus nicht hundertprozentig zu überzeugen. Die Kontur, die durch die Distanzfunktion vorgegeben wird, entspricht nicht wirklich der Kontur eines Rechtecks. In einfachen Fällen

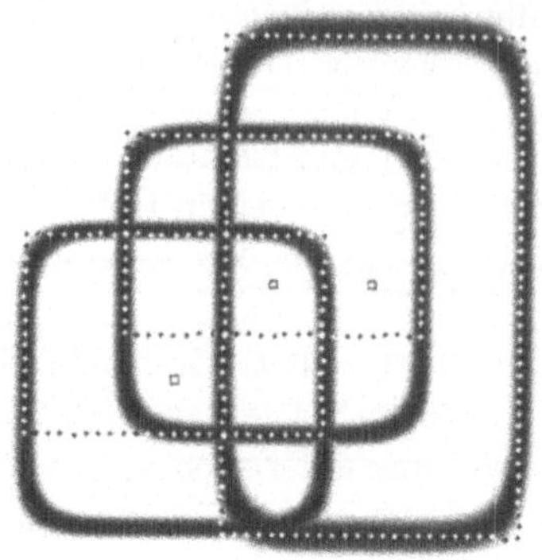

Abbildung 7.7: p-Norm-Analyse

mag das aber nicht weiter stören. In der Abbildung 7.7 wird die richtige Detektion der drei Rechtecke jedoch verhindert, weil die Daten der horizontalen Kanten (und insbesondere der Ecken) von den Clustern nicht so genau approximiert werden, als daß sie durch hohe Zugehörigkeiten die Nähe weiterer Konturen verhindern könnten. Und so approximiert das linke, untere Cluster die Ecke des rechten, großen Rechtecks, statt sich auf die eigene, untere Kante zusammenziehen. Die schlecht abgedeckten Daten der eigenen Kante allein vermögen die Kontur auch nicht auf die intuitive Lage zu ziehen. Das liegt an den verzerrten Distanzen im Rechteckinneren, die unabhängig von der Rechteckgröße zu einer maximalen Distanz von Eins im Rechteckmittelpunkt führen.

Außerdem gibt es Fälle, bei denen der Algorithmus nicht konvergiert. Wenn die Newton-Iteration eine sehr große Kantenlänge ermittelt und diese im nächsten Schritt durch die geschätzten Startwerte wieder rückgängig gemacht wird, führt eine erneute Einteilung mit großen Kantenlängen zu einem Zyklus. In diesem Fall verhindern die alternierenden Einteilungen eine Konvergenz.

Im Spezialfall der Quadrat-Erkennung kann, wie bereits erwähnt, die Verzerrung durch die Skalierung der Achsen in der Distanzfunktion verhindert werden, indem $d_p : \mathbb{R}^2 \times \mathbb{R}^2 \to \mathbb{R}$, $(x, v) \mapsto (||x - v||_p - r)^2$ verwendet wird. Die Abstände der Daten zum Mittelpunkt gehen dann unverfälscht und für jede Richtung gleich in die Berechnung der Distanz ein. Der Parameter r bestimmt dann die Kantenlänge des Quadrats, so wie er beim FCS den Kreisradius bestimmte. Dann führt eine unendliche Kantenlänge nicht zu einer vermeintlichen Nullstelle, die Newton-

Iteration kann also mit dem letzten Analyseergebnis initialisiert werden. Zur Erkennung von achsenparallelen Quadraten ist das Verfahren also brauchbar.

Der Algorithmus könnte durch Einführung einer Rotation der Daten um den Mittelpunkt auch auf gedrehte Cluster verallgemeinert werden. Statt der Terme $(x_{j,0}-v_{i,0})$ und $(x_{j,1}-v_{i,1})$ sind dann die Terme $(x_{j,0}-v_{i,0})\cos(\alpha)-(x_{j,1}-v_{i,1})\sin(\alpha)$ und $(x_{j,0}-v_{i,0})\sin(\alpha)+(x_{j,1}-v_{i,1})\cos(\alpha)$ einzusetzen. Dieser Schritt wurde hier nicht durchgeführt, weil auch die achsenparallele Variante schon die Schwächen des Algorithmus aufzeigt.

Um die Kontur eines Rechtecks präziser zu beschreiben, müssen wir also eine andere Distanzfunktion finden. Dabei möchten wir die Skalierung der Achsen vermeiden und unterschiedliche Kantenlängen wie bei den Quadraten durch Subtraktion statt durch Division erreichen. Da wir jedoch zwei verschiedene Kantenlängen haben, müssen wir die Subtraktion für beide Achsen einzeln durchführen. Die Abbildung 7.8 zeigt den Graph der Funktion

$$\mathbb{R}^2 \to \mathbb{R}, \quad (x,y) \mapsto \left((x^2-1)(y^2-1)\right)^2.$$

Die Faktoren (x^2-1) und (y^2-1) haben Nullstellen bei $x,y \in \{-1,1\}$. Die Nullstellenmenge der Funktion besteht also aus zwei Paaren paralleler Geraden, die sich in den Ecken eines Quadrats schneiden. Die Geraden enden jedoch keinesfalls mit der Rechteckkontur, sondern führen wie schon die Geradencluster bei den Geradenstücken darüber hinaus.

Bemerkung 7.2 (Prototypen für Rechtecke durch vier Geraden) *Sei* $D := \mathbb{R}^2$, $X = \{x_1, x_2, \ldots, x_n\} \subseteq D$, $C := \mathbb{R}^4$, $c \in \mathbb{N}$, $E := \mathcal{P}_c(C)$, *b nach (1.7) mit* $m \in \mathbb{R}_{>1}$ *und*

$$d^2 : \mathbb{R}^2 \times C \to \mathbb{R}_{\geq 0}, \; ((x_0,x_1),(v_0,v_1,r_0,r_1)) \mapsto \left(\prod_{s=0}^{1}(x_s-v_s)^2-r_s\right)^2.$$

Wird b bezüglich allen probabilistischen Clustereinteilungen $X \to F(K)$ *mit* $K = \{k_1, k_2, \ldots, k_c\} \in E$ *bei gegebenen Zugehörigkeiten* $f(x_j)(r_i) = u_{i,j}$ *durch* $f : X \to F(K)$ *minimiert, so gilt mit* $k_i = (v_{i,0}, v_{i,1}, r_{i,0}, r_{i,1})$:

$$0 = \sum_{j=1}^{n} u_{i,j}^m((x_{j,0}-v_{i,0})^2-r_{i,0})\left((x_{j,1}-v_{i,1})^2-r_{i,1}\right)^2(x_{j,0}-v_{i,0})$$

$$0 = \sum_{j=1}^{n} u_{i,j}^m((x_{j,0}-v_{i,0})^2-r_{i,0})^2\left((x_{j,1}-v_{i,1})^2-r_{i,1}\right)(x_{j,1}-v_{i,0})$$

$$0 = \sum_{j=1}^{n} u_{i,j}^{m} ((x_{j,0} - v_{i,0})^2 - r_{i,0}) \, ((x_{j,1} - v_{i,1})^2 - r_{i,1})^2$$

$$0 = \sum_{j=1}^{n} u_{i,j}^{m} ((x_{j,0} - v_{i,0})^2 - r_{i,0})^2 \, ((x_{j,1} - v_{i,1})^2 - r_{i,1}).$$

Beweis: Die Gleichungen entstehen direkt aus den Nullstellen der partiellen Ableitungen der Bewertungsfunktion. ■

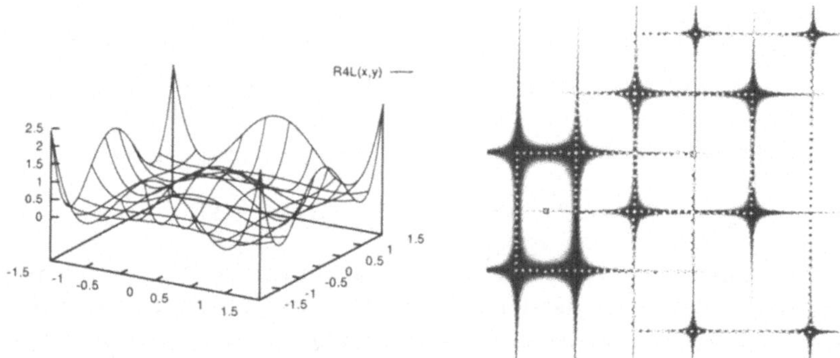

Abbildung 7.8: Distanzfunktion zur Rechteck-Approximation durch vier Geraden

Abbildung 7.9: Resultierende Einteilung

Der Nachteil dieser Distanzfunktion ist, daß die durch die Distanzfunktion beschriebene Clusterform eigentlich kein Rechteck ist, sondern eben aus vier Geraden besteht. Dadurch wird mit der Clustereinteilung aus Abbildung 7.9 jedes Datum sehr gut abgedeckt, obwohl die erkannten Rechtecke weit von der intuitiven Einteilung entfernt sind (siehe zur besseren Sicht auf den Datensatz auch Abbildung 7.11). Bei dem Algorithmus handelt es sich um eine Zusammenfassung von jeweils vier Geradenclustern, ohne daß sich gegenüber einer Einteilung durch einen Linear-Clustering-Algorithmus ein wesentlicher Vorteil ergibt, nur die Rechtwinkligkeit der Geraden wird garantiert. Die Erfahrungen aus dem Linear-Clustering-Kapitel haben aber gezeigt, daß es besonders wichtig ist, daß die Distanzen (bzw. Zugehörigkeiten) außerhalb der Kontur wieder ansteigen (bzw. abnehmen). Wollte man diesen Ansatz weiterverfolgen, so ließe sich ähnlich wie beim Fuzzy-c-Elliptotypes oder Adaptive-

Fuzzy-Clustering-Algorithmus die euklidische Distanz zum Rechteckmittelpunkt einbeziehen, um der unendlichen Ausdehnung der Geraden entgegenzuwirken.

Die Verlängerung der Geraden über das Rechteck hinaus liegt an der Multiplikation der Terme $((x_{j,0} - v_{i,0})^2 - r_{i,0})$ und $((x_{j,1} - v_{i,1})^2 - r_{i,1})$. Abbildung 7.10 zeigt den Graph der Funktion

$$\mathbb{R}^2 \to \mathbb{R}, \quad (x, y) \mapsto (x^2 - 1)^2 + (y^2 - 1)^2.$$

Bei dieser Distanzfunktion bekommen die Ecken des Rechtecks minimale Zugehörigkeiten. Entlang der Kanten ist die Zugehörigkeit geringer als außerhalb der Kanten, aber größer als in den Ecken.

Bemerkung 7.3 (Prototypen für Rechtecke durch vier Punkte) *Sei* $D := \mathbb{R}^2$, $X = \{x_1, x_2, \ldots, x_n\} \subseteq D$, $C := \mathbb{R}^4$, $c \in \mathbb{N}$, $E := \mathcal{P}_c(C)$, b *nach (1.7) mit* $m \in \mathbb{R}_{>1}$ *und*

$$d^2 : \mathbb{R}^2 \times C \to \mathbb{R}_{\geq 0}, \ ((x_0, x_1), (v_0, v_1, r_0, r_1)) \mapsto \sum_{s=0}^{1} ((x_s - v_s)^2 - r_s)^2.$$

Wird b *bezüglich allen probabilistischen Clustereinteilungen* $X \to F(K)$ *mit* $K = \{k_1, k_2, \ldots, k_c\} \in E$ *bei gegebenen Zugehörigkeiten* $f(x_j)(k_i) = u_{i,j}$ *durch* $f : X \to F(K)$ *minimiert, so gilt mit* $k_i = (v_{i,0}, v_{i,1}, r_{i,0}, r_{i,1})$ *und* $s \in \{0, 1\}$*:*

$$v_{i,s} = \frac{S_{i,3} - \frac{S_{i,1} S_{i,2}}{S_{i,0}}}{2\left(S_{i,2} - \frac{S_{i,1}^2}{S_{i,0}}\right)}, \tag{7.1}$$

$$r_{i,s} = \frac{S_{i,2} - 2 v_{i,s} S_{i,1}}{S_{i,0}} + v_{i,s}^2, \tag{7.2}$$

wobei $S_{i,l} = \sum_{j=1}^{n} u_{i,j}^m x_{j,s}^l$ *für* $l \in \mathbb{N}_{<4}^*$.

Beweis: mit den Bezeichnungen des Satzes. Die probabilistische Clustereinteilung $f : X \to F(K)$ minimiere die Bewertungsfunktion b. Es folgen wieder die Nullstellen in den partiellen Ableitungen. Mit $k_i = (v_{i,0}, v_{i,1}, r_{i,0}, r_{i,1}) \in K$ und $s \in \{0, 1\}$ folgt also:

$$\frac{\partial b}{\partial v_{i,s}} = 0 = -4 \sum_{j=1}^{n} u_{i,j}^m ((x_{j,s} - v_{i,s})^2 - r_{i,s})(x_{j,s} - v_{i,s}), \tag{7.3}$$

$$\frac{\partial b}{\partial r_{i,s}} = 0 = -\sum_{j=1}^{n} u_{i,j}^m ((x_{j,s} - v_{i,s})^2 - r_{i,s}).$$

Die letzte Gleichung läßt sich nach r_s auflösen, und es ergibt sich (7.2). Durch Umformen der Gleichung (7.3) ergibt sich zusammen mit (7.2):

$$\begin{aligned}
0 &= \sum_{j=1}^{n} u_{i,j}^{m} \left[x_{j,s}^{3} - 2v_{i,s}x_{j,s} + v_{i,s}^{2} - r_{i,s})(x_{j,s} - v_{i,s})\right] \\
&= \sum_{j=1}^{n} u_{i,j}^{m} \Big[v_{i,s}^{3}(-1+1) + v_{i,s}^{2}(x_{j,s} - x_{j,s} + 2x_{j,s} - \frac{2S_{i,1}}{S_{i,0}}) \\
&\quad +v_{i,s}(-2x_{j,s}^{2} + x_{j,s}\frac{2S_{i,1}}{S_{i,0}} - x_{j,s} + \frac{S_{i,2}}{S_{i,0}}) + x_{j,s}^{3} - x_{j,s}\frac{S_{i,2}}{S_{i,0}}\Big] \\
&= v_{i,s}^{2}(2S_{i,1} - S_{i,0}\frac{2S_{i,1}}{S_{i,0}}) + v_{i,s}(-3S_{i,2} + 2S_{i,1}\frac{S_{i,1}}{S_{i,0}} + \frac{S_{i,2}}{S_{i,0}}) \\
&\quad +S_{i,3} - S_{i,1}\frac{S_{i,2}}{S_{i,0}} \\
&= v_{i,s}(-2S_{i,2} + \frac{2S_{i,1}^{2}}{S_{i,0}}) + S_{i,3} - S_{i,1}\frac{S_{i,2}}{S_{i,0}}.
\end{aligned}$$

Diese Gleichung läßt sich nach $v_{i,s}$ auflösen und ergibt somit (7.1). Mit der Kenntnis von $v_{i,s}$ kann über (7.2) dann $r_{i,s}$ bestimmt werden. ■

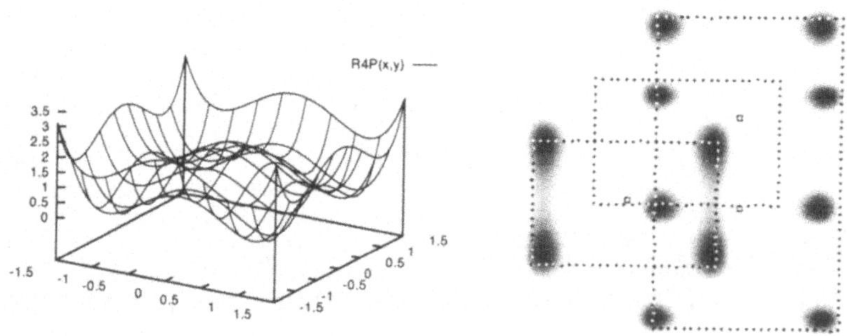

Abbildung 7.10: Distanzfunktion zur Rechteck-Approximation durch vier Punkte

Abbildung 7.11: Resultierende Einteilung

Durch die Änderung der Distanzfunktion von einem Produkt zu einer Summe kommen wir in diesem Fall zu einer expliziten Angabe der Prototypen. Und war die Clusterform bei der Produktbildung vier linearen

Clustern ähnlich, so ist sie jetzt vier punktförmigen Clustern ähnlich, wie sich Abbildung 7.11 entnehmen läßt. (Die Zusammengehörigkeit von je vier Regionen hoher Zugehörigkeit zu einem Rechteck läßt sich aus den kleinen Quadraten entnehmen, die den Mittelpunkt jedes Clusters markieren. Auf der rechten Seite gehören also die Punkte von oben nach unten jeweils verschiedenen Rechteckclustern an.) Die Ecken der Cluster liegen nicht richtig auf den Ecken der Rechtecke, vielmehr verhalten sich die Clusterecken, wie sich auch Fuzzy-c-Means-Cluster verhalten würden. Der Abstand zu den Daten läßt sich besser minimieren, wenn die Ecke innerhalb des rechten Winkels liegt. Zur Ermittlung der korrekten Rechteckparameter ist der Algorithmus offenbar nicht geeignet. Darüber hinaus besteht bei mehreren Rechtecken das Problem, daß die Kanten der Rechtecke nicht vollständig durch hohe Zugehörigkeiten abgedeckt sind. Wie bereits erwähnt, steigt zur Kantenmitte die Distanz gegenüber den Ecken an. Dadurch kann es passieren, daß der Algorithmus die Distanz zu den Daten auf der Kantenmitte durch eine Ecke eines weiteren Clusters zu minimieren sucht. Damit entfernt sich die Einteilung natürlich deutlich von der Intuition. Eigentlich wird durch diese Distanzfunktion auch noch gefördert, was zu Beginn des Kapitels als schlechte Eigenschaft herausgestellt wurde, nämlich der fehlende Zusammenhang der Daten entlang der Clusterkontur. Vier punktförmige Cluster lassen sich trotz ihrer rechteckigen Anordnung auf viel mehr Punktmengen einpassen als nur auf Rechteck-Konturen.

Alle vorgestellten Algorithmen liefern mehr oder weniger unbefriedigende Ergebnisse, weil die Clusterform, die sich aus der Distanzfunktion ergibt, nicht genau der Rechteckform entspricht. Wir können von den Algorithmen bessere Ergebnisse erwarten,

- falls die *Rundungen* bei der p-Norm durch immer größere Werte für p wegfallen. Als Grenzwert für p gegen unendlich ergibt sich dann die Maximumnorm. (Siehe dazu auch Seite 235.)
- falls die Geraden nicht über die Rechteckgrenzen hinausführen.
- falls statt vier punktförmiger Cluster vier Ecken-Cluster die Kontur des Rechtecks beschreiben.

Alle diese Verbesserungen erfordern die Verwendung von Betragsfunktionen, beziehungsweise Minimum- oder Maximumfunktion, die sich jedoch aus der Betragsfunktion ableiten lassen. Abbildung 7.12 zeigt den Graph der Funktion $d_{max} : \mathbb{R}^2 \to \mathbb{R}$, $(x, y) \mapsto (\max(|x|, |y|) - 1)^2$.

Der Ausdruck $max(|x|, |y|)$ ergibt sich dabei als Grenzwert für wachsendes p aus der p-Norm von (x, y). Die Abbildung 7.13 zeigt den Graph der Funktion $d_{min} : \mathbb{R}^2 \to \mathbb{R}, (x, y) \mapsto \min^2(x, y)$, die sich als Distanzfunktion zur Detektion einer Ecke verwenden läßt. Dabei haben die Kanten der Ecke unendliche Ausdehnung, wie schon die Geradencluster beim Fuzzy-c-Varieties-Algorithmus. Bei der Funktion $d_{edge} : \mathbb{R}^2 \to \mathbb{R}, (x, y) \mapsto \min^2(x, y) + \max(|x|, |y|)$ wird auch die Distanz von der Ecke in Richtung der Kanten berücksichtigt, allerdings in einem geringeren Maße als in den anderen Richtungen, schließlich soll weiterhin eine Ecke durch eine derartige Distanzfunktion erkannt werden. Den Graphen dieser Funktion zeigt Abbildung 7.14.

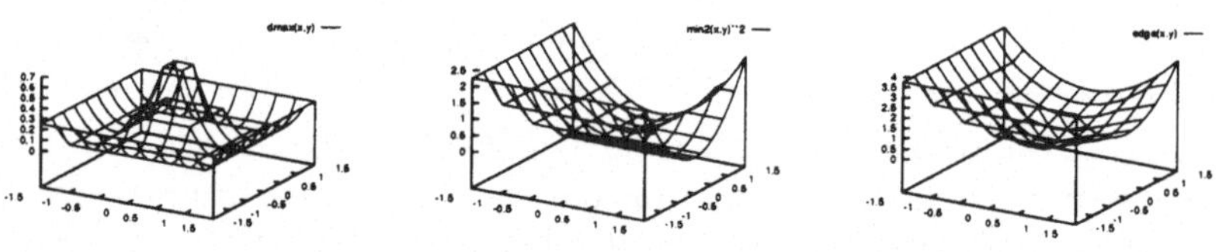

Abbildung 7.12: d_{max} Abbildung 7.13: d_{min} Abbildung 7.14: d_{edge}

Allerdings macht die Verwendung der Maximum- oder Minimumfunktion in der Distanzfunktion beim weiteren Vorgehen Schwierigkeiten. Schreiben wir diese Funktionen als $\max(x, y) = \frac{x+y+|x-y|}{2}$ und $\min(x, y) = \frac{x+y-|x-y|}{2}$, so finden wir die Betragsfunktion wieder, die bei Null nicht differenzierbar ist. Das Problem ließ sich bisher durch Quadrierung umgehen, denn dadurch konnten wir die Betragsbildung weglassen. Bei Quadrierung der Maximum- oder Minimumfunktion bleibt jedoch die Betragsfunktion weiterhin nicht-quadratisch stehen. Die Ableitung der Bewertungsfunktion zur Ermittlung der notwendigen Bedingungen für ein Minimum enthält dann Lücken im Definitionsbereich. Die Ableitung von $|f(x)|$, $f : \mathbb{R} \to \mathbb{R}$, ist $f'(x)\,\mathrm{sign}(f(x))$ für alle $x \in \mathbb{R}\backslash\{0\}$. Stellt f die Distanzfunktion dar, so ist die Ableitung ausgerechnet auf der Clusterkontur nicht differenzierbar, weil dort die Distanzfunktion den Wert Null liefert. Beim Fuzzy-c-Shells-Algorithmus tritt die euklidische Norm nicht-quadratisch auf, wobei dasselbe Problem wie bei der Betragsfunktion entsteht. Allerdings wird dort die Norm aus der Differenz der Daten vom Kreismittelpunkt gebildet, so daß die Lücken im Definitionsbereich nicht auf der Clusterkontur liegen. (In der resultierenden Gleichung wird durch $||x - v||$ dividiert, so daß der kritische Fall nur eintritt, wenn ein Datum im Kreismittelpunkt liegt. Ein solches Datum ist jedoch untypisch für den betrachteten Kreis und behindert die Ausrichtung des Clusters an den relevanten Daten nicht (sofern eine Division durch Null abgefangen wird).)

Viel schwerwiegender als die Lücken im Definitionsbereich der Ableitung ist jedoch die Tatsache, daß die Betragsfunktion auch in der Ableitung erhalten bleibt. Nicht umsonst muß sich der Fuzzy-c-Shells-Algorithmus eines iterativen Verfahrens zur Lösung nicht-linearer Gleichungssysteme bedienen, um die Prototypen an die Zugehörigkeiten anzupassen. Eine geschlossene Lösung für die Prototypen bei Vorkommen der Betragsfunktion zu finden, ist oft unmöglich. Meistens tauchen einige der noch zu bestimmenden Parameter des Prototypen innerhalb des Betrags auf, so daß nicht nach diesen Parametern aufgelöst werden kann. Für die effektive Bestimmung der Prototypen wäre aber gerade eine geschlossene Form wünschenswert. Offenbar wird der Vorteil bei der Verwendung von Maximum- oder Minimumfunktionen für die Distanzfunktion wenigstens zum Teil bei der Bestimmung der Prototypen wieder eingebüßt. Eine Modifikation der Distanzfunktion aus Bemerkung 7.3 zu

$$d : \mathbb{R}^2 \times \mathbb{R}^4 \to \mathbb{R}_{\geq 0}, \; ((x_0, x_1), (v_0, v_1, r_0, r_1)) \mapsto \max_{s \in \{0,1\}} ((x_s - v_s)^2 - r_s)^2$$

führt bei der Ableitung der Bewertungsfunktion für $s \in \{0, 1\}$, $\tilde{s} = 1 - s$ und $S := \{j \in \mathbb{N}_{\leq n} \mid ((x_{j,s} - v_s)^2 - r_s)^2 \geq ((x_{j,\tilde{s}} - v_{\tilde{s}})^2 - r_{\tilde{s}})^2\}$ zu:

$$\begin{aligned} 0 &= \frac{\partial b}{\partial v_s} \\ &= \sum_{j=1}^{n} \left\{ \begin{array}{cl} -4((x_{j,s} - v_s)^2 - r_s)(x_{j,s} - v_s) & \text{falls } j \in S \\ 0 & \text{falls } j \notin S \end{array} \right\} \\ &= -4 \sum_{j \in S} ((x_{j,s} - v_s)^2 - r_s)(x_{j,s} - v_s). \end{aligned}$$

Diese partielle Ableitung ähnelt der Ableitung (7.3) sehr, der Unterschied besteht einzig in den Summanden. Zuvor wurde für jedes Datum ein Summenterm berücksichtigt, jetzt nur für die Daten der Menge S. In Bemerkung 7.3 wurde die Gleichung zur Auflösung nach v_s benötigt, ohne Kenntnis von v_s können wir aber die Menge S überhaupt nicht erstellen, wissen also gar nicht, was wir summieren müssen. Bei der Approximation der Prototypen etwa durch das Newton-Verfahren ist dennoch ein Rechteck-Algorithmus formulierbar, weil dabei nur die Bewertungsfunktion an bestimmten Stellen ausgewertet wird. In diesem Fall sind alle Rechteck-Parameter bekannt und auch die Menge S kann ausgewertet werden. Gibt man sich mit einer iterativen Prototypen-Bestimmung zufrieden, so lassen sich offenbar recht schnell Rechteck-Algorithmen angeben. Eine aus Sicht der Distanzfunktion recht vielversprechende Variante stellt der folgende Satz vor.

Satz 7.4 (Prototypen für Rechtecke durch Maximumnorm)
Sei $D := \mathbb{R}^2$, $X = \{x_1, x_2, \ldots, x_n\} \subseteq D$, $C := \mathbb{R}^2 \times \mathbb{R}^2 \times \mathbb{R}$, $c \in \mathbb{N}$, $E := \mathcal{P}_c(C)$, *b nach (1.7) mit* $m \in \mathbb{R}_{>1}$ *und*

$$\begin{aligned} d^2 : \mathbb{R}^2 \times C &\to \mathbb{R}_{\geq 0}, \\ (x,(v,r,\varphi)) &\mapsto \max\left\{ \left| (x-v)^\top \begin{pmatrix} \cos(\varphi + \frac{s\pi}{2}) \\ \sin(\varphi + \frac{s\pi}{2}) \end{pmatrix} \right| - r_s \,\middle|\, s \in \{0,1\} \right\}^2. \end{aligned}$$

Wird b bezüglich allen probabilistischen Clustereinteilungen $X \to F(K)$ *mit* $K = \{k_1, k_2, \ldots, k_c\} \in E$ *bei gegebenen Zugehörigkeiten* $f(x_j)(k_i) = u_{i,j}$ *durch* $f : X \to F(K)$ *minimiert, so gilt für ein* $k_i = (v, r, \varphi)$, $n_s = \begin{pmatrix} \cos(\varphi+\frac{s\pi}{2}) \\ \sin(\varphi+\frac{s\pi}{2}) \end{pmatrix}$ *für* $s \in \{0,1\}$ *und* $X_0 = \{j \in \mathbb{N}_{\leq n} \mid (x_j - v)^\top n_0 - r_0 > (x_j - v)^\top n_1 - r_1\}$, $X_1 = \mathbb{N}_{\leq n} \setminus X_0$*:*

$$\begin{aligned} \frac{\partial b}{\partial v} &= 0 \Rightarrow 0 = \sum_{j \in X_s} u_{i,j}^m (|(x_j - v)^\top n_s| - r_s) \operatorname{sign}((x_j - v)^\top n_s), \\ \frac{\partial b}{\partial r_s} &= 0 \Rightarrow 0 = \sum_{j \in X_s} u_{i,j}^m (|(x_j - v)^\top n_s| - r_s), \\ &\quad \textit{für } s \in \{0,1\}, \textit{ sowie} \\ \frac{\partial b}{\partial \varphi} &= 0 \Rightarrow \\ 0 &= \sum_{j \in X_0} u_{i,j}^m (|(x_j - v)^\top n_0| - r_0) \operatorname{sign}((x_j - v)^\top n_0)(x_j - v)^\top n_1 \\ &+ \sum_{j \in X_1} u_{i,j}^m - (|(x_j - v)^\top n_1| - r_1) \operatorname{sign}((x_j - v)^\top n_1)(x_j - v)^\top n_0. \end{aligned}$$

Beweis: Die Gültigkeit der Gleichungen folgt direkt aus den Nullstellen der partiellen Ableitungen. ■

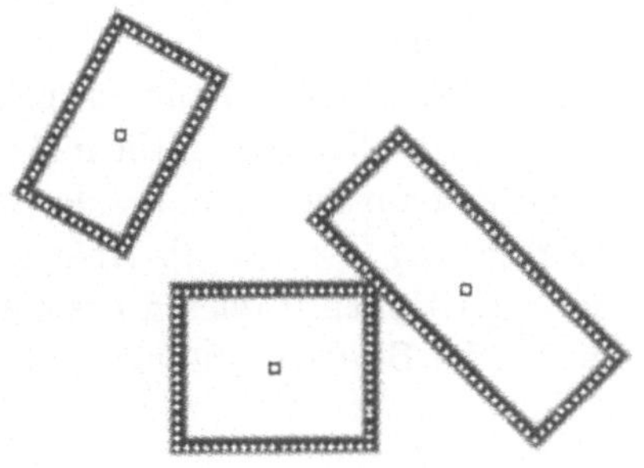

Abbildung 7.15: Maximum-Norm-Analyse

Abbildung 7.16: Maximum-Norm-Analyse

Mit einer guten Initialisierung (zehn Fuzzy-c-Means-Schritte und zehn Fuzzy-c-Shells-Schritte) liefert dieser Algorithmus bei den Datensätzen aus den Abbildungen 7.5 und 7.11 die intuitiven Einteilungen. Unterstützt werden diese guten Einteilungen durch die Distanzfunktion, die einen euklidischen Abstand von der Rechteckkontur liefert. Der Betrag des Skalarprodukts innerhalb des Maximums berechnet den Abstand des Datums x_j vom Mittelpunkt v entlang der Achsen in einem um den Winkel φ gedrehten Koordinatensystem. Von diesem Abstand wird die jeweilige halbe Kantenlänge abgezogen, und es bleibt der euklidische Abstand von der Kante.

Auch bei den rotierten Rechtecken der Abbildung 7.15 zeigt dieser Algorithmus mit der bereits erwähnten Initialisierung eine Einteilung entsprechend der Intuition. Dennoch bleiben auch bei Rechteckkonturen die aus dem Shell-Clustering-Kapitel bekannten Probleme bei hoher Clusteranzahl und schlecht getrennten Clustern, wie Abbildung 7.16 zeigt.

Bei den doch recht guten Ergebnissen (im Vergleich zu den bisherigen Ergebnissen) bleiben als wesentlicher Nachteil dieses Algorithmus die nur implizit angegebenen Prototypen zu nennen, so daß der Algorithmus wieder auf ein Iterationsverfahren zur Lösung nicht-linearer Gleichungssysteme angewiesen ist.

Die exakte Beschreibung einer Rechteckform durch die Maximumnorm ist auch durch die p-Norm mit $p = 1$ möglich. Es ergibt sich als Nullstellenmenge eine Raute (Quadrat, das auf einer Spitze steht). Die Notwendigkeit eines Iterationsverfahrens zur Bestimmung der Prototypen besteht weiterhin, das Grundproblem bleibt durch die Verwendung der Betragsfunktion identisch. Statt herkömmlicher Methoden (wie Newton-Verfahren) lassen sich auch genetische Algorithmen zur Minimierung der Bewertungsfunktion verwenden, allerdings nicht mit dem erwünschten Erfolg [11]. Eine direkte Lösung zur Bestimmung der Prototypen ist nicht nur schneller in der Berechnung, sondern die Analyseergebnisse sind auch besser. Genetische Algorithmen reagieren besonders anfällig auf die zahlreichen lokalen Minima der Bewertungsfunktion beim Shell-Clustering.

7.2 Der Fuzzy-c-Rectangular-Shells-Algorithmus

Der Fuzzy-c-Rectangular-Shells-Algorithmus [29] verwendet eine Distanzfunktion, die den euklidischen Abstand der Daten zu den Rechteckkanten wiedergibt. Die Kontur eines Rechtecks setzt sich aus vier Geradenstücken zusammen, deren Geradengleichungen in Normalenform beschrieben werden. Ist $p \in \mathbb{R}^2$ ein Punkt auf der Geraden und $n \in \mathbb{R}^2$ ein Normalenvektor zur Geraden, so beschreibt die Menge $\{x \in \mathbb{R}^2 | (x-p)^\top n = 0\}$ die zugehörige Gerade. Ist der Normalenvektor n normiert, so ist $|(x-p)^\top n|$ gleichzeitig der euklidische Abstand des Vektors $x \in \mathbb{R}^2$ zur Geraden. Es sind also für den Abstand vom Rechteck zunächst die Abstände zu den Begrenzungsgeraden zu formalisieren.

Gemäß Abbildung 7.17 bezeichnen wir mit $v \in \mathbb{R}^2$ den Mittelpunkt des Rechtecks und mit r_0 und r_1 die halben Kantenlängen, $(r_0, r_1) = r \in \mathbb{R}^2$. Ferner sei der Winkel zwischen positiver x-Achse und positiver r_0-Achse der Drehwinkel φ des Rechtecks, wie in der Abbildung angedeutet. Wir numerieren die Kanten des Rechtecks aufsteigend gegen den Uhrzeigersinn, wobei Kante 0 bei Annahme eines Drehwinkels von Null Grad rechts vom Mittelpunkt liegt. Entsprechend der Kantennummer indizieren wir Geradenpunkt und Normalenvektor. Im Zweidimensionalen haben wir für die Normalenvektoren die Freiheit in der Wahl des Vorzeichens, das wir stets so wählen wollen, daß der Normalenvektor in das Rechteckinnere zeigt, das heißt $(v-p)^\top n > 0$. Damit ergeben sich für die Normalenvektoren

$$n_s = \begin{pmatrix} -\cos(\varphi + \frac{s\pi}{2}) \\ -\sin(\varphi + \frac{s\pi}{2}) \end{pmatrix}, \text{ oder}$$

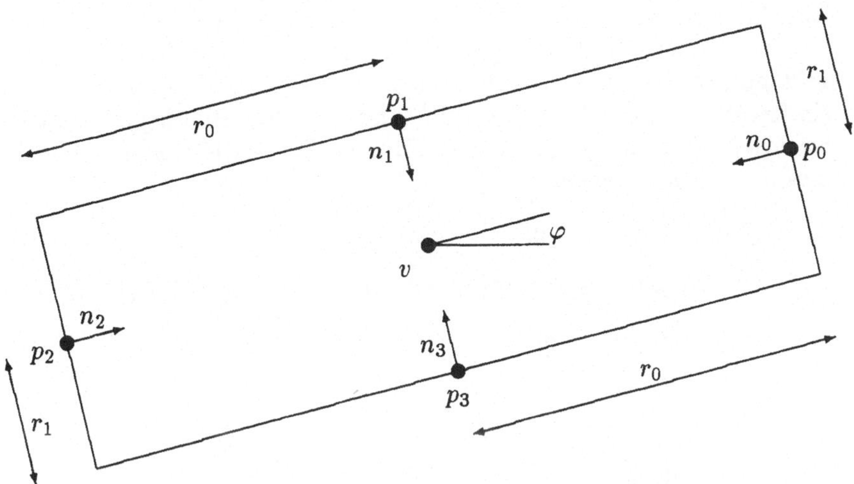

Abbildung 7.17: Größen im FCRS-Rechteck

$$n_0 = \begin{pmatrix} -\cos(\varphi) \\ -\sin(\varphi) \end{pmatrix} = -n_2, \; n_1 = \begin{pmatrix} \sin(\varphi) \\ -\cos(\varphi) \end{pmatrix} = -n_3.$$

Die Punkte p_s, $s \in \mathbb{N}^*_{<4}$, können beliebig entlang der Geraden gewählt werden. Es bieten sich nach der Festlegung der Normalenvektoren jedoch die folgenden Geradenpunkte an:

$$p_s = v - r_{s \bmod 2} n_s \quad \text{für alle } s \in \mathbb{N}^*_{<4}.$$

Verzichten wir bei dem Ausdruck für die Distanz eines Punktes von der Geraden auf die Betragsbildung, so erhalten wir jetzt stets für Daten außerhalb des Rechtecks negative, für Daten innerhalb der Rechtecks positive euklidische Distanzen. Wir wollen bei dieser Distanz von der *gerichteten Distanz* sprechen. Wegen der Normierung der Richtungsvektoren vereinfacht sich die gerichtete Distanz zu den Kanten wie erwartet zu

$$\begin{aligned}(x - p_s)^\top n_s &= (x - (v - r_{s \bmod 2} n_s))^\top n_s = (x - v)^\top n_s + r_{s \bmod 2} n_s^\top n_s \\ &= (x - v)^\top n_s + r_{s \bmod 2}\end{aligned}$$

für alle $s \in \mathbb{N}^*_{<4}$. Ermitteln wir nun das Minimum aller gerichteten Distanzen von den Kanten, so ergibt der Graph der resultierenden Funktion eine Art Pyramide (siehe Abbildung 7.18). Durch Betragsbildung werden die Bereiche negativer (gerichteter) Distanzen vom Rechteck *hochgeklappt*, so daß die Nullstellenmenge identisch zum Minimum ist und ein Rechteck beschreibt (siehe Abbildung 7.19). Die Bildung des Betrags brauchen wir nicht explizit durchzuführen, da die Distanz im Algorithmus quadratisch eingeht:

$$\begin{aligned} d^2 : \mathbb{R}^2 \times C &\rightarrow \mathbb{R}, \\ (x,(v,r,\varphi)) &\mapsto \left(\min\{(x-v)^\top n_s + r_{s \bmod 2} | s \in \mathbb{N}^*_{<4}\}\right)^2, \end{aligned} \quad (7.4)$$

wobei $C := \mathbb{R}^2 \times \mathbb{R}^2 \times \mathbb{R}$.

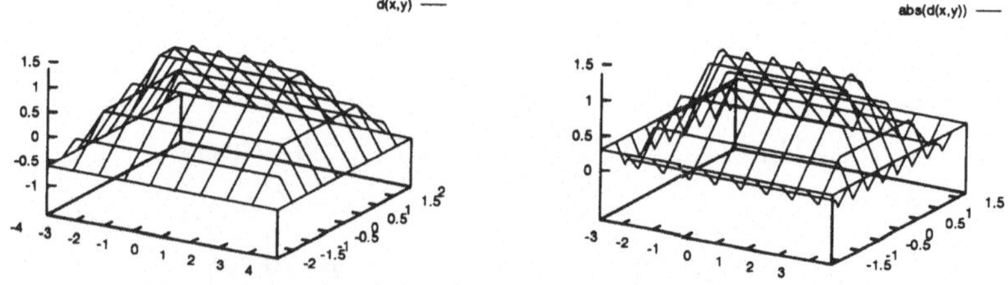

Abbildung 7.18: Gerichtete Distanzfunktion

Abbildung 7.19: Distanzfunktion des FCRS

Für die Bestimmung der Prototypen bei gegebenen Zugehörigkeiten bleibt die Minimumfunktion ein Problem, da sie eine explizite Auflösung nach den Prototypen-Parametern verhindert. Halten wir uns streng an das Schema, das bei allen anderen Algorithmen angewendet wurde, müssen wir auf eine geschlossene Form der Prototypen verzichten. Welche Möglichkeit bleibt sonst noch? In die Daten, gewichtet nach der Zugehörigkeit, soll ein Rechteck eingepaßt werden, das die Abstände zu den Daten minimiert. Ein Mensch würde das Problem vermutlich vereinfachen, indem er die Daten zu zukünftigen Kanten gruppiert. Die Kanten lassen sich dann einfacher optimal legen, als gleich das gesamte Rechteck. In unserem Fall wären also die Parameter der vier Begrenzungskanten des Rechtecks einzeln zu optimieren. Auf den ersten Blick sieht das nach einem Clustering-Problem aus, wie es auch schon bei den Linear-Clustering-Algorithmen vorkam: Vier Geradencluster eines Rechtecks sollen die Abstände zu den gegebenen Daten minimieren. Es gibt jedoch einige Unterschiede:

- Jedem Datum hängen zwei Gewichte an: die Zugehörigkeit zum Rechteck und die Zugehörigkeit zum jeweiligen Geradencluster. (Verwendet man eine modifizierte Distanzfunktion für einen Linear-Clustering-Algorithmus, die die Zugehörigkeit zum Rechteck als weiteren Faktor beinhaltet, so würde diesem Problem Rechnung getragen.)

- Es gibt mehrere Beziehungen der Geradencluster untereinander. So handelt es sich nicht um vier unabhängige Geraden, sondern zwei Paare paralleler Geraden, die sich im Winkel von 90 Grad schneiden. An die Optimierung der Geraden sind also Nebenbedingungen zu knüpfen.

- Der Mensch würde eine möglichst eindeutige Aufteilung der Daten in obere, untere, rechte und linke Kante vornehmen, um das Problem effektiv zu vereinfachen. Unsicherheiten in der Nähe der Ecken wirken sich auf die Bestimmung der Geraden kaum aus, da diese Daten ohnehin auf beiden angrenzenden Kanten liegen.

Diese Beobachtungen liegen in der *kantigen* Form eines Rechtecks begründet. Sie lassen eine zweite, vielleicht sogar harte Einteilung der Daten auf die Rechteckkanten sinnvoll erscheinen. Es handelt sich dann um den gestaffelten Einsatz zweier Clustereinteilungen, die einmal die Distanz des Datums zum Rechteck als ganzes, und einmal die Lage des Datums relativ zum Rechteck berücksichtigen. Diese Einteilung ließe sich durch einen speziellen Algorithmus gewinnen, der in jedem Iterationsschritt für jedes Cluster durchlaufen werden müßte. Aber ein derartig großer Aufwand ist nicht erforderlich: Im Grunde wird diese Einteilung bereits durch die Distanzfunktion *bei der Ermittlung des Minimums vorgenommen*: Derjenigen Kante, die den kleinsten gerichteten Abstand vom Datum hat, wird das Datum zugewiesen, schließlich ist sie auch für den Wert der Distanzfunktion maßgebend. Es handelt sich also tatsächlich nicht um eine neue Einteilung, sondern eine andere Formalisierung der Minimumfunktion. Wir definieren für $i \in \mathbb{N}^*_{<4}$ mit Hilfe der Kronecker-Funktion δ daher

$$\begin{aligned} \min_s^h : \mathbb{R}^4 \quad \to \quad & \{0,1\}, \quad (a_0, a_1, a_2, a_3) \mapsto \delta_{s,m} \\ & \text{mit } a_m = \min\{a_0, a_1, a_2, a_3\}. \end{aligned} \tag{7.5}$$

Zum Beispiel ist $\min_2^h(7,8,4,6) = 1$ und $\min_s^h(7,8,4,6) = 0$ für alle $s \in \{0,1,3\}$, weil a_2 das Minimum von a_0, a_1, a_2 und a_3 ist. Wir müssen jedoch berücksichtigen, daß bei mehreren minimalen Funktionsargumenten nur genau eine der Minimumfunktionen $\min_s^h$ den Funktionswert Eins annimmt. Zum Beispiel ist $\min_0^h(4,4,8,6) = 1 = \min_1^h(4,4,8,6)$ nicht erlaubt. Die von uns gesuchte Form der Minimumprädikate erfüllt die Gleichung $1 = \sum_{s=0}^3 \min_s^h(a_0,a_1,a_2,a_3)$ und damit $\min\{a_0,a_1,a_2,a_3\} = \sum_{s=0}^3 a_s \min_s^h(a_0,a_1,a_2,a_3)$. Wir interpretieren $\min_s^h(a_0,a_1,a_2,a_3)$ als den *Minimalitätsgrad* von a_s bezüglich a_0, a_1, a_2 und a_3. Wir definieren $\tilde{u}_{i,j,s} := \min_s^h(d_{i,j,0}, d_{i,j,1}, d_{i,j,2}, d_{i,j,3})$, wobei $d_{i,j,s}$ den Abstand des Datums x_j von der Kante s des Clusters k_i bezeichnet. Diese Minimalitätsgrade $\tilde{u}_{i,j,s}$ bilden für ein bestimmtes Cluster k_i eine harte Clustereinteilung der Daten auf die Kanten. Mit den neu eingeführten Bezeichnern ergibt sich für die Distanz eines Datums x_j zum Cluster $k_i = (v,r,\varphi)$ aus (7.4) zu:

$$\begin{aligned} d_{i,j}^2 &= \left(\sum_{s=0}^{3} \tilde{u}_{i,j,s}\left((x_j - v)^\top n_s + r_{s \bmod 2}\right)\right)^2 \\ &= \sum_{s=0}^{3} \tilde{u}_{i,j,s}\left((x_j - v)^\top n_s + r_{s \bmod 2}\right)^2 . \end{aligned} \tag{7.6}$$

Die Gleichung folgt aus der Tatsache, daß sich Produkte von $\tilde{u}_{i,j,s}$ mit verschiedenen Werten für s zu Null ergeben und $u_{i,j,s}^2 = u_{i,j,s} \in \{0,1\}$ gilt. (Man beachte die Ähnlichkeit des obigen Ausdrucks nach der Summierung über alle Daten mit der Bewertungsfunktion (1.7) bei $c = 4$.)

Satz 7.5 (Prototypen des FCRS) *Sei $D := \mathbb{R}^2$, $X = \{x_1, x_2, \ldots, x_n\} \subseteq D$, $C := \mathbb{R}^2 \times \mathbb{R}^2 \times \mathbb{R}$, $c \in \mathbb{N}$, $E := \mathcal{P}_c(C)$, b nach (1.7) mit $m \in \mathbb{R}_{>1}$,*

$$\begin{aligned} \Delta_s &: D \times C \to \mathbb{R}_{\geq 0}, \quad (x,(v,r,\varphi)) \mapsto \left((x-v)^\top n_s + r_{s \bmod 2}\right), \\ d^2 &: D \times C \to \mathbb{R}_{\geq 0}, \quad (x,k) \mapsto \sum_{s=0}^{3} \min_s(\,(\Delta_t(x,k))_{t \in \mathbb{N}_{<4}^*}\,)\Delta_s^2(x,k), \end{aligned}$$

und $n_s = (-\cos(\varphi + \frac{s\pi}{2}), -\sin(\varphi + \frac{s\pi}{2}))^\top$ für alle $s \in \mathbb{N}_{<4}^*$. Wird b bezüglich allen probabilistischen Clustereinteilungen $X \to F(K)$ mit $K = \{k_1, k_2, \ldots, k_c\} \in E$ bei gegebenen Zugehörigkeiten $f(x_j)(k_i) = u_{i,j}$ durch $f : X \to F(K)$ minimiert, so gilt mit $k_i = (v,r,\varphi)$, $v = \mu_0 n_0 + \mu_1 n_1$, $\tilde{u}_{i,j,s} = \min_s^h(\,(\Delta_t(x_j,k_i))_{t \in \mathbb{N}_{<4}^*}\,)$ und $r = (r_0, r_1)$ für alle $s \in \{0,1\}$:

$$\mu_s = S_{i,s+2}\, n_{s+2} + S_{i,s}\, n_s \tag{7.7}$$

$$r_s = S_{i,s+2}\, n_{s+2} - S_{i,s}\, n_s \tag{7.8}$$

$$\varphi = \operatorname{atan2}(n_0) \tag{7.9}$$

n_0 *ist normierter Eigenvektor von* A_i *mit kleinstem Eigenwert*

$$A_i = \sum_{j=1}^{n} u_{i,j}^m \left(a_{i,j,0}a_{i,j,0}^\top + \tau(a_{i,j,1})\tau(a_{i,j,1})^\top\right)$$

$$S_{i,s} = \frac{\sum_{j=1}^{n} u_{i,j}^m\, \tilde{u}_{i,j,s}\, x_j^\top}{2\sum_{j=1}^{n} u_{i,j}^m\, \tilde{u}_{i,j,s}}$$

$$a_{i,j,s} = (\tilde{u}_{i,j,s} - \tilde{u}_{i,j,s+2})x_j - 2\tilde{u}_{i,j,s}S_{i,s} + 2\tilde{u}_{i,j,s+2}S_{i,s+2}$$

$$\tau : \mathbb{R}^2 \to \mathbb{R}^2, \quad (x,y) \mapsto (-y,x) \quad .$$

Beweis: mit den Bezeichnungen des Satzes. Die probabilistische Clustereinteilung $f : X \to F(K)$ minimiere die Bewertungsfunktion b. Es folgen wieder die Nullstellen in den partiellen Ableitungen. Die Verwendung der harten Minimumfunktionen (7.5) erlaubt die Vereinfachung der Bewertungsfunktion nach (7.6). Sei also $k_i = (v, r, \varphi) \in K$. Für die Ableitungen nach den (halben) Kantenlängen r_s ergibt sich nun zusammen mit $n_s = -n_{s+2}$ für alle $s \in \{0,1\}$:

$$\frac{\partial b}{\partial r_s} = 0 \quad \Rightarrow$$

$$\sum_{j=1}^{n} u_{i,j}^m \left(\tilde{u}_{i,j,s}((x_j - v)^\top n_s + r_s) + \tilde{u}_{i,j,s+2}((x_j - v)^\top n_{s+2} + r_s)\right) = 0 \Leftrightarrow$$

$$\sum_{j=1}^{n} u_{i,j}^m \left((\tilde{u}_{i,j,s} - \tilde{u}_{i,j,s+2})(x_j - v)^\top n_s + (\tilde{u}_{i,j,s} + \tilde{u}_{i,j,s+2})r_s\right) = 0. \tag{7.10}$$

Für die Ableitung nach dem Rechteckmittelpunkt v ergibt sich für alle $\xi \in \mathbb{R}^2$:

$$\frac{\partial b}{\partial v} = 0 \quad \Rightarrow$$

$$\sum_{j=1}^{n} u_{i,j}^m \sum_{s=0}^{3} \tilde{u}_{i,j,s}((x_j - v)^\top n_s + r_{s \bmod 2})\xi^\top n_s = 0 \Leftrightarrow$$

$$\sum_{j=1}^{n} u_{i,j}^m \sum_{s=0}^{1} \left((\tilde{u}_{i,j,s} + \tilde{u}_{i,j,s+2})(x_j - v)^\top n_s + (\tilde{u}_{i,j,s} - \tilde{u}_{i,j,s+2})r_s\right) \xi^\top n_s = 0.$$

Diese Gleichung gilt insbesondere für $\xi = n_0$ und $\xi = n_1$. Für diese Vektoren fällt jeweils ein Summenterm weg, weil $n_s^\top n_s = 1$ und $n_{1-s}^\top n_s = 0$ gilt. So kommen wir zu

$$\sum_{j=1}^{n} u_{i,j}^m \left((\tilde{u}_{i,j,s} + \tilde{u}_{i,j,s+2})(x_j - v)^\top n_s + (\tilde{u}_{i,j,s} - \tilde{u}_{i,j,s+2}) r_s \right) = 0 \quad (7.11)$$

für alle $s \in \{0, 1\}$. Wähle nun ein $s \in \{0, 1\}$. Die aus den Ableitungen gewonnenen Gleichungen für r_s und v unterscheiden sich im Summenterm der Zugehörigkeiten $\tilde{u}_{i,j,s}$ nur im Vorzeichen. Aus der gegenseitigen Addition und Subtraktion von (7.10) und (7.11) folgt dann:

$$\begin{aligned}
\sum_{j=1}^{n} u_{i,j}^m \left(\tilde{u}_{i,j,s}(x_j - v)^\top n_s + \tilde{u}_{i,j,s} r_s \right) &= 0, \\
\sum_{j=1}^{n} u_{i,j}^m \left(\tilde{u}_{i,j,s+2}(x_j - v)^\top n_s - \tilde{u}_{i,j,s+2} r_s \right) &= 0.
\end{aligned}$$

Schreiben wir v als Linearkombination der Vektoren n_0 und n_1, etwa $v = \mu_0 n_0 + \mu_1 n_1$, so vereinfacht sich das Produkt $v^\top n_s$ zu μ_s. Formen wir beide Gleichungen anschließend nach μ_s um, so erhalten wir:

$$\begin{aligned}
\mu_s &= \frac{\sum_{j=1}^{n} u_{i,j}^m \tilde{u}_{i,j,s} x_j^\top n_s}{\sum_{j=1}^{n} u_{i,j}^m \tilde{u}_{i,j,s}} + r_s, \\
\mu_s &= \frac{\sum_{j=1}^{n} u_{i,j}^m \tilde{u}_{i,j,s+2} x_j^\top n_s}{\sum_{j=1}^{n} u_{i,j}^m \tilde{u}_{i,j,s+2}} - r_s.
\end{aligned}$$

Durch Addition beider Gleichungen erhalten wir mit den Bezeichnungen des Satzes: $\mu_s = S_{i,s} n_s + S_{i,s+2} n_s$. Dies entspricht Gleichung (7.7). Ebenso führt die Subtraktion der beiden Gleichungen zu Gleichung (7.8). Damit haben wir r_s und v in Abhängigkeit des Drehwinkels φ ausgedrückt. Die Bewertungsfunktion vereinfacht sich damit, soweit es das Cluster k_i betrifft, zu

$$\begin{aligned}
& \sum_{j=1}^{n} u_{i,j}^m \sum_{s=0}^{3} \tilde{u}_{i,j,s} ((x_j - v)^\top n_s + r_{s \bmod 2})^2 \\
= \; & \sum_{j=1}^{n} u_{i,j}^m \sum_{s=0}^{1} \left((\tilde{u}_{i,j,s} - \tilde{u}_{i,j,s+2})(x_j^\top n_s - \mu_s) + (\tilde{u}_{i,j,s} + \tilde{u}_{i,j,s+2}) r_s \right)^2
\end{aligned}$$

$$= \sum_{j=1}^{n} u_{i,j}^m \sum_{s=0}^{1} \Big((\tilde{u}_{i,j,s} - \tilde{u}_{i,j,s+2})(x_j - S_{i,s+2} - S_{i,s})n_s +$$

$$(\tilde{u}_{i,j,s} + \tilde{u}_{i,j,s+2})(S_{i,s+2} - S_{i,s})n_s \Big)^2$$

$$= \sum_{j=1}^{n} u_{i,j}^m \sum_{s=0}^{1} \Big(((\tilde{u}_{i,j,s} - \tilde{u}_{i,j,s+2})x_j -$$

$$2\tilde{u}_{i,j,s}S_{i,s} + 2\tilde{u}_{i,j,s+2}S_{i,s+2})n_s \Big)^2$$

$$= \sum_{j=1}^{n} u_{i,j}^m \sum_{s=0}^{1} (n_s^\top a_{i,j,s})(a_{i,j,s}^\top n_s).$$

Der Winkel φ steckt nur in den Normalenvektoren n_0 und n_1. Da für alle $x \in \mathbb{R}^2$ die Beziehung $x^\top n_1 = \tau(x)^\top n_0$ gilt, können wir den letzten Term weiter umformen:

$$= \sum_{j=1}^{n} u_{i,j}^m \left((n_0^\top a_{i,j,0})(a_{i,j,0}^\top n_0) + (n_0^\top \tau(a_{i,j,1}))(\tau(a_{i,j,1})^\top n_0) \right)$$

$$= n_0^\top \left(\sum_{j=1}^{n} u_{i,j}^m \left(a_{i,j,0} a_{i,j,0}^\top + \tau(a_{i,j,1})\tau(a_{i,j,1})^\top \right) \right) n_0$$

$$= n_0^\top A_i n_0.$$

Nach Bemerkung 4.2 ist dieser Term minimal, wenn n_0 der normierte Eigenvektor der Matrix A_i mit kleinstem zugehörigen Eigenwert ist. Der zu diesem Richtungsvektor gehörende Winkel ergibt sich gemäß Gleichung (7.9). ■

Leider ergibt sich bei dem vorgestellten Algorithmus durch die harten Minimalitätsgrade ein Konvergenzproblem. Abbildung 7.20 zeigt die obere und linke Kante eines Rechtecks. Die diagonale Linie markiert die Trennlinie, bei deren Überschreiten die Zugehörigkeit eines Datums zugunsten der jeweils anderen Kante umspringt. Im Beispiel liegt ein Datum genau auf dieser Linie, es ist von beiden Kanten gleich weit entfernt. Wird es nun der oberen Kante eindeutig zugeteilt, so sieht die Lage des Rechtecks im Folgeschritt etwa wie in Abbildung 7.21 aus. Nun ist das außerhalb liegende Datum in den Bereich gerutscht, in dem es der linken Kante zugeordnet wird. Dies führt im nächsten Schritt zu einer Rechteck-Lage wie in Abbildung 7.22. Offenbar wird dieses Datum für eine alternierende Einteilung sorgen. Damit kann die Änderung der Zugehörigkeiten niemals unter die jeweilige Zugehörigkeit dieses Datums zu einer der Kanten sinken. Folglich konvergiert der Algorithmus nicht. Allerdings handelt es sich hier um einen äußerst instabilen Zustand, der sehr schnell durch die Änderung anderer Zugehörigkeiten (und damit der Rechtecklage) beendet werden kann. Die Gefahr für einen solchen dauerhaften Zustand besteht im wesentlichen dann, wenn der Algorithmus *kurz vor der Konvergenz steht*, sich also andere Zugehörigkeiten kaum noch ändern. (Daß es keine Rolle spielt, ob das Datum zu Beginn der oberen oder der linken Kante zugeordnet wird, läßt sich leicht nachvollziehen). Einer der beiden Kanten müssen wir das Datum zu Beginn jedoch eindeutig zuordnen, weil dies unsere Definition der Minimumfunktionen $\min_s^h$ fordert.

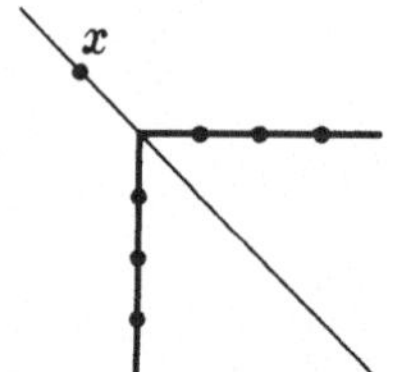

Abbildung 7.20: Das Datum x liegt auf der Diagonalen.

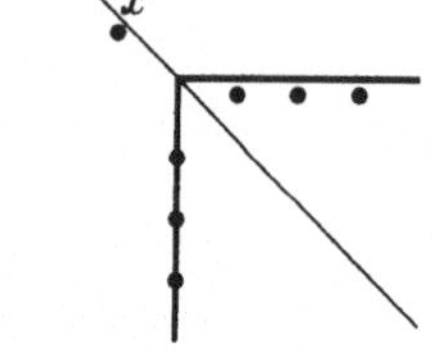

Abbildung 7.21: Das Datum x wurde der oberen Kante zugeordnet.

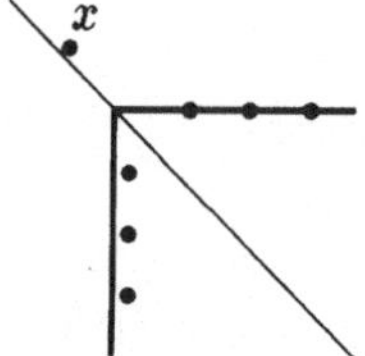

Abbildung 7.22: Das Datum x wurde der linken Kante zugeordnet.

Die mangelnde Eignung der harten Einteilung für die Vergabe von Zugehörigkeiten war im Kapitel 1 der Grund für die Einführung der Fuzzy-Einteilung. In diesem Fall wollen wir die harten Funktionen $\min_s : \mathbb{R}^4 \to \{0, 1\}$ durch Fuzzy-Minimumfunktionen $\min_s^h : \mathbb{R}^4 \to [0, 1]$ ersetzen. Dabei soll wieder die Gleichung $1 = \sum_{s=0}^{3} \min_s(a_0, a_1, a_2, a_3)$ für alle $a \in \mathbb{R}^4$ gelten, damit beim FCRS-Algorithmus weiterhin jedes Datum mit gleichem Gewicht in die Bewertungsfunktion eingeht. Es sind unzählige verschiedene Fuzzy-Minimumfunktionen denkbar, die durch unterschiedliche Eigenschaften auch zu unterschiedlichen Analyseergebnissen führen. Blicken wir zurück auf den Satz 1.11, der die Zugehörigkeiten einer probabilistischen Clustereinteilung aufgrund eines Distanzmaßes verteilte, wobei die Summe der Zugehörigkeiten ebenfalls Eins ergab, so erkennen wir eine Parallele zur Fuzzifizierung der Minimumfunktion. Ist $a \in \mathbb{R}^4$ und ohne Beschränkung der Allgemeinheit $a_0 = \min\{a_0, a_1, a_2, a_3\}$, so geben die Ausdrücke $a_1 - a_0$, $a_2 - a_0$ und $a_3 - a_0$ den Abstand der Werte a_1, a_2 und a_3 vom Minimum an. Addieren wir auf alle diese Distanzen ein $\varepsilon \in \mathbb{R}$, so bekommen wir vier positive Distanzen, aus denen wir analog zu Satz 1.11 Fuzzy-Minimumfunktionen bilden können. Allgemein lassen sich für eine p-stellige Minimumfunktion die fuzzifizierten Minimumprädikate

$$\min_s : \mathbb{R}^p \to [0,1], \quad a \mapsto \frac{1}{\sum_{i=0}^{p-1} \frac{(a_s - m + \varepsilon)^2}{(a_i - m + \varepsilon)^2}} \qquad (7.12)$$
$$\text{mit} \quad m = \min\{a_j \mid j \in \mathbb{N}^*_{<p}\}$$

definieren ($s \in \mathbb{N}^*_{<p}$). Geht ε gegen Null, so konvergieren die Fuzzy-Minimumfunktionen gegen die harten Minimumfunktionen, geht ε gegen unendlich, konvergieren die Fuzzy-Minimumfunktionen gegen die konstante Funktion $\frac{1}{p}$. Der Grad der Fuzzifizierung hat direkt Einfluß auf die späteren Analyseergebnisse.

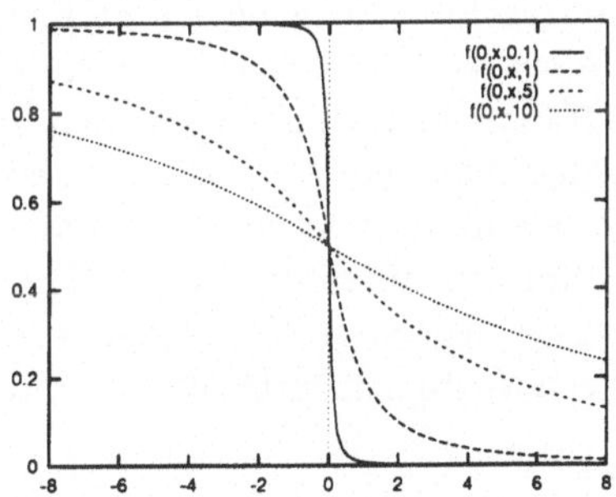

Abbildung 7.23: Abhängigkeit der Fuzzifizierung von ε.

Wählen wir die Minimumfunktion *zu unscharf*, so beziehen wir zur Bestimmung der Kantenlage zu viele Daten der Nachbarkanten ein, wodurch die Kante stets ein Stück weiter ins Rechteckinnere wandert. Verläuft der Übergang der Minimimalitätsgrade andererseits in einem zu engen Bereich, so überspringt das Datum der Abbildungen 7.20 bis 7.22 den stetigen Übergang, und das Ergebnis ähnelt dem der harten Minimumfunktion. Der Grad der Fuzzifizierung ist also abhängig von der Datendichte zu wählen. Abbildung 7.23 zeigt den Graphen der Funktion $f(a_0, a_1, \varepsilon) = \min_0(a_0, a_1)$ für verschiedene ε-Werte. Ist δ der mittlere Abstand zweier benachbarter Bildpunkte, so sollte die Fuzzifizierung der

Minimumfunktion etwa in einem Bereich von δ bis 2δ verlaufen. In den meisten Fällen der rechnergestützten Bilderkennung liegen die Daten ohnehin in einem Punktraster vor, so daß der minimale Punktabstand δ direkt der verwendeten Rasterauflösung entnommen werden kann und nicht durch eine zeitintensive Näherung wie

$$\delta \approx \frac{\sum_{i=1}^{n} \min\{\ \|x_i - x_j\| \mid j \in \mathbb{N}_{\leq n}\backslash\{i\}\ \}}{n} \tag{7.13}$$

ermittelt werden muß.

Im allgemeinen können wir davon ausgehen, daß die Kantenlängen im Verhältnis zum minimalen Punktabstand groß sind. Dann approximieren wir die Zugehörigkeit u eines Datums zu einer Kante, auf der es im Abstand d zur Nachbarkante liegt, durch

$$u \approx \frac{1}{\frac{\varepsilon^2}{\varepsilon^2} + \frac{\varepsilon^2}{(d+\varepsilon)^2}} = \frac{1}{1 + \frac{\varepsilon^2}{(d+\varepsilon)^2}} \quad \Rightarrow \quad \varepsilon \approx \frac{\sqrt{u(1-u)} + (1-u)}{2u-1}\, d\,.$$

Die Terme zur Berücksichtigung der beiden fehlenden Abstände wurden vernachlässigt, da sie gegenüber den beiden anderen Termen klein sind. Ferner ist nur $u > \frac{1}{2}$ sinnvoll, weil u die Zugehörigkeit des Datums zu der Kante angibt, auf der das Datum tatsächlich liegt.

Möchten wir für den Abstand $d = 2\delta$ bereits eine Zugehörigkeit von 0.95 bekommen, also bereits eine deutliche Zuordnung dieses Datums zu seiner Kante, so erhalten wir durch die letzte Gleichung einen Vorschlag für die Wahl von $\varepsilon \approx \frac{3\delta}{5}$. Auf diese Weise läßt sich in Abhängigkeit der Bildauflösung eine geeignet fuzzifizierte Minimumfunktion wählen.

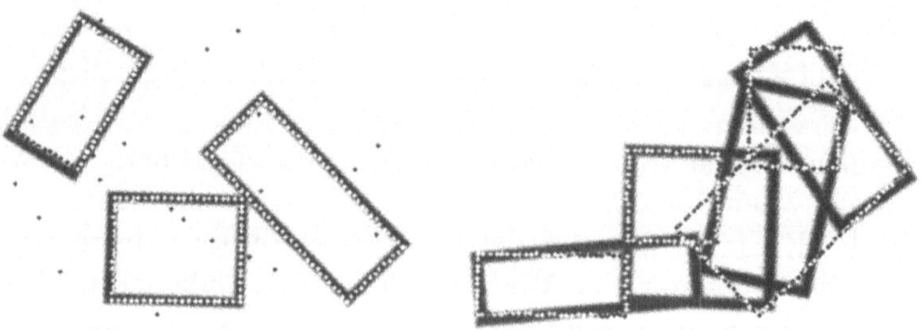

Abbildung 7.24: FCRS-Analyse

Abbildung 7.25: FCRS-Analyse

Zur Initialisierung des Algorithmus dienten zehn Fuzzy-c-Means- und zehn Fuzzy-c-Spherical-Shells-Schritte, jeweils mit Fuzzifier $m = 2$. Die vom Kreiserkennungs-Algorithmus erkannten Radien wurden bei der Initialisierung noch einmal halbiert, da die durch den FCSS-Algorithmus erkannten Kreise grundsätzlich zu groß waren. Wie alle Shell-Clustering-Algorithmen ist auch dieser Algorithmus stark von der Initialisierung abhängig. Bei *schwierigen* Datensätzen mit langgestreckten Rechtecken, für die ein Algorithmus zur Kreiserkennung kaum brauchbare Initialisierungen liefern kann, sind gegebenenfalls die Fuzzy-c-Spherical-Shells-Schritte wegzulassen. Die Abbildungen 7.24 und 7.25 zeigen zwei Datensätze mit gedrehten und überlappenden Rechtecken unterschiedlicher Größe. Der FCRS-Algorithmus erkennt den mit Stördaten versehenen Datensatz aus Abbildung 7.24 bereits im probabilistischen Durchlauf sehr gut. Possibilistisches Clustering führt zu einer noch besseren Bestimmung der Rechteck-Parameter. Bei den sich durchdringenden Rechtecken aus Abbildung 7.25 ergeben sich jedoch Probleme. Betrachtet man die schrittweise Entwicklung zu diesem Analyseergebnis, so entsteht der Eindruck, daß den Daten innerhalb eines Rechtecks zu wenig Bedeutung beigemessen wird. Es sollten sich nicht alle Rechteck-Cluster gleichzeitig um die Abdeckung aller außerhalb ihrer Kontur liegenden Daten kümmern (mit dem Ergebnis aus Abbildung 7.25), sondern vornehmlich um die eigenen, nahen Daten innerhalb der Rechteckkontur. Dabei ist die bisherige Fuzzifizierung der Minimumfunktion eher hinderlich. Betrachten wir einmal das Cluster unten links aus Abbildung 7.25. Die horizontale Ausdehnung ist zu groß, die rechte Kante wird von einem anderen Cluster abgedeckt.

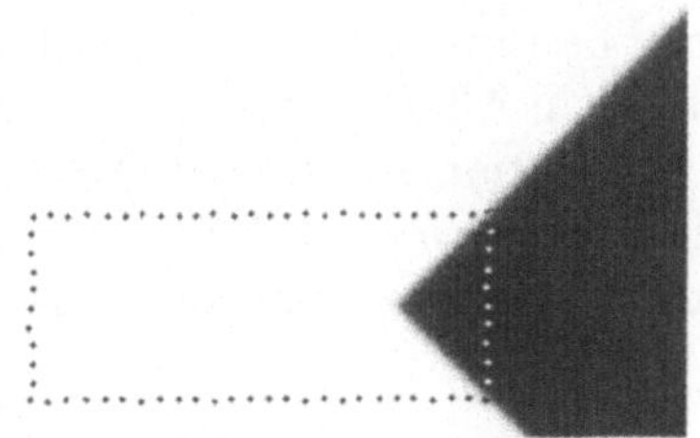

Abbildung 7.26: Minimalitätsgrade der fuzzifizierten Minimumfunktion

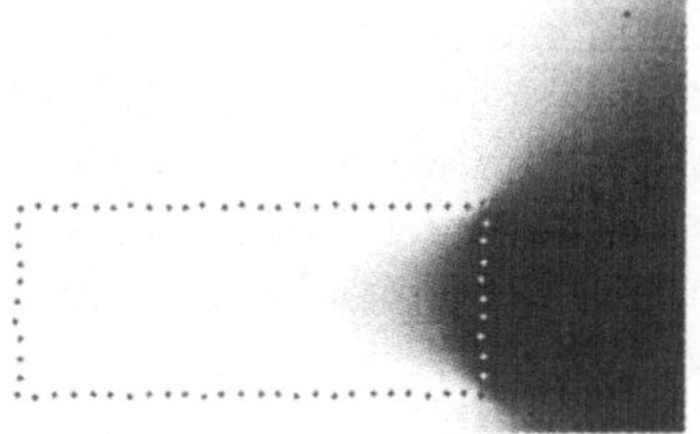

Abbildung 7.27: Minimalitätsgrade der modifizierten Minimumfunktion

Abbildung 7.26 zeigt für ein ähnliches Cluster nur die Zugehörigkeiten zur rechten Kante. Ab einer Entfernung in der Größenordnung der Hälfte der kleineren Rechteck-Kantenlänge gehen die Zugehörigkeiten in Richtung Rechteckmittelpunkt schlagartig zurück. Der Einfluß der kürzeren Kanten reicht nicht bis zum Rechteckmittelpunkt. Die Daten der rechten Rechteckkante aus Abbildung 7.25 liegen damit außerhalb des Einflußbereiches der rechten Clusterkante. Wir wollen diesem Mißstand durch eine letzte Modifikation der p-stelligen Minimumfunktion beikommen:

$$\min_s : \mathbb{R}^p \to [0,1], \quad a \mapsto \frac{1}{\sum_{i=0}^{p-1} \frac{(|m|+\exp(a_s-m)-1+\varepsilon)^2}{(|m|+\exp(a_i-m)-1+\varepsilon)^2}} \qquad (7.14)$$
$$\text{mit } m = \min\{a_j \mid j \in \mathbb{N}^*_{<p}\}.$$

Gegenüber der letzten Variante verschieben wir die Distanzen um den Betrag des Minimums und gewichten die Distanz zum Minimum durch die Exponentialfunktion neu. Ist das Minimum nahe Null, so entspricht die neue Minimumfunktion der alten Funktion, wir wählen daher ε aus denselben Überlegungen wie bei (7.12). Die Modifikation bewirkt eine Wichtung der Minimalitätsgrade, so daß bei einem (betragsmäßig) großen Minimum eine unschärfere Einteilung entsteht als bei einem Minimum nahe Null. Diese Art der Fuzzifizierung der Minimumfunktion führt zu Minimalitätsgraden wie in Abbildung 7.27. Da ein kleiner Minimumwert (nahe Null) einen geringen Abstand zur Rechteckkontur bedeutet, folgt eine schärfere Einteilung nahe der Kanten. Mit zunehmender Entfernung von den Kanten werden die Minimalitätsgrade durch die modifizierten Distanzen deutlich unschärfer. Innerhalb des Rechtecks folgt nun ebenfalls ein weicherer Übergang der Minimalitätsgrade. Das ist für unsere Zwecke günstig, weil wir für Daten innerhalb des Rechtecks kaum eindeutige Zuordnungen zu einer bestimmten Kante vornehmen können, ohne dabei in lokalen Minima wie in Abbildung 7.25 zu landen. Verwenden wir die neue Fuzzy-Minimumfunktion, so wird der Datensatz aus Abbildung 7.25 bereits vollständig korrekt eingeteilt! Im folgenden beziehen wir uns beim FCRS-Algorithmus auf diese Fuzzifizierung der Minimumfunktion.

Wie wir schon im Abschnitt 7.1 gesehen haben, bieten Rechtecke noch mehr Möglichkeiten zu besonders ausgeprägten, lokal minimalen Einteilungen, als es schon bei den Kreisen oder Ellipsen der Fall war. Das liegt daran, daß ein Kreis bereits durch ein kleines Segment eindeutig definiert ist, wohingegen bei Rechtecken ganze Kanten zwischen verschiedenen Rechteckclustern *ausgetauscht* werden können, ohne dabei eine schlechtere Beurteilung durch die Bewertungsfunktion zu be-

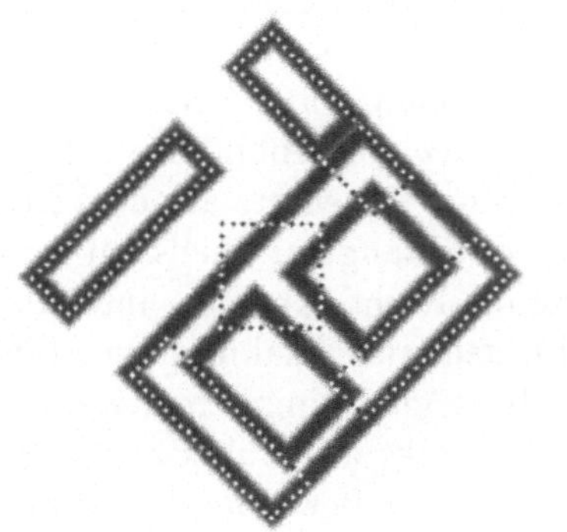

Abbildung 7.28: FCRS-Analyse

Abbildung 7.29: FCRS-Analyse

kommen. Dies wird besonders dann deutlich, wenn die Rechtecke nur in ganzzahligen Vielfachen von 90 Grad zueinander gedreht sind, denn dann ist der *Kantenaustausch* besonders einfach.

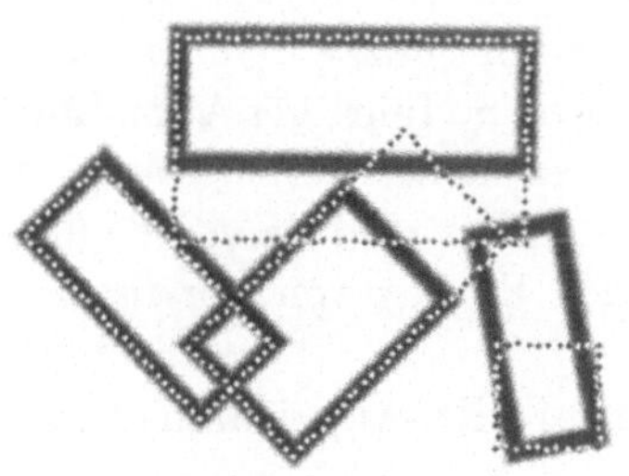

Abbildung 7.30: FCRS-Analyse

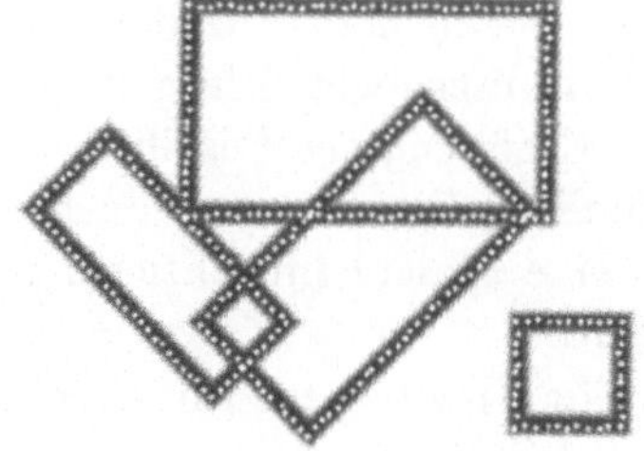

Abbildung 7.31: FCRS-Analyse

Einen solchen Fall zeigt die Abbildung 7.28. Die Daten werden von den Clustern gut abgedeckt, repräsentieren aber leider nicht die intuitive Einteilung. In diesem Fall waren die zehn Fuzzy-c-Spherical-Shells-Schritte für diese Einteilung verantwortlich, denn das Ergebnis dieser Initialisierung faßt bereits großräumig Daten unterschiedlicher Rechtecke zusammen. Von dieser Initialisierung aus zeigt Abbildung 7.28 dann das nächstgelegene lokale Minimum. Wird auf die Initialisierung durch den Kreis-Algorithmus verzichtet, und der Fuzzy-c-Rectangular-Shells nur durch die zehn Fuzzy-c-Means-Schritte initialisiert, so werden alle

Cluster richtig erkannt. Der Fuzzy-c-Means bringt die Prototypen in die Nähe der einzelnen Rechtecke und von dort aus ist es für den Fuzzy-c-Rectangular-Shells relativ leicht, die Kantenlänge und Orientierung der Rechteck richtig zu wählen. Der Datensatz aus Abbildung 7.29 sieht auf den ersten Blick komplizierter aus als der Datensatz aus dem letzten Beispiel. Dennoch wird der vom Fuzzy-c-Rectangular-Shells auf Anhieb richtig eingeteilt. Das liegt daran, daß die Rechteckkanten unterschiedlicher Rechtecke hier niemals parallel liegen, also lokal minimale Einteilungen die Bewertungsfunktion niemals so gut minimieren, wie es bei den paarweise parallelen Kanten der Rechtecke aus Abbildung 7.28 der Fall ist. Die ausgeprägten lokalen Minima der Bewertungsfunktion bei parallelen Kanten unterschiedlicher Rechtecke sind jedoch kein Problem speziell dieses Algorithmus, sondern sind generell auf die Clusterform zurückzuführen.

Bei Abbildung 7.30 führte der Algorithmus nur zu einer lokal minimalen Einteilung. Da wir uns jedoch um eine möglichst euklidische Distanzfunktion bemüht haben, gelingt durch eine Erhöhung des Fuzzifiers von $m = 2$ auf $m = 4$ eine richtige Einteilung des Datensatzes bei gleicher Initialisierung, wie Abbildung 7.31 zeigt. Dennoch bleiben auch beim Fuzzy-c-Rectangular-Shells Datensätze, die auch bei unterschiedlichem Fuzzifier und wahlweisem Fuzzy-c-Spherical-Shells-Algorithmus nicht richtig eingeteilt werden. So führt bei Abbildung 7.28 eine Erhöhung des Fuzzifiers auf $m = 4$ zu keiner Verbesserung, da die gefundene Einteilung schon recht gut ist. Hier sind dann Bemühungen um eine bessere Initialisierung durch den Einsatz von Vorwissen angebracht.

Für Hinweise zur Implementation des FCRS-Algorithmus siehe auch beim FC2RS-Algorithmus, Seite 260.

7.3 Der Fuzzy-c-2-Rectangular-Shells-Algorithmus

Zum einen mag es in manchen Anwendungen nützlich erscheinen, mehr als nur Rechteckformen erkennen zu können, zum anderen verleitet die Regelmäßigkeit der Rechteckdefinition zu einer Verallgemeinerung [29]. Beim Fuzzy-c-Rectangular-Shells-Algorithmus wurde ausgenutzt, daß sich die Normalenvektoren in Schritten von konstant 90 Grad von Kante zu Kante änderten. Es liegt nahe, diese Schrittweite zu verkleinern, um damit kompliziertere Polygonzüge zu realisieren. Grundsätzlich ist hier

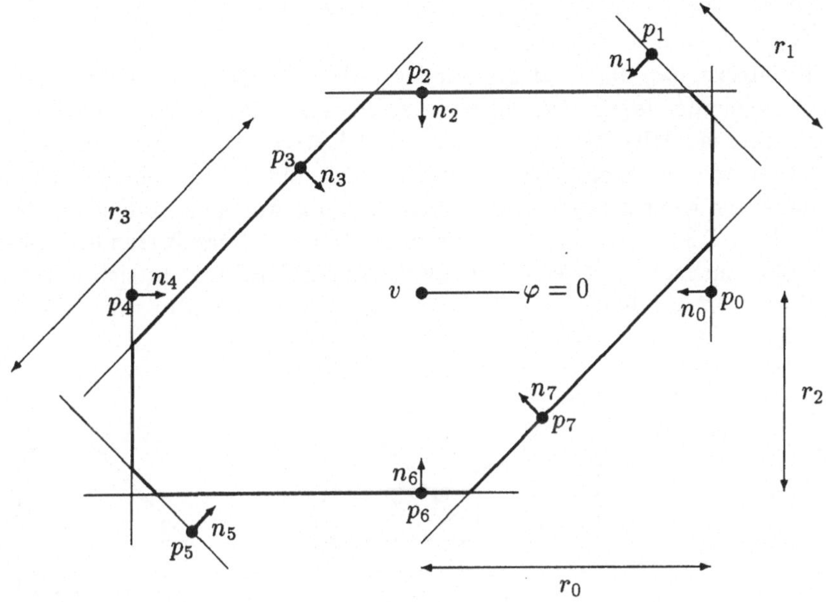

Abbildung 7.32: Größen im FC2RS-Cluster

jeder Winkel denkbar, dessen ganzzahliges Vielfaches 360 Grad ergibt. Für Spezialanwendungen mag ein Dreieck-Algorithmus mit Schrittweite 120 Grad sinnvoll erscheinen, wir wollen hier aber auf die Möglichkeit, Rechtecke erkennen zu können, nicht verzichten. In diesem Fall müssen 90, 180 und 270 Grad als Vielfache des Grundwinkels auftreten. Nach der Schrittweite von 90 Grad beim FCRS ist 45 Grad der größte Winkel, der diese Bedingung erfüllt.

Bei einer Schrittweite von 45 Grad erhalten wir acht Geradenstücke, die einen Polygonzug ergeben, bei dem sich im allgemeinen benachbarte Geradenstücke im Winkel von 45 Grad schneiden. Analog zum FCRS-Algorithmus charakterisieren wir ein Cluster durch seinen Mittelpunkt v, den Drehwinkel φ und die nunmehr vier (halben) Kantenlängen r_0 bis r_3, siehe dazu auch Abbildung 7.32. Wieder ergeben sich die Begrenzungsgeraden durch

$$(x - p_s)^\top n_s = 0 \text{ mit } n_s = \begin{pmatrix} -\cos(\varphi + \frac{s\pi}{4}) \\ -\sin(\varphi + \frac{s\pi}{4}) \end{pmatrix} \text{ und } p_s = v - r_{s \bmod 4}\, n_s$$

für alle $s \in \mathbb{N}^*_{<8}$. Damit erhalten wir nicht nur – wie auf den ersten

Blick vielleicht zu vermuten – regelmäßige Achtecke als Clusterformen. Wir können uns die entstehenden Formen verdeutlichen, indem wir zwei Rechtecke, um 45 Grad zueinander gedreht, mit ihren Mittelpunkten übereinander legen. Der kürzeste geschlossene Polygonzug um den gemeinsamen Mittelpunkt markiert die Clusterkontur. Insbesondere erhalten wir bei einem sehr großen Rechteck und einem kleinen Rechteck dabei die Kontur des kleineren Rechtecks für das Achteck-Cluster. Abbildung 7.33 zeigt dazu drei Beispiele, wobei die resultierende Kontur fett gezeichnet ist. (Der Algorithmusname *FC2RS* bezieht sich mit dem Kürzel *2R* auf diese Veranschaulichung der Clusterkontur mit Hilfe von *2 R*echtecken.)

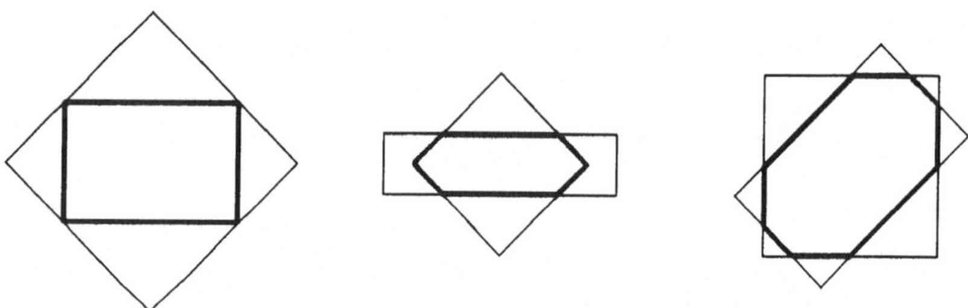

Abbildung 7.33: Mögliche Clusterkonturen beim FC2RS-Algorithmus

Von den Geradengleichungen kommen wir über eine Minimum- und Betragsbildung zur Distanzfunktion. Wieder führen wir Minimumfunktionen analog zu (7.5) ein, um die explizite Angabe der Prototypen zu ermöglichen.

Satz 7.6 (Prototypen des FC2RS) *Sei* $D := \mathbb{R}^2$, $X = \{x_1, x_2, \ldots, x_n\} \subseteq D$, $C := \mathbb{R}^2 \times \mathbb{R}^4 \times \mathbb{R}$, $c \in \mathbb{N}$, $E := \mathcal{P}_c(C)$, b *nach (1.7) mit* $m \in \mathbb{R}_{\geq 1}$ *und*

$$\Delta_s : D \times C \to \mathbb{R}_{\geq 0}, \quad (x, (v, r, \varphi)) \mapsto \left((x - v)^\top n_s + r_{s \bmod 4}\right),$$

$$d^2 : D \times C \to \mathbb{R}_{\geq 0}, \quad (x, k) \mapsto \sum_{s=0}^{7} \min_s\left(\left(\Delta_t(x, k)\right)_{t \in \mathbb{N}^*_{<8}}\right) \Delta_s^2(x, k),$$

und $n_s = \left(-\cos(\varphi + \frac{s\pi}{4}), -\sin(\varphi + \frac{s\pi}{4})\right)^\top$ *für alle* $s \in \mathbb{N}^*_{<8}$. *Wird* b *bezüglich allen probabilistischen Clustereinteilungen* $X \to F(K)$ *mit* $K = \{k_1, k_2, \ldots, k_c\} \in E$ *bei gegebenen Zugehörigkeiten* $f(x_j)(k_i) = u_{i,j}$ *durch* $f : X \to F(K)$ *minimiert, so gilt mit* $k_i = (v, r, \varphi)$, $v = \lambda n_0 + \mu n_2$,

$r = (r_0, r_1, r_2, r_3)$, $\tilde{u}_{i,j,s} = \min_s^h((\Delta_t(x_j, k_i))_{t \in \mathbb{N}^*_{<8}})$:

$$\begin{aligned}\varphi &= \operatorname{atan2}(n_0)\\ \lambda &= \tilde{l}^\top n_0\\ \mu &= \tilde{m}^\top n_0\\ r_s &= \tilde{r}_s^\top n_0\end{aligned}$$

wobei

$$\begin{aligned}\tilde{l} &= \frac{1}{q}((\sqrt{2}R_1 a_{i,1} + a_{i,0} + R_2 a_{i,2})(\alpha_{i,3} + \alpha_{i,2}) - \\ &\quad (\sqrt{2}R_3 a_{i,3} - a_{i,0} + R_2 a_{i,2})(\alpha_{i,1} + \alpha_{i,2}))\\ \tilde{m} &= \frac{1}{q}((\sqrt{2}R_1 a_{i,1} + a_{i,0} + R_2 a_{i,2})(\alpha_{i,3} + \alpha_{i,0}) - \\ &\quad (\sqrt{2}R_3 a_{i,3} - a_{i,0} + R_2 a_{i,2})(\alpha_{i,1} + \alpha_{i,0}))\\ q &= (\alpha_{i,1} + \alpha_{i,2})(\alpha_{i,3} + \alpha_{i,0}) + (\alpha_{i,3} + \alpha_{i,2})(\alpha_{i,1} + \alpha_{i,0})\\ \tilde{l}_0 &= -\tilde{l}_4 = \tilde{l},\ \tilde{l}_1 = -\tilde{l}_5 = \frac{\tilde{l} + \tilde{m}}{\sqrt{2}},\ \tilde{l}_2 = -\tilde{l}_6 = \tilde{m},\ \tilde{l}_3 = -\tilde{l}_7 = \frac{-\tilde{l} + \tilde{m}}{\sqrt{2}}\end{aligned}$$

n_0 *ist normierter Eigenvektor von* A *mit kleinstem Eigenwert*

$$A = \sum_{j=1}^{n} u_{i,j}^m \sum_{s=0}^{7} \tilde{u}_{i,j,s}(R_s x_j - \tilde{l}_s + \tilde{r}_{s \bmod 4})(R_s x_j - \tilde{l}_s + \tilde{r}_{s \bmod 4})^\top$$

und für alle $s \in \mathbb{N}^*_{<4}$

$$\begin{aligned}\tilde{r}_s &= -\frac{R_s \sum_{j=1}^n u_{i,j}^m(\tilde{u}_{i,j,s} - \tilde{u}_{i,j,s+4})x_j}{\sum_{j=1}^n u_{i,j}^m(\tilde{u}_{i,j,s} + \tilde{u}_{i,j,s+4})}\\ &\quad + \frac{\sum_{j=1}^n u_{i,j}^m(\tilde{u}_{i,j,s} - \tilde{u}_{i,j,s+4})}{\sum_{j=1}^n u_{i,j}^m(\tilde{u}_{i,j,s} + \tilde{u}_{i,j,s+4})}\tilde{l}_s\\ a_{i,s} &= \sum_{j=1}^{n} u_{i,j}^m(\tilde{u}_{i,j,s} + \tilde{u}_{i,j,s+4})x_j - \\ &\quad \frac{\sum_{j=1}^n u_{i,j}^m(\tilde{u}_{i,j,s} - \tilde{u}_{i,j,s+4})}{\sum_{j=1}^n u_{i,j}^m(\tilde{u}_{i,j,s} + \tilde{u}_{i,j,s+4})} \sum_{j=1}^{n} u_{i,j}^m(\tilde{u}_{i,j,s} - \tilde{u}_{i,j,s+4})x_j\\ \alpha_{i,s} &= \sum_{j=1}^{n} u_{i,j}^m(\tilde{u}_{i,j,s} + \tilde{u}_{i,j,s+4}) - \frac{\left(\sum_{j=1}^n u_{i,j}^m(\tilde{u}_{i,j,s} - \tilde{u}_{i,j,s+4})\right)^2}{\sum_{j=1}^n u_{i,j}^m(\tilde{u}_{i,j,s} + \tilde{u}_{i,j,s+4})}\end{aligned}$$

sowie für alle $s \in \mathbb{N}^*_{<8}$

$$R_s = \begin{pmatrix} \cos(\frac{s\pi}{4}) & \sin(\frac{s\pi}{4}) \\ -\sin(\frac{s\pi}{4}) & \cos(\frac{s\pi}{4}) \end{pmatrix}$$

gilt.

Beweis: mit den Bezeichnungen des Satzes. Die probabilistische Clustereinteilung $f : X \to F(K)$ minimiere die Bewertungsfunktion b. Es folgen wieder die Nullstellen in den partiellen Ableitungen. Die Verwendung der harten Minimumfunktionen (7.5) erlaubt die Vereinfachung der Bewertungsfunktion gemäß (7.6). Sei also $k_i = (v, r, \varphi) \in K$. Für die Ableitungen nach den (halben) Kantenlängen r_s und dem Mittelpunkt v ergibt sich nun zusammen mit $n_s = -n_{s+4}$ analog zu Satz 7.5 für alle $s \in \mathbb{N}^*_{<4}$ und $\xi \in \mathbb{R}^2$:

$$\frac{\partial b}{\partial r_s} = 0 \quad \Rightarrow$$

$$\sum_{j=1}^{n} u_{i,j}^m \left((\tilde{u}_{i,j,s} - \tilde{u}_{i,j,s+4})(x_j - v)^\top n_s + (\tilde{u}_{i,j,s} + \tilde{u}_{i,j,s+4})r_s\right) = 0\,,$$

$$\frac{\partial b}{\partial v} = 0 \quad \Rightarrow$$

$$\sum_{j=1}^{n} u_{i,j}^m \sum_{s=0}^{3} \left((\tilde{u}_{i,j,s} + \tilde{u}_{i,j,s+4})(x_j - v)^\top n_s + (\tilde{u}_{i,j,s} - \tilde{u}_{i,j,s+4})r_s\right) \xi^\top n_s = 0\,.$$

Die Ableitung nach r_s läßt sich nach der Kantenlänge umformen,

$$r_s = -\frac{\sum_{j=1}^{n} u_{i,j}^m (\tilde{u}_{i,j,s} - \tilde{u}_{i,j,s+4})(x_j - v)^\top}{\sum_{j=1}^{n} u_{i,j}^m (\tilde{u}_{i,j,s} + \tilde{u}_{i,j,s+4})} n_s \quad ,$$

und in die Ableitung nach v einsetzen. Mit den Abkürzungen $a_{i,s}$ und $\alpha_{i,s}$ aus dem Satz ergibt sich dann:

$$\sum_{s=0}^{3} \left(a_{i,s}^\top n_s - \alpha_{i,s} v^\top n_s\right) \xi^\top n_s = 0.$$

Speziell für $\xi = n_1$ und $\xi = n_3$ ergeben sich die Gleichungen:

$$\begin{aligned}
0 &= \frac{1}{\sqrt{2}}(a_{i,0}^\top n_0 - \alpha_{i,0} v^\top n_0) + (a_{i,1}^\top n_1 - \alpha_{i,1} v^\top n_1) + \\
&\quad \frac{1}{\sqrt{2}}(a_{i,2}^\top n_2 - \alpha_{i,2} v^\top n_2), \\
0 &= \frac{-1}{\sqrt{2}}(a_{i,0}^\top n_0 - \alpha_{i,0} v^\top n_0) + \frac{1}{\sqrt{2}}(a_{i,2}^\top n_2 - \alpha_{i,2} v^\top n_2) + \\
&\quad (a_{i,3}^\top n_3 - \alpha_{i,3} v^\top n_3).
\end{aligned}$$

Seien λ, $\mu \in \mathbb{R}$ mit $v = \lambda n_0 + \mu n_2$. Dann ist $v^\top n_0 = \lambda$, $v^\top n_1 = \frac{\lambda+\mu}{\sqrt{2}}$, $v^\top n_2 = \mu$ und $v^\top n_3 = \frac{-\lambda+\mu}{\sqrt{2}}$. Einsetzen und Zusammenfassen nach λ und μ führt zu:

$$\begin{aligned}
0 &= a_{i,1}^\top n_1 + \frac{a_{i,0}^\top n_0}{\sqrt{2}} + \frac{a_{i,2}^\top n_2}{\sqrt{2}} - \lambda \frac{\alpha_{i,1} + \alpha_{i,0}}{\sqrt{2}} - \mu \frac{\alpha_{i,1} + \alpha_{i,2}}{\sqrt{2}}, \\
0 &= a_{i,3}^\top n_3 - \frac{a_{i,0}^\top n_0}{\sqrt{2}} + \frac{a_{i,2}^\top n_2}{\sqrt{2}} + \lambda \frac{\alpha_{i,3} + \alpha_{i,0}}{\sqrt{2}} - \mu \frac{\alpha_{i,3} + \alpha_{i,2}}{\sqrt{2}}.
\end{aligned}$$

Durch Multiplikation der ersten Gleichung mit $\frac{\alpha_{i,3}+\alpha_{i,0}}{\sqrt{2}}$ (bzw. $\frac{\alpha_{i,3}+\alpha_{i,2}}{\sqrt{2}}$) und der zweiten Gleichung mit $\frac{\alpha_{i,1}+\alpha_{i,0}}{\sqrt{2}}$ (bzw. $\frac{\alpha_{i,1}+\alpha_{i,2}}{\sqrt{2}}$) führt eine Addition (bzw. Subtraktion) beider Gleichungen zu (q gemäß Satz):

$$\begin{aligned}
\mu = \frac{1}{q}((&\sqrt{2}a_{i,1}^\top n_1 + a_{i,0}^\top n_0 + a_{i,2}^\top n_2)(\alpha_{i,3} + \alpha_{i,0}) - \\
&(\sqrt{2}a_{i,3}^\top n_3 - a_{i,0}^\top n_0 + a_{i,2}^\top n_2)(\alpha_{i,1} + \alpha_{i,0})), \\
\lambda = \frac{1}{q}((&\sqrt{2}a_{i,1}^\top n_1 + a_{i,0}^\top n_0 + a_{i,2}^\top n_2)(\alpha_{i,3} + \alpha_{i,2}) - \\
&(\sqrt{2}a_{i,3}^\top n_3 - a_{i,0}^\top n_0 + a_{i,2}^\top n_2)(\alpha_{i,1} + \alpha_{i,2})).
\end{aligned}$$

In diesen Termen tritt der Winkel φ in den Normalenvektoren n_s auf. Da dieser Winkel die einzige unbekannte Größe darstellt, sind wir an einer möglichst einfachen Darstellung der Abhängigkeit interessiert. Die Normalenvektoren n_s treten nur in der Form $y^\top n_s$ mit $y \in \mathbb{R}^2$ auf. Mit Hilfe der trigonometrischen Additionstheoreme läßt sich die Beziehung $(R_s y)^\top n_0 = y^\top n_s$ leicht zeigen:

$$\begin{aligned}
&(R_s y)^\top n_0 \\
= \ & \begin{pmatrix} y_1 \cos(\frac{s\pi}{4}) + y_2 \sin(\frac{s\pi}{4}) \\ -y_1 \sin(\frac{s\pi}{4}) + y_2 \cos(\frac{s\pi}{4}) \end{pmatrix}^\top n_0 \\
= \ & -y_1(\cos(\varphi)\cos(\frac{s\pi}{4}) - \sin(\frac{s\pi}{4})\sin(\varphi)) \\
& -y_2(\sin(\frac{s\pi}{4})\cos(\varphi) + \sin(\varphi)\cos(\frac{s\pi}{4})) \\
= \ & -y_1 \cos(\varphi + \frac{s\pi}{4}) - y_2 \sin(\varphi + \frac{s\pi}{4}) \\
= \ & (y_1, y_2)^\top n_s.
\end{aligned}$$

Durch die Multiplikation mit einer Rotationsmatrix R_s wird der Vektor y um den konstanten Drehwinkel $\frac{s\pi}{4}$ gedreht, so daß zur Bestimmung des Abstands nur noch der Winkel φ berücksichtigt werden muß. Auf diese Weise können alle Vorkommen von $a_{i,s}^\top n_s$ in den letzten Gleichungen durch $(R_s a_{i,s})^\top n_0$ ersetzt werden. Damit läßt sich n_0, also der Winkel φ, ausklammern. Auf diese Weise kommen wir zu $\lambda = \tilde{l}^\top n_0$ und $\mu = \tilde{m}^\top n_0$, wobei $\tilde{l}$ gemäß Satz definiert ist.

Um auch für die Kantenlänge r_s die Abhängigkeit von φ ähnlich einfach darstellen zu können, müssen wir v in das Koordinatensystem $\{n_s, n_{s+2 \bmod 8}\}$ transformieren, wobei wir die Koordinaten mit (λ_s, μ_s) bezeichnen wollen. Im Falle $s = 0$ lauten die Koordinaten wegen $v = \lambda n_0 + \mu n_2$ natürlich (λ, μ). Eine Drehung um jeweils 45 Grad führt dann für $s = 1$ zu $(\lambda_1, \mu_1) = (\frac{\lambda+\mu}{\sqrt{2}}, \frac{-\lambda+\mu}{\sqrt{2}})$, für $s = 2$ zu $(\lambda_2, \mu_2) = (\mu, -\lambda)$, für $s = 3$ zu $(\lambda_3, \mu_3) = (\frac{-\lambda+\mu}{\sqrt{2}}, \frac{-\lambda-\mu}{\sqrt{2}})$ usw. Dann folgt $v^\top n_s = (\lambda_s n_s + \mu_s n_{s+2 \bmod 8}) n_s = \lambda_s \cdot 1 + \mu_s 0 = \lambda_s$, weil n_s und $n_{s+2 \bmod 8}$ normiert und orthogonal sind. Da λ und μ durch $\tilde{l}^\top n_0$ und $\tilde{m}^\top n_0$ definiert sind, sind auch λ_s und μ_s – als Linearkombinationen von λ und μ – von der Form $\tilde{l}_s n_0$ bzw. $\tilde{m}_s n_0$. Dabei ergeben sich $\tilde{l}_s$ und $\tilde{m}_s$ direkt aus λ_s und μ_s wie im Satz angegeben. Auch die Kantenlänge r_s läßt sich nun in der Form $\tilde{r}_s n_0$ notieren.

Mit den eingeführten Bezeichnern läßt sich die Bewertungsfunktion nun umschreiben:

$$\begin{aligned}
&\sum_{j=1}^{n} u_{i,j}^m \left(\sum_{s=0}^{7} \tilde{u}_{i,j,s}((x_j - v)^\top n_s + r_{s \bmod 4}) \right)^2 \\
= &\sum_{j=1}^{n} u_{i,j}^m \left(\sum_{s=0}^{7} \tilde{u}_{i,j,s}(x_j^\top n_s - (\lambda_s n_s + \mu_s n_{s+2 \bmod 8})^\top n_s + r_{s \bmod 4}) \right)^2 \\
= &\sum_{j=1}^{n} u_{i,j}^m \left(\sum_{s=0}^{7} \tilde{u}_{i,j,s}((R_s x_j)^\top n_0 - \lambda_s + \tilde{r}_{s \bmod 4}^\top n_0) \right)^2 \\
= &\sum_{j=1}^{n} u_{i,j}^m \left(\sum_{s=0}^{7} \tilde{u}_{i,j,s}(((R_s x_j) - \tilde{l}_s + \tilde{r}_{s \bmod 4})^\top n_0) \right)^2 \\
= &\; n_0^\top \Bigg(\sum_{j=1}^{n} u_{i,j}^m \sum_{s=0}^{7} \tilde{u}_{i,j,s}(R_s x_j - \tilde{l}_s + \tilde{r}_{s \bmod 4}) \cdot \\
&\qquad (R_s x_j - \tilde{l}_s + \tilde{r}_{s \bmod 4})^\top \Bigg) n_0.
\end{aligned}$$

Nach Bemerkung 4.2 ist dieser Term minimal, wenn n_0 der normierte Eigenvektor der Matrix mit kleinstem zugehörigen Eigenwert ist. Der zu diesem Richtungsvektor gehörende Winkel ergibt sich mit Hilfe der Arcustangens-Funktion. ■

Wie beim FCRS-Algorithmus verwenden wir auch für den FC2RS-Algorithmus eine fuzzifizierte Minimumfunktion nach (7.14). Als Initialisierung dienten jeweils zehn Schritte des Fuzzy-c-Means, Fuzzy-c-Spherical-Shells und Fuzzy-c-Rectangular-Shells. Bei der Initialisierung durch den FCRS-Algorithmus werden die beiden Kantenabstände r_0 und r_1 als r_0 und r_2 übernommen. Die fehlenden Kantenabstände werden durch $\sqrt{r_0^2 + r_1^2}$ ermittelt, wodurch die FC2RS-Clusterkontur genau die durch den FCRS-Algorithmus ermittelte Rechteckkontur nachbildet.

Mit seinen flexiblen Konturen ist der FC2RS-Algorithmus in der Lage, elliptische oder kreisförmige Cluster zu approximieren, wie die Abbildung 7.34 zeigt. Die genaue Bestimmung der Ellipsenparameter ist mit dem Algorithmus natürlich nicht möglich, aber es können recht gute Näherungswerte gewonnen werden, die eine eindeutige Differenzierung elliptischer und rechteckiger Formen erlaubt. Bei den gut separierten

Abbildung 7.34: FC2RS-Analyse

Ellipsen, die bereits durch den Fuzzy-c-Means richtig getrennt werden, findet der FC2RS-Algorithmus in wenigen Schritten das Analyseergebnis.

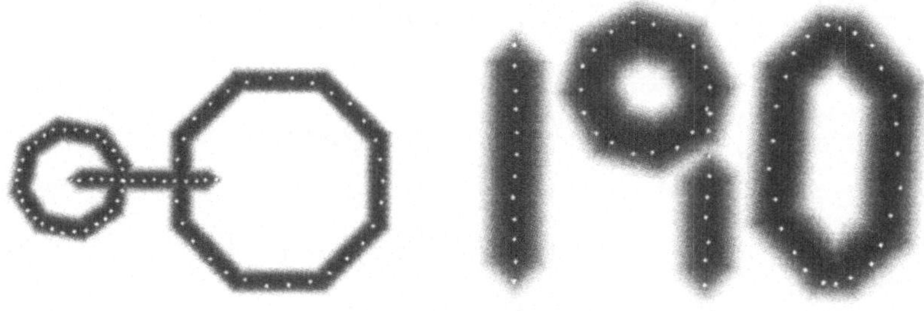

Abbildung 7.35: FC2RS-Analyse Abbildung 7.36: FC2RS-Analyse

Bei Datensätzen, die Rechteck- und Ellipsenformen enthalten, liefert der FC2RS-Algorithmus teilweise bessere Ergebnisse als die Spezial-Algorithmen zur Rechteck- oder Ellipsenerkennung. Die Abbildungen 7.35 und 7.36 enthalten Geraden, Kreise und Ellipsen, die ausnahmslos richtig eingeteilt wurden. Bemerkenswert ist die korrekte Detektion von Geraden*stücken* durch je ein einzelnes Cluster. Erstmals enden die hohen Zugehörigkeiten eines Geradenclusters auch mit dem Geradenstück und reichen nicht darüber hinaus (vergleiche Kapitel 4). Beim (M)FCQS-Algorithmus werden Geradenstücke oft durch Hyperbel oder Parabeläste neben vielen anderen Daten approximiert. Hier kann neben der Ausrichtung und Position den Clusterparametern auch die Länge des Geradenstücks entnommen werden. Bei vielen parallelen oder in 45-Grad-Schritten gedrehten Geradenstücken besteht jedoch (besonders bei zu geringer Clusterzahl) die Gefahr, daß unterschiedliche Geraden durch ein einziges FC2RS-Cluster eingeteilt werden.

In Abbildung 7.36 liegt die erkannte Clusterkontur etwas zu weit innerhalb der Kreis- und Ellipsenkonturen. Bei den wenigen, weit auseinanderliegenden Daten ist die Standard-Fuzzifizierung der Minimumfunktion nach (7.14) mit $d = 2\delta$ zu unscharf. Zu viele Daten der Nachbarkanten werden zur Bestimmung der Clusterkanten herangezogen, wodurch sich die Kontur zusammenzieht. Hier läßt sich mit einer etwas schärferen Fuzzy-Minimumfunktion (durch einen geringeren Wert für d bzw. ε) eine bessere Approximation zu erzielen.

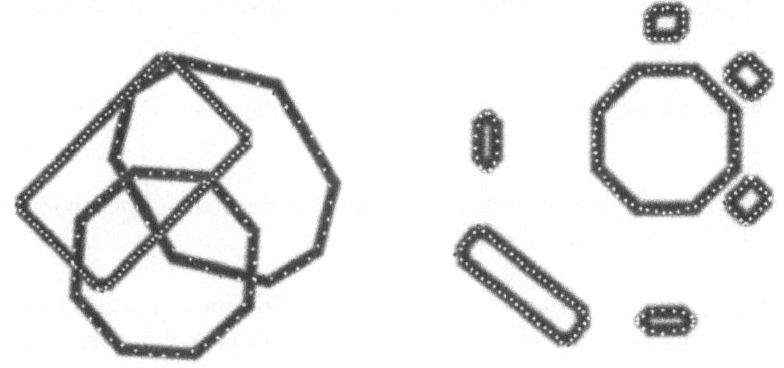

Abbildung 7.37: FC2RS-Analyse Abbildung 7.38: FC2RS-Analyse

Bei Datensätzen, die ausschließlich Rechtecke oder Ellipsen enthalten, schneidet der FC2RS schlechter ab als die speziellen Algorithmen. Sind die zu erkennenden Rechtecke im Winkel von 45 Grad zueinander gedreht (zum Beispiel Abbildung 7.30), so besteht auch die Gefahr, daß Teile unterschiedlicher Rechtecke durch Kanten eines einzigen FC2RS-Clusters abgedeckt werden. In derartigen Situationen konvergiert der Algorithmus besonders leicht in ein lokales Minimum. Sind die Cluster jedoch entweder gut getrennt oder ausreichend gegeneinander verdreht, so liefert der Algorithmus sehr gute Ergebnisse. Die Abbildungen 7.37 und 7.38 zeigen dafür Beispiele. Dabei wurden für die gut getrennten Cluster der Abbildung 7.38 statt der FCSS/FCRS-Initialisierung die Algorithmen von Gustafson-Kessel und Gath-Geva eingesetzt.

Auch für die Rechteckerkennung kann der Einsatz des FC2RS-Algorithmus von Vorteil sein, wenn sich zusätzlich kreisförmige Cluster im Datensatz befinden. Deren Approximation führt manchmal zu einer falschen Einteilung, wie Abbildung 7.39 anhand des unteren, rechten Clusters zeigt. Daraus resultieren oft auch Fehleinteilungen weiterer Cluster. Eine besseren Erkennung der Kreise durch den FC2RS zieht

Abbildung 7.39: FCRS-Analyse Abbildung 7.40: FC2RS-Analyse

hingegen auch eine bessere Erkennung der Rechteckformen nach sich, wie die Einteilung aus Abbildung 7.40 zeigt.

Gegenüber den Varianten mit der harten Minimumfunktion bedeutet die Fuzzifizierung ein erheblich größeres Maß an Rechenaufwand. Bei harten Minimalitätsgraden fallen in den Summen stets sieben von acht (beim FCRS drei von vier) Summanden weg. Durch die Fuzzifizierung sind alle Minimalitätsgrade größer Null und alle acht (beim FCRS alle vier) Summanden müssen berechnet werden. Der Aufwand entspricht somit etwa der Einteilung von $8 \cdot c$ (beim FCRS $4 \cdot c$) Geradenclustern. Bei zeitkritischen Anwendungen kann es daher von Vorteil sein, zunächst einige Schritte mit der harten Minimumfunktion durchzuführen, um Rechenzeit zu sparen.

Zu Beginn der FC2RS-Iteration führt die zufällige Initialisierung in den ersten Schritten manchmal noch nicht zu einer zielgerichteten Bestimmung des Drehwinkel φ, stattdessen ändert dieser sich sprunghaft. Die Zuordnung der Daten zu den Kanten ist jedoch vom Drehwinkel abhängig, so daß seine sprunghafte Veränderung die Berechnung einer korrekten Folgeposition erschwert. Es bietet sich daher an, den ermittelten Drehwinkel durch Addition oder Subtraktion von Vielfachen von $\frac{\pi}{4}$ in den Bereich von $-\frac{\pi}{8}$ bis $\frac{\pi}{8}$ zu transformieren. Solange der ermittelte Drehwinkel ohnehin mehr dem Zufall entspringt, sorgt diese Transformation wenigstens dafür, daß die Daten nicht in jedem Schritt völlig unterschiedlichen Kanten zugeordnet werden. Die Erkennungsleistung beeinträchtigt diese Einschränkung des Drehwinkels nicht, da jedes Cluster durch Drehung um ein Vielfaches von 45 Grad und zyklischen Austausch der Kantenparameter in ein solches mit $\varphi \in [-\frac{\pi}{8}, \frac{\pi}{8}]$ überführt werden kann. Etwas problematisch wird dieses Vorgehen jedoch, wenn ein Drehwinkel um den Bereich $\pm\frac{\pi}{8}$ schwankt, etwa weil der optimale Winkel $\frac{\pi}{8}$ ist. Es ist in diesem Fall besser, den neuen Drehwinkel im Betrag maximal $\frac{\pi}{8}$ vom alten Drehwinkel abweichen zu lassen. Diese Betrachtungen gelten ebenso für den FCRS-Algorithmus, jedoch mit jeweils doppelt so großen Winkelangaben.

Zur Konvergenz der FC(2)RS-Algorithmen

Die aus den Sätzen 7.5 und 7.6 abgeleiteten Regeln zur Prototyp-Bestimmung gehen von den harten Minimumfunktionen aus. Wir sind dort genauso vorgegangen, wie bei allen anderen Shell-Clustering-Algorithmen auch: Nach Aufstellung der Distanzfunktion leiten wir nach den Clustergrößen ab und lösen nach ihnen (möglichst explizit) auf. Durch Einführung der fuzzifizierten Minimumfunktionen verändern wir jedoch die Bewertungsfunktion nachträglich. Es ist fraglich, ob die Prototypen, die vorher für die harten Minimumfunktionen zu einem Minimum in der Bewertungsfunktion geführt haben, dies auch noch nach der Modifikation leisten. Beim Modified-FCQS-Algorithmus gab es eine ähnliche Situation. Dort wurde die Distanzfunktion nachträglich geändert, ohne daß die Prototyp-Bestimmung angepaßt wurde. Man kann dann nur *hoffen*, daß die Minimierung weiterhin funktioniert. Ganz so extrem ist die Situation bei den FC(2)RS-Algorithmen aber nicht. Die Unterschiede zwischen der FCQS- und MFCQS-Distanzfunktion sind deutlich größer, als es bei den harten und fuzzifizierten Minimumfunktionen der Fall ist. Das folgende Lemma soll zeigen, daß die Verwendung der fuzzifizierten Minimumfunktionen nur eine kleine Änderung bedeutet und deshalb weiterhin mit einer Minimierung gerechnet werden kann.

Betrachten wir also ein Datum x und ein Rechteck k. Die Distanzen zu allen vier Rechteckkanten bezeichnen wir mit d_0, d_1, d_2 und d_3. Die Verwendung der harten Minimumfunktionen reduziert die Distanzfunktion aus Satz 7.5 zu $\min\{d_0, d_1, d_2, d_3\}$. Das folgende Lemma gibt nun eine Abschätzung des Fehlers bei Verwendung der fuzzifizierten Minimumfunktionen.

Lemma 7.7 (Fehlerabschätzung Minimumfunktionen) *Sei* $f : \mathbb{R}_+ \to \mathbb{R}_+$ *eine streng monoton steigende Funktion mit* $f(0) = 0$ *und* $\eta \in \mathbb{R}_+$. *Seien* $\min_s : \mathbb{R}^4 \to [0,1]$, $(d_0, d_1, d_2, d_3) \mapsto \frac{1}{\sum_{i=0}^{3} \frac{(f(d_s - m)+\eta)^2}{(f(d_i - m)+\eta)^2}}$ *vier fuzzifizierte Minimumfunktionen, wobei* $m = \min\{d_0, d_1, d_2, d_3\}$.

Dann gilt

$$\left| \left(\sum_{s=0}^{3} \min_s(d_0, d_1, d_2, d_3) d_s \right) - m \right| < 3\eta^2.$$

Beweis: Wir führen die Abkürzung D_s für $(f(d_s - m) + \eta)^2$ ein, $s \in \mathbb{N}^*_{<4}$. Dann folgt

$$\begin{aligned}
& \left| \left(\sum_{s=0}^{3} \min_s(d_0, d_1, d_2, d_3) d_s \right) - m \right| \\
= & \left| \frac{d_0}{\frac{D_0}{D_0} + \frac{D_0}{D_1} + \frac{D_0}{D_2} + \frac{D_0}{D_3}} + \frac{d_1}{\frac{D_1}{D_0} + \frac{D_1}{D_1} + \frac{D_1}{D_2} + \frac{D_1}{D_3}} + \ldots - m \right| \\
= & \left| \frac{d_0}{1 + \frac{D_0 D_2 D_3 + D_0 D_1 D_3 + D_0 D_1 D_2}{D_1 D_2 D_3}} + \right. \\
& \left. \frac{d_1}{1 + \frac{D_1 D_2 D_3 + D_0 D_1 D_3 + D_0 D_1 D_2}{D_0 D_2 D_3}} + \ldots - m \right| \\
= & \left| \frac{d_0 D_1 D_2 D_3 + D_0 d_1 D_2 D_3 + D_0 D_1 d_2 D_3 + D_0 D_1 D_2 d_3}{D_0 D_1 D_2 + D_0 D_1 D_3 + D_0 D_2 D_3 + D_1 D_2 D_3} - m \right| \\
\stackrel{\star}{=} & \left| \frac{(d_3 - d_0) D_0 D_1 D_2 + (d_2 - d_0) D_0 D_1 D_3 + (d_1 - d_0) D_0 D_2 D_3}{D_0 D_1 D_2 + D_0 D_1 D_3 + D_0 D_2 D_3 + D_1 D_2 D_3} \right| \\
\stackrel{\star\star}{\leq} & \left| \frac{D_0[(d_3 - d_0) D_1 D_2 + (d_2 - d_0) D_1 D_3 + (d_1 - d_0) D_2 D_3]}{D_1 D_2 D_3} \right| \\
\stackrel{\star\star\star}{<} & \left| \frac{D_0 (3 D_1 D_2 D_3)}{D_1 D_2 D_3} \right| \\
= & |3D_0| = 3(f(d_0 - m) + \eta)^2 = 3(f(d_0 - d_0) + \eta)^2 \\
= & 3\eta^2.
\end{aligned}$$

Für die Gleichung $\star$ nehmen wir ohne Beschränkung der Allgemeinheit an, daß $d_0 = \min(d_0, d_1, d_2, d_3) = m$ gilt. Die Ungleichung $\star\star$ folgt aus $D_0 D_1 D_2 > 0$, $D_0 D_1 D_3 > 0$ und $D_0 D_2 D_3 > 0$, Ungleichung $\star\star\star$ folgt aus $(d_s - d_0) \leq f(d_s) < f(d_s) + \eta < D_s$ für alle $s \in \mathbb{N}^*_{<4}$. (Dieses Lemma kann leicht auf den Fall von acht fuzzifizierten Minimumfunktionen für den FC2RS verallgemeinert werden.) ■

Wählen wir $f(x) = x$ und $\eta = \varepsilon$, so erhalten wir eine Abschätzung für den Fehler der Bewertungsfunktion, der aus der Verwendung der neuen Minimumfunktionen (7.12) resultiert. Haben benachbarte Daten einen Abstand von 1 und ist ε durch (7.23) gegeben, so ergibt sich ein Fehler $3\frac{9}{25} = 1.08$, d.h. etwa in Höhe der Bildauflösung. Für die endgültige Modifikation (7.14) benutzen wir $f(x) = \exp(x)$. Weil im Lemma η konstant ist, betrachten wir alle $(d_0, d_1, d_2, d_3) \in \mathbb{R}^4$ mit gleichem Minimum m. Dann ist Modifikation (7.14) identisch zum Fall $\eta = \varepsilon + m$. Auf diese Weise sehen wir, daß der Fehler durch die Fuzzifizierung mit m ansteigt. Je größer das Minimum (d.h. der Abstand des Datenvektors zum Rechteck) ist, desto unschärfer werden die Fuzzy-Minimumfunktionen. Aber in der Nähe der Rechteckkontur konvergiert m gegen Null, so daß hier mit $f(x) = exp(x)$ und $\eta = \varepsilon$ das Lemma die gleiche Fehlerabschätzung liefert. Der geringe Unterschied zwischen originaler und modifizierte Bewertungsfunktion legt also nahe, daß die Berechnung der Prototypen nach den Sätzen 7.5 und 7.6 auch zu einer Minimierung der Bewertungsfunktion führt.

7.4 Rechenaufwand

Die FC(2)RS-Algorithmen besitzt einen Zeitindex von $\tau_{FCRS} = 4.7 \cdot 10^{-4}$ bzw. $\tau_{FC2RS} = 9.5 \cdot 10^{-4}$. Wie erwartet spiegelt sich die doppelte Anzahl von Geradenstücken, aus der sich die FC2RS-Kontur gegenüber der FCRS-Kontur zusammensetzt, auch in einem doppelten Zeitaufwand wieder. Die Abschätzung durch das Vierfache eines Geraden-Erkennungs-Algorithmus bestätigt sich nicht ganz, weil ja nicht für jedes der vier Geradenstücke eines Rechtecks die Ausrichtung des Geradenstücks neu berechnet werden muß. Entsprechend liegt der vierfache Zeitaufwand eines AFC-, FCV- oder GK-Algorithmus mit etwa $4\tau = 5.8 \cdot 10^{-4}$ über dem tatsächlichen FCRS-Aufwand.

Die Beispiele bestanden aus rund 200 bis 300 Daten, mit Ausnahme der Abbildungen 7.35 und 7.36, die nur etwa 70 Daten umfassen. Die Anzahl der Iterationsschritte schwankte zwischen 7 für Abbildung 7.34 und 120, in Ausnahmefällen auch deutlich darüber.

Anhang

A.1 Notation

Bestimmte Symbole, denen im gesamten Text die gleiche Bedeutung zukommt, sind in diesem Anhang aufgeführt. Ebenso werden in Tabelle A.1 die verwendeten Notationen erklärt, sofern sie nicht der Standardschreibweise entsprechen.

Alle Abbildungen von Clustereinteilungen enthalten in der Bildunterschrift den Namen des Algorithmus, der zu der abgebildeten Einteilung geführt hat. Eine Ausnahme bilden diejenigen Abbildungen, die denselben Datensatz in verschiedenen Varianten zeigen. Hier ist der verwendete Algorithmus dem Text zu entnehmen, die Bildunterschrift weist in diesem Fall auf Unterschiede bei der Einteilung hin. Die Algorithmen sind mit den gebräuchlichen Abkürzungen notiert, die auch im Index aufgeführt sind. In den Kapiteln 2 und 4 handelt es sich grundsätzlich um eine Darstellung der probabilistischen Zugehörigkeiten, sofern dem Algorithmusnamen nicht $P-$ vorangestellt ist. Aus Gründen der Übersichtlichkeit werden ab Kapitel 5 auch probabilistische Einteilungen durch possibilistische Zugehörigkeiten dargestellt, nicht nur beim Zusatz $P-$ im Bildtitel, der auf einen tatsächlichen possibilistischen Durchlauf hinweist. Für die possibilistische Darstellung probabilistischer Analyseergebnisse wurde für alle η-Werte ein konstanter Wert eingesetzt. Für die Unterschiede zwischen einer probabilistischen und einer possibilistischen Einteilung siehe Kapitel 1.

$(a_i)_{i\in\mathbb{N}_{\leq l}}$	Kurzschreibweise für ein l-Tupel $(a_1, a_2, \ldots, a_l)$
$\equiv$	Mit $f \equiv x$ bezeichnen wir eine Funktion f, die konstant auf x abbildet
$\lVert x\rVert_2$, $\lVert x\rVert$	Euklidische Norm von x
$\lVert x\rVert_p$	p-Norm von x
$\mathcal{A}$	Analysefunktion, Definition 1.3, Seite 12
$A(D,E)$	Analyseraum, Definition 1.1, Seite 11
$A_{\text{fuzzy}}(D,E)$	Fuzzy-Analyseraum, Definition 1.8, Seite 17
b	Bewertungsfunktion, Definition 1.2, Seite 11
$\mathbb{B}$	Menge der booleschen Wahrheitswerte $\{\text{wahr}, \text{falsch}\}$
c	Anzahl der Cluster, $c = \lvert K\rvert$
$\delta_{i,j}$	Kronecker-Symbol, $\delta_{i,j} = 1$ für $i = j$, sonst $\delta_{i,j} = 0$
D	Datenraum, Definition 1.1, Seite 11
E	Ergebnisraum, Definition 1.1, Seite 11
K	Clustermenge, Teilmenge des Ergebnisraums E
n	Anzahl der Daten, $n = \lvert X\rvert$
$\mathbb{N}$	Menge der natürlichen Zahlen ohne die Null
$\mathbb{N}_{\leq l}$	Teilmenge der natürlichen Zahlen, $\mathbb{N}_{\leq l} = \{1, 2, 3, ..., l\}$
$\mathbb{N}^*$	Menge der natürlichen Zahlen einschließlich der Null
$\mathbb{N}^*_{\leq l}$	Teilmenge der natürlichen Zahlen, $\mathbb{N}^*_{\leq l} = \{0, 1, 2, ..., l\}$
p	Dimension (Meistens die Dimension des Datenraums)
$\mathcal{P}(A)$	Potenzmenge von A, $\mathcal{P}(A) = \{X \mid X \subseteq A\}$
$\mathcal{P}_m(A)$	Menge der m-elementigen Teilmengen von A
$\mathbb{R}$	Menge der reellen Zahlen
$\mathbb{R}_+$, $\mathbb{R}_{>0}$	Menge der positiven, reellen Zahlen
$\mathbb{R}_-$, $\mathbb{R}_{<0}$	Menge der negativen, reellen Zahlen
$\top$	$A^\top$ ist die transponierte Matrix zu A
$u_{i,j}$	Zugehörigkeit des Datums $x_j \in X$ zum Cluster $k_i \in K$
X	Datenmenge, Teilmenge des Datenraums D
$\Delta_{i,j}$	kürzester Abstandsvektor des Datums x_j zur Kontor des Clusters k_i, Seite 170
α	Parameter des Adaptive-Fuzzy-Clustering-Algorithmus, Seite 101
η	Ausdehnungsfaktor für possibilistische Cluster, Seiten 27, 47
τ	Zeitindex für den Rechenaufwand, Seite 58

Tabelle A.1: Verwendete Symbole und Bezeichner

A.2 Einfluß der Skalierung auf die Clustereinteilung

Die Analyseergebnisse, die mit den vorgestellten Algorithmen gefunden werden, sind nicht alle unabhängig von der Skalierung des zu analysierenden Datensatzes. Dies ist aber bei den Zugehörigkeiten der Fall. Verwendet man eine skalierte Distanzfunktion, so fällt der Skalierungsfaktor bei den Zugehörigkeiten nach Satz 1.11 durch die Bildung der relativen Distanzen wieder heraus. Im possibilistischen Fall passen sich die Ausdehnungskoeffizienten η der jeweiligen Skalierung an. Besteht nun das Bildungsgesetz für die Prototypen aus einfachen Linearkombinationen der Daten und Zugehörigkeiten (wie zum Beispiel beim Fuzzy-c-Means), so ist auch das Analyseergebnis skalierungsinvariant.

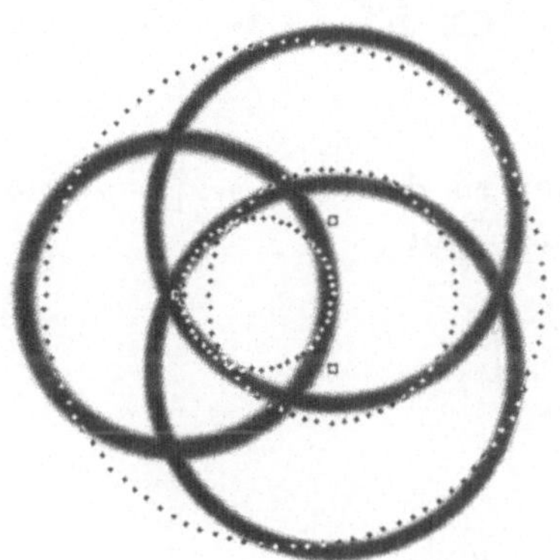

Abbildung A.1: FCSS-Analyse

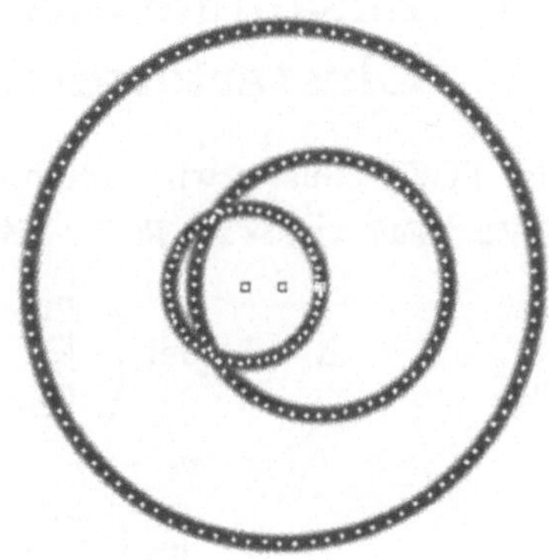

Abbildung A.2: FCSS-Analyse

Bei den Algorithmen, die iterativ durch ein Verfahren zur Lösung von mehrdimensionalen, nicht-linearen Gleichungssystemen zu den Prototypen kommen, ist diese Invarianz nicht notwendig gegeben. Tritt bei dem zu lösenden Gleichungssystem die Distanzfunktion (oder ein Teil der Distanzfunktion) quadratisch auf, so ergeben sich durch eine Skalierung unterschiedliche Gradienten in der Ableitung, insbesondere beim Übergang der Distanzen aus dem Bereich kleiner Eins in den Bereich von Distanzen größer Eins. Infolgedessen kann das Verfahren eine andere Folge von Näherungswerten durchlaufen, die dann möglicherweise in einem anderen (lokalen) Minimum endet. Aber auch bei den Algorithmen, die ihre Prototypen explizit berechnen, ist die Invarianz nicht automatisch gegeben. Der Fuzzy-c-Spherical-Shells-Algorithmus besitzt eine hochgradig nicht-lineare Distanzfunktion, was sich auch in der Bildung der Protoypen niederschlägt. Die Abbildungen A.1 und A.2 zeigen FCSS-Analyseergebnisse bei unterschiedlich skalierten Datensätzen. (Die Datensätze wurden für die Abbildungen auf eine einheitliche Größe skaliert.) Obwohl auch die Initialisierung der Prototypen angepaßt wurde, sind die Analyseergebnisse des FCSS unterschiedlich. Gegenüber Abbildung A.1 (größter Kreisradius 2) sind die Daten für die Einteilung aus Abbildung A.2 um einen Faktor 100 vergößert worden (größter Kreisradius 200). Während der Algorithmus für die Abbildung A.1 nur 17 Schritte benötigt, braucht er für die intuitive Einteilung gemäß Abbildung A.2 mehrere hundert Iterationsschritte.

A.3 Zusammenfassung der FCQS-Clusterformen

Jedes FCQS-Cluster wird durch eine Quadrik der Form $p_1x_1^2 + p_2x_2^2 + p_3x_1x_2 + p_4x_1 + p_5x_2 + p_6 = 0$ beschrieben. Mit

$$\begin{aligned}
\Delta &= \det\begin{pmatrix} p_1 & \frac{p_3}{2} & \frac{p_4}{2} \\ \frac{p_3}{2} & p_2 & \frac{p_5}{2} \\ \frac{p_4}{2} & \frac{p_5}{2} & p_6 \end{pmatrix}, \\
I &= p_1 + p_2, \\
J &= \det\begin{pmatrix} p_1 & \frac{p_3}{2} \\ \frac{p_3}{2} & p_2 \end{pmatrix} \qquad \text{und} \\
K &= \det\begin{pmatrix} p_1 & \frac{p_4}{2} \\ \frac{p_4}{2} & p_6 \end{pmatrix} + \det\begin{pmatrix} p_2 & \frac{p_5}{2} \\ \frac{p_5}{2} & p_6 \end{pmatrix}
\end{aligned}$$

ergeben sich die Quadrikformen aus der Tabelle A.2 (Quelle: [47], siehe dort für den dreidimensionalen Fall).

A.4 Geradentransformation

Am Ende des FCQS-Algorithmus werden Hyperbeln, Doppelgeraden oder langgestreckte Ellipsen zu Geradenclustern konvertiert, da diese Formen in herkömmlichen Anwendungen so gut wie nie vorkommen und in der Praxis Geradenstücke approximieren. Ausgehend von der rotierten Quadrik $p_1x_1^2 + p_2x_2^2 + p_4x_1 + p_5x_2 + p_6 = 0$ ohne gemischten

Δ	J	$\frac{\Delta}{I}$	K	Clusterform
$\neq 0$	> 0	< 0		reelle Ellipse
$\neq 0$	> 0	> 0		imaginäre Ellipse
$\neq 0$	< 0			Hyperbel
$\neq 0$	0			Parabel
0	< 0			zwei reelle, sich schneidende Geraden
0	> 0			konjugiert komplexe, sich schneidende Geraden
0	0		< 0	zwei reelle, parallele Geraden
0	0		> 0	konjugiert komplexe, parallele Geraden
0	0		0	zusammenfallende Geraden

Tabelle A.2: Zweidimensionale Quadriken

Term x_1x_2 (siehe Abschnitt 5.7) geben Krishnapuram, Frigui und Nasraoui in [47] die folgenden Transformationen in resultierende Geraden $c_2x_2 + c_1x_1 + c_0 = 0$ an:

Eine Hyperbel approximiert zwei Geraden, die in etwa die Lage ihrer Asymptoten beschreiben. In diesem Fall haben die Geradengleichungen die Parameter $c_2 = 1$, $c_1 = \sqrt{\frac{p_1}{p_2}}$ und $c_0 = \frac{p_4}{2p_1}\sqrt{-\frac{p_1}{p_2}} + \frac{p_5}{2p_2}$ bzw. $c_2 = 1$, $c_1 = \sqrt{-\frac{p_1}{p_2}}$ und $c_0 = -\frac{p_4}{2p_1}\sqrt{-\frac{p_1}{p_2}} + \frac{p_5}{2p_2}$. Dies sind auch die Geradengleichungen für den Fall zweier sich kreuzenden Geraden. Zwei parallele Geraden liegen nach der Rotation parallel zu einer der beiden Hauptachsen. Die Parallelen zur x-Achse (also $p_1 \approx p_4 \approx 0$) ergeben sich aus $c_2 = 1$, $c_1 = 0$ und $c_0 = \frac{p_5 \pm \sqrt{p_5^2 - 4p_2p_6}}{2p_2}$, die Parallelen zur y-Achse (also $p_2 \approx p_5 \approx 0$) aus $c_2 = 0$, $c_1 = 1$ und $c_0 = \frac{p_4 \pm \sqrt{p_4^2 - 4p_1p_6}}{2p_1}$. Manchmal wird eine Gerade durch eine langgestreckte Ellipse approximiert. Eine langgestreckte Ellipse erkennen wir an einem Quotienten aus längerer und kürzerer Ellipsenachse (siehe Bemerkung 6.16), der größer als ein bestimmter Grenzwert C (≈ 10) ist. Wie bei den parallen Geraden ist die Ellipse so rotiert worden, daß ihre Achsen parallel zu den Hauptachsen liegen. Die resultierenden Geraden erhalten wir dann analog zum letzten Fall. Auch den Fall einer flachen Hyperbel können wir in ähnlicher Weise abdecken: ihre Gestrecktheit erkennen wir wieder am Quotienten ihrer Halbachsen: Ist die Querachse parallel zur x-Achse, d.h. $\frac{1}{p_2}\left(\frac{p_4^2}{4p_1}+\frac{p_5^2}{4p_2}-p_6\right)<0$, so handelt es sich unter der Bedingung $-\frac{p_1}{p_2}>C^2$ um eine flache Hyperbel, andernfalls unter der Bedingung $-\frac{p_2}{p_1}>C^2$. Wieder erhalten wir die Geradengleichungen analog zum Fall der parallelen Geraden.

Nachdem die Geradenparameter bestimmt sind, müssen die Geraden wieder in das ursprüngliche Koordinatensystem rotiert werden.

Literaturverzeichnis

[1] R. Babuška, H.B. Verbruggen. *A New Identification Method for Linguistic Fuzzy Models.* Proc. Intern. Joint Conferences of the Fourth IEEE Intern. Conf. on Fuzzy Systems and the Second Intern. Fuzzy Engineering Symposium, Yokohama (1995), 905-912

[2] J. Bacher. *Clusteranalyse.* Oldenbourg, München (1994)

[3] H. Bandemer, S. Gottwald. *Einführung in Fuzzy-Methoden.* (4. Aufl.), Akademie Verlag, Berlin (1993)

[4] H. Bandemer, W. Näther. *Fuzzy Data Analysis.* Kluwer, Dordrecht (1992)

[5] J.C. Bezdek. *Fuzzy Mathematics in Pattern Classification.* Ph. D. Thesis, Applied Math. Center, Cornell University, Ithaca (1973)

[6] J.C. Bezdek. *A Convergence Theorem for the Fuzzy ISODATA Clustering Algorithms.* IEEE Trans. Pattern Analysis and Machine Intelligence 2 (1980), 1-8

[7] J.C. Bezdek, C. Coray, R. Gunderson, J. Watson. *Detection and Characterization of Cluster Substructure.* SIAM Journ. Appl. Math. 40 (1981), 339-372

[8] J.C. Bezdek. *Pattern Recognition with Fuzzy Objective Function Algorithms.* Plenum Press, New York (1981)

[9] J.C. Bezdek, R.H. Hathaway, M.J. Sabin, W.T. Tucker. *Convergence Theory for Fuzzy c-Means: Counterexamples and Repairs.* IEEE Trans. Systems, Man, and Cybernetics 17 (1987), 873-877

[10] J.C. Bezdek, R.H. Hathaway. *Numerical Convergence and Interpretation of the Fuzzy C-shells Clustering Algorithm.* IEEE Trans. Neural Networks 3 (1992), 787-793

[11] J.C. Bezdek, R.J. Hathaway, N.R. Pal. *Norm-Induced Shell-Prototypes (NISP) Clustering.* Neural, Parallel & Scientific Computations 3 (1995), 431-450

[12] H.H. Bock. *Automatische Klassifikation.* Vandenhoeck & Ruprecht, Göttingen (1974)

[13] H.H. Bock. *Classification and Clustering: Problems for the Future.* In: E. Diday, Y. Lechevallier, M. Schrader, P. Bertrand, B. Burtschy (eds.). New Approaches in Classification and Data Analysis. Springer, Berlin(1994), 3-24

[14] R.N. Davé. *Fuzzy Shell-Clustering and Application To Circle Detection in Digital Images.* Intern. Journ. General Systems 16 (1990), 343-355

[15] R.N. Davé. *New Measures for Evaluating Fuzzy Partitions Induced Through c-Shells Clustering.* Proc. SPIE Conf. Intell. Robot Computer Vision X, Vol. 1607 (1991), 406-414

[16] R.N. Davé. *Use of the Adaptive Fuzzy Clustering Algorithm to Detect Lines in Digital Images.* Proc. Intelligent Robots and Computer Vision VIII, Vol. 1192, (1989), 600-611

[17] R.N. Davé, K. Bhaswan. *Adaptive Fuzzy c-Shells Clustering and Detection of Ellipses.* IEEE Trans. Neural Networks 3 (1992), 643-662

[18] R. Duda, P. Hart. *Pattern Classification and Scene Analysis.* Wiley, New York (1973)

[19] J.C. Dunn. *A Fuzzy Relative of the ISODATA Process and its Use in Detecting Compact, Well separated Clusters.* Journ. Cybern. 3 (1974), 95-104

[20] G. Engeln-Müllges, F. Reutter. *Formelsammlung zur Numerischen Mathematik mit Turbo Pascal Programmen.* BI Wissenschaftsverlag, Wien (1991)

[21] H. Frigui, R. Krishnapuram. *On Fuzzy Algorithms for the Detection of Ellipsoidal Shell Clusters.* Technical Report, Department of Electrical and Computer Engineering, University of Missouri, Columbia

[22] H. Frigui, R. Krishnapuram. *A Comparison of Fuzzy Shell-Clustering Methods for the Detection of Ellipses.* IEEE Trans. Fuzzy Systems 4 (1996), 193-199

[23] I. Gath, A.B. Geva. *Unsupervised Optimal Fuzzy Clustering.* IEEE Trans. Pattern Analysis and Machine Intelligence 11 (1989), 773-781.

[24] I. Gath, D. Hoory. *Fuzzy Clustering of Elliptic Ring-Shaped Clusters.* Pattern Recognition Letters 16 (1995), 727-741

[25] H. Genther, M. Glesner. *Automatic Generation of a Fuzzy Classification System Using Fuzzy Clustering Methods.* Proc. ACM Symposium on Applied Computing (SAC'94), Phoenix (1994), 180-183

[26] S. Gottwald. *Fuzzy Sets and Fuzzy Logic.* Vieweg, Braunschweig (1993)

[27] A. Grauel. *Fuzzy-Logik.* BI, Mannheim (1995)

[28] E.E. Gustafson, W.C. Kessel. *Fuzzy Clustering with a Fuzzy Covariance Matrix.* IEEE CDC, San Diego, Kalifornien (1979), 761-766

[29] F. Höppner. *Fuzzy Shell Clustering Algorithms in Image Processing – Fuzzy-c-Rectangular and 2-Rectangular-Shells.* IEEE Trans. on Fuzzy Systems (erscheint demnächst)

[30] P.V.C. Hough. *Method and Means for Recognizing Complex Patterns.* U.S. Patent 3069654, 1962

[31] J. Illingworth, J. Kittler. *The Adaptive Hough Transform.* IEEE Trans. Pattern Analysis and Machine Intelligence 9 (1987), 690-698

[32] D. Karen, D. Cooper, J. Subrahmonia. *Describing Complicated Objects by Implizit Polynomials.* IEEE Trans. Pattern Analysis and Machine Intelligence 16 (1994), 38-53

[33] U. Kaymak, R. Babuška. *Compatible Cluster Merging for Fuzzy Modelling.* Proc. Intern. Joint Conferences of the Fourth IEEE Intern. Conf. on Fuzzy Systems and the Second Intern. Fuzzy Engineering Symposium, Yokohama (1995), 897-904

[34] F. Klawonn. *Fuzzy Sets and Vague Environments.* Fuzzy Sets and Systems 66 (1994), 207-221

[35] F. Klawonn. *Fuzzy Sets and Similarity-Based Reasoning.* Habilitationsschrift, TU Braunschweig (1996)

[36] F. Klawonn, J. Gebhardt, R. Kruse. *Fuzzy Control on the Basis of Equality Relations - with an Example from Idle Speed Control.* IEEE Trans. Fuzzy Systems 3 (1995), 336-350

[37] F. Klawonn, R. Kruse. *Automatic Generation of Fuzzy Controllers by Fuzzy Clustering.* Proc. 1995 IEEE Intern. Conf. on Systems, Man and Cybernetics, Vancouver (1995), 2040-2045

[38] F. Klawonn, R. Kruse. *Derivation of Fuzzy Classification Rules from Multidimensional Data.* In: G.E. Lasker, X. Liu (eds.). Advanves in Intelligent Data Analysis. The International Institute for Advanced Studies in Systems Research and Cybernetics, Windsor, Ontario (1995), 90-94

[39] F. Klawonn, R. Kruse. *Constructing a Fuzzy Controller from Data.* Fuzzy Sets and Systems 85 (1997), 177–193

[40] G.J. Klir, B. Yuan. *Fuzzy Sets and Fuzzy Logic.* Prentice Hall, Upper Saddle River, NJ (1995)

[41] R. Krishnapuram, L.F. Chen. *Implementation of Parallel Thinning Algorithms Using Recurrent Neural Networks.* IEEE Trans. Neural Networks 4 (1993), 142-147

[42] R. Krishnapuram, J. Keller. *A Possibilistic Approach to Clustering.* IEEE Trans. Fuzzy Systems 1 (1993), 98-110

[43] R. Krishnapuram, C.P. Freg. *Fitting an Unknown Number of Lines and Planes to Image Data Through Compatible Cluster Merging.* Pattern Recognition 25 (1992), 385-400

[44] R. Krishnapuram, O. Nasraoui, H. Frigui. *The Fuzzy C Spherical Shells Algorithms: A New Approach.* IEEE Trans. Neural Networks 3 (1992), 663-671.

[45] R. Krishnapuram, H. Frigui, O. Nasraoui. *New Fuzzy Shell Clustering Algorithms for Boundary Detection and Pattern Recognition.* Proceedings of the SPIE Conf. on Intelligent Robots and Computer Vision X: Algorithms and Techniques, Boston (1991), 458-465

[46] R. Krishnapuram, H. Frigui, O. Nasraoui. *The Fuzzy C Quadric Shell clustering Algorithm and the Detection of Second-Degree Curves.* Pattern Recognition Letters 14 (1993), 545-552

[47] R. Krishnapuram, H. Frigui, O. Nasraoui. *Fuzzy and Possibilistic Shell Clustering Algorithms and Their Application to Boundary Detection and Surface Approximation – Part 1 & 2.* IEEE Trans. Fuzzy Systems 3 (1995), 29-60

[48] R. Kruse, F. Klawonn, J. Gebhardt. *Fuzzy-Systeme.* (2. Aufl.), Teubner, Stuttgart (1995)

[49] R. Kruse, K.D. Meyer. *Statistics with Vague Data.* Reidel, Dordrecht (1987)

[50] G.H. Lietke, L. Schüler, H. Wolff. Fuzzy-Klassifikation und Analyse zeitlich variabler Daten. Forschungsbericht, TU Braunschweig (1982)

[51] Y. Man, I. Gath. *Detection and Separation of Ring-Shaped Clusters Using Fuzzy Clustering.* IEEE Trans. Pattern Analysis and Machine Intelligence 16 (1994), 855-861

[52] K.G. Manton, M.A. Woodbury, H.D. Tolley. *Statistical Applications Using Fuzzy Sets.* Wiley, New York (1994)

[53] J.J. More. *The Levenberg-Marquardt Algorithm: Implementation and Theory.* In: A. Dold, B. Eckmann (eds.). Numerical Analysis, Springer, Berlin (1977), 105-116

[54] Y. Nakamori, M. Ryoke. *Identification of Fuzzy Prediction Models Through Hyperellipsoidal Clustering.* IEEE Trans. Systems, Man, and Cybernetics 24 (1994), 1153-1173

[55] D. Nauck, F. Klawonn, R. Kruse. *Neuronale Netze und Fuzzy-Systeme.* (2. Aufl.), Vieweg, Braunschweig (1996)

[56] V. Pratt. *Direct Least Squares Fitting on Algebraic Surfaces.* Computer Graphics 21 (1987), 145-152

[57] T. Runkler. *Automatic Generation of First Order Takagi-Sugeno Systems Using Fuzzy c-Elliptotype Clustering.* Journ. of Intelligent and Fuzzy Systems (erscheint demnächst)

[58] T. Runkler, R. Palm. *Identification of Nonlinear Systems Using Regular Fuzzy c–Elliptotypes Clustering.* Proc. IEEE Intern. Conf. on Fuzzy Systems, New Orleans (1996), 1026–1030

[59] P. Spellucci. *Numerische Verfahren der nichtlinearen Optimierung.* Birkhäuser Verlag (1993)

[60] D. Steinhausen, K. Langer. *Clusteranalyse.* deGruyter, Berlin (1977)

[61] M. Sugeno, T. Yasukawa. *A Fuzzy-Logic-Based Approach to Qualitative Modeling.* IEEE Trans. Fuzzy Systems 1 (1993), 7-31

[62] M.P. Windham. *Cluster Validity for Fuzzy Clustering Algorithms.* Fuzzy Sets and Systems 3 (1980), 1-9

[63] M.P. Windham. *Cluster Validity for the Fuzzy c-Means Clustering Algorithms.* IEEE Trans. Pattern Analysis and Machine Intelligence 11 (1982), 357-363

[64] X.L. Xie, G. Beni. *A Validity Measure for Fuzzy Clustering.* IEEE Trans. Pattern Analysis and Machine Intelligence 13 (1991), 841-847

[65] Y. Yoshinari, W. Pedrycz, K. Hirota. *Construction of Fuzzy Models Through Clustering Techniques.* Fuzzy Sets and Systems 54 (1993), 157-165

[66] L.A. Zadeh. *Fuzzy Sets.* Information and Control 8 (1965), 338-353

Index